大学物理

（下册）

主　编　刘桂媛　李红艳

中国教育出版传媒集团
高等教育出版社·北京

DAXUE WULI

内容提要

本书是依据教育部高等学校物理学与天文学教学指导委员会编制的《理工科类大学物理课程教学基本要求》(2010 年版)(以下简称《基本要求》)编写而成的。本书涵盖了《基本要求》中的核心内容,并精选了一定数量的拓展内容。本书对经典物理部分的内容进行了精选和深化,对近代物理部分的内容进行了精简,并适当介绍了现代科学技术的发展与应用。在写作风格和插图设计等方面,本书注意突出物理思想和物理图像的重要性,内容通俗易懂。

全书分上、下两册,上册内容为力学篇和电磁学篇,下册内容为热学篇、波动和波动光学篇,以及近代物理基础篇。各章后均设有本章提要、思考题和习题,并且在二维码中提供了习题参考答案。为更好地结合当前的教育信息化技术,本书还编入了数字化的教学动画和阅读材料,读者通过扫码即可方便地观看。

本书可作为普通高等学校理工科非物理学类专业的大学物理课程教材或参考书,亦可供其他专业学生和社会读者阅读。

图书在版编目(CIP)数据

大学物理. 下册 / 刘桂媛,李红艳主编. -- 北京 : 高等教育出版社, 2022.3

ISBN 978-7-04-057351-0

Ⅰ. ①大… Ⅱ. ①刘… ②李… Ⅲ. ①物理学-高等学校-教材 Ⅳ. ①O4

中国版本图书馆 CIP 数据核字(2021)第 237263 号

DAXUE WULI

策划编辑 张琦玮　责任编辑 张琦玮　封面设计 王凌波　版式设计 杜微言
插图绘制 黄云燕　责任校对 刁丽丽　责任印制 韩 刚

出版发行 高等教育出版社
社　址 北京市西城区德外大街 4 号
邮政编码 100120
印　刷 辽宁虎驰科技传媒有限公司
开　本 787 mm×1092 mm 1/16
印　张 15.75
字　数 380 千字
购书热线 010－58581118
咨询电话 400－810－0598

网　址 http://www.hep.edu.cn
http://www.hep.com.cn
网上订购 http://www.hepmall.com.cn
http://www.hepmall.com
http://www.hepmall.cn

版　次 2022 年 3 月第 1 版
印　次 2022 年 3 月第 1 次印刷
定　价 36.80 元

物 料 号 57351－00

前言

本书是依据教育部高等学校物理学与天文学教学指导委员会编制的《理工科类大学物理课程教学基本要求》(2010 年版)(以下简称《基本要求》),借鉴国内外优秀教材的改革成果,博采众长,由长期从事大学物理教学工作的一线教师结合多年的教学经验和教学研究成果编写而成的。本书涵盖了《基本要求》中的核心内容,精选了一定数量的拓展内容,并适当介绍了现代科学技术的发展与应用。

本书对经典物理部分的内容进行了精选和深化,删除了与中学物理重复的部分内容,使学生一接触大学物理课程便有新鲜感,并注意经典物理在内容上的互渗、方法上的互通、功能上的互补、结果上的互利。本书对近代物理部分的内容进行了精简,在近代物理学内容的叙述上力求做到通俗易懂,突出近代物理的物理思想和物理图像的重要性,使学生了解用量子力学处理问题的一般方法,尽量减少复杂的数学运算。本书的例题和习题都是精心挑选的,既注意避免应用到较繁、较深的数学理论,又能较好地帮助学生理解书中的核心内容。

在编写本书的过程中,编者始终站在学生的角度,充分考虑学生学习物理知识的认知规律。在写作风格方面,编者采用朴实流畅、通俗易懂的语言阐述物理现象、物理规律,构建了合理的知识框架,引领读者由浅入深系统地学习大学物理的基本内容和科学方法。在插图设计方面,本书图文并茂,并结合内容在各章开头插入一些相关图片,力图给读者一种新鲜感。

书中带“*”号的内容,教师教学时可自行取舍,不影响教材的完整性。

参加本书编写工作的有:李爽(第 1 章)、毛金花(第 2 章)、时术华(第3章)、王秀英(第5、第6章)、谭金凤(第7、第8章)、李红艳(第4、第11章)、张剑(第9、第10章)、张宝金(第12章)、刘桂媛(第13、第14章)。全书由张宝金、谭金凤、刘桂媛、李红艳负责统稿和定稿。

本版教材是在赵丽萍、李红艳老师主编的《大学物理学》的基础上修订和编写的。我们感谢山东建筑大学的前辈赵丽萍、蔡传锦、王婕等老师,特别是赵丽萍老师为本书的编写打下了良好的基础。在本书的编写过程中,我们参考、借鉴了同行们的相关教材,在此一并表示感谢,也感谢高等教育出版社理科事业部物理分社对本书编写与出版的大力支持。

由于编者水平有限,书中仍会有疏漏和不妥之处,恳请广大教师和读者不吝批评指正,使我们的教材在使用中不断完善。

编　者

2021年7月于山东建筑大学

目录

热学篇

波动和波动光学篇

近代物理基础篇

热　学　篇

第9章 气体动理论

热气球里的空气被加热后，因为分子的剧烈运动，气体体积增大，密度小于周围的空气，使得周围空气对热气球产生升力，所以热气球就升空了.

热力学第一定律

热力学第二定律

热力学

气体动理论

热学是一门研究热现象的规律及其应用的学科.热现象是人类在生活中最早接触到的现象之一.蒸汽机的出现促使人们开始了对热现象的广泛研究.焦耳进行了许多次实验，测定了热功当量，最后发现了能量守恒定律，即**热力学第一定律**.克劳修斯和开尔文各自独立地发现了关于能量传递方向的定律，即**热力学第二定律**.**热力学**的两个基本定律都是从对热和机械功的相互转化的问题的研究中总结出来的.人们通过研究热力学找到了热现象的一般规律，同时对于热的本质的认识也不断完善.克劳修斯第一次清楚地用统计学阐述了热力学定律，正确地导出了玻意耳定律，并首先引入了自由程的概念.麦克斯韦首先认识到分子的速率各不相同而得到了速率分布律.玻耳兹曼最初在速率分布律中引入了重力场.这样，**气体动理论**就由一个定性的理论发展成一个定量的理论.

研究热现象一般有两种方法，一种是从物质的微观结构出发，即从分子、原子的运动和它们之间的相互作用出发，用微观统计的方法研究物质热现象的规律；另一种是以大量的实验观测为基础，分析热功转化的关系和条件，从能量守恒与转化的观点出发，研究物质热现象的宏观规律及其应用.研究热现象的两种方法既有联系又有区别，它们是相辅相成、不可分割的.

本章中我们主要研究气体动理论，以分子的热运动为研究对象，运用微观统计方法，导出描述气体状态的宏观量和描述气体分子运动的微观量的统计平均值之间的关系，从而揭示宏观热现象的微观本质.

9.1　气体动理论的基本概念

9.1.1 分子热运动

物质是由大量分子或原子组成的.分子是保持物质化学性质的最小粒子,而原子是化学变化中的最小粒子.分子结构不同,其尺度不一样,分子线度的数量级为 10^{-10} m. 1 mol 任何物质中所含的分子(或原子、离子)数都是相同的,其值即为阿伏伽德罗常量.

分子不停地作无规则的热运动.分子的无规则运动称为分子热运动.扩散现象是分子无规则热运动的有力证明.气体、液体和固体都会发生扩散,物体温度越高,无规则热运动越剧烈,扩散现象越明显.1827 年,英国植物学家布朗(R.Brown,1773—1858)发现花粉颗粒在液体中不停地作无规则的运动,这种运动称为**布朗运动**(Brownian motion).布朗运动是由微粒受到周围分子碰撞的不平衡引起的无规则的运动.图 9.1 所示的是 1908 年法国物理学家皮兰(J.Perrin,1870—1942)做实验时记录下来的数据,图中的点是在显微镜下每隔 30 s 记录下来的几个布朗粒子的位置,这些折线并不是粒子运动的轨迹,而是布朗粒子经过流体分子成千上万次的碰撞后的平均位移.布朗运动反映了构成物质的分子处于永恒的、杂乱无章的运动之中.

布朗运动

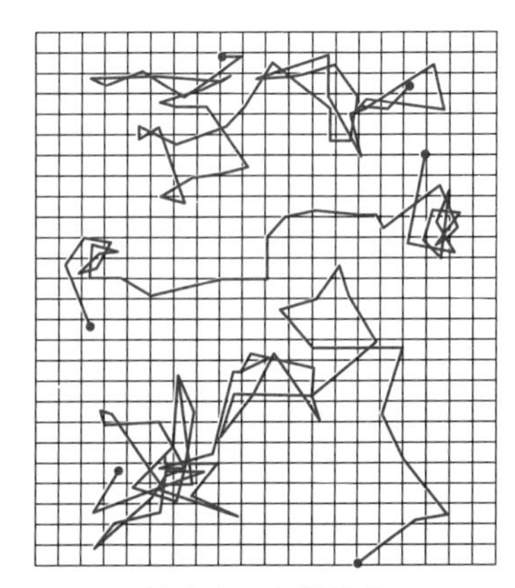

图 9.1　布朗运动

物理学家简介:布朗

分子之间存在着一定的距离.以氧气为例,在标准状态下,氧气分子的直径约为 3×10^{-10} m,而氧气分子之间的距离为分子本身线度的 10 倍左右,换句话说平均每个氧气分子所占有的体积是氧气分子本身体积的约 1 000 倍,因此在标准状态下气体分子自身的体积可以忽略,从而可以被当成质点来处理.

分子间存在相互作用的引力和斥力.分子之间的引力使固体和液体的分子聚集在一起而不分散开.分子之间的斥力使液体和固体很难被压缩.分子之间相互作用力的大小和分子间距之间的关系如图 9.2 所示,横坐标 r 为分子间距,纵坐标 F 为分子之间的作用力大小.由图可知,分子间距为 $r=r_0$(约为 10^{-10} m)时,$F=0$,分子间引力和斥力平衡;当 $r<r_0$时,$F>0$,分子之间的作用表现为斥力,随着间距变小,斥力急剧增大;当分子之间的距离 $r>r_0$时,$F<0$,分子之间的作用表现为引力;当 $r>10r_0$(约为 10^{-9} m)时,分子之间的作用力可以忽略不计.在标准状态下,气体分子间距约为 10^{-9} m,分子之间的作用力可以忽略不计.

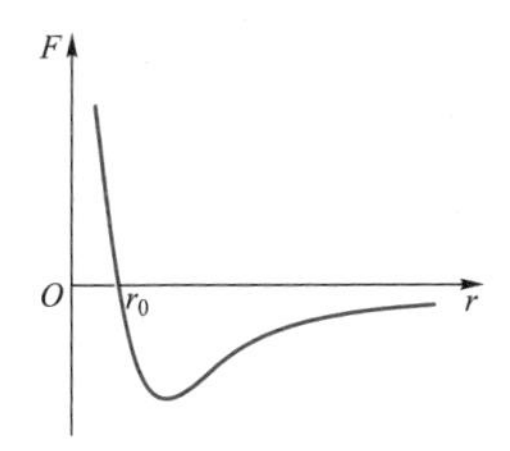

图 9.2　分子间作用力与分子间距的关系

分子热运动的基本观点

物质是由大量分子组成的,分子不停地作无规则的运动,分子之间存在着一定的距离,分子间有分子力的作用,这就是**分子热运动的基本观点**.

气体分子热运动的基本图像是:气体由大量分子组成,分子的碰撞十分频繁,平均每秒碰撞 10^{10} 次,分子分布相当稀疏,分子与分子之间的作用力除了在碰撞的瞬间之外,其他时间都可以忽略不计,我们可以认为分子在两次碰撞之间作匀速运动,平均速率约为 500 $m \cdot s^{-1}$.分子间的频繁碰撞使能量在气体的各部分均匀分布,达到平衡状态.

9.1.2 分子热运动的统计规律

组成物质的大量分子处于频繁的碰撞中,具有这种特征的分子热运动是一种比较复杂的物质运动形式,它与物质的机械运动有本质上的区别,我们不能简单地用力学方法来处理它.对于单个分子来说,其位置、速度、动量和能量都在不停地变化,因此每个分子的运动状态和状态变化的过程都可以和其他分子有显著的差别,这些都说明了分子热运动的混乱性或无序性.确定所有分子的无规则运动是十分困难的,也是没有必要的.事实上我们关心的是整个气体的宏观性质,即大量分子的整体行为.虽然单个分子的运动毫无规律可言,但是大量分子的整体表现却呈现出一种必然的规律性,这就是统计规律(statistical law).

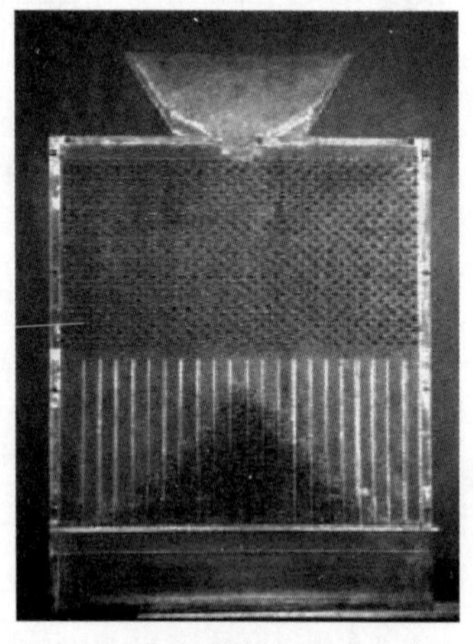

图 9.3 伽尔顿板中小球的分布

伽尔顿板

如图 9.3 所示,在一块沿竖直方向固定的木板上部钉有许多排列整齐的铁钉,木板的下部用等长的木条沿竖直方向排列、隔成许多等宽的狭槽,板的前面盖有一个玻璃板,使小球能留在槽内,这种装置通常称为**伽尔顿板**.如果从板顶漏斗形入口处放入一个小球,小球碰到上边第一排中某一铁钉后偏向一方又落到第二排中某一铁钉上,又向左(或右)偏移,接着再落到下排某一铁钉上,按这样的顺序落下去,最后小球会落入某一槽中.如此进行几次实验,我们可以发现小球每次不一定落入哪个狭槽,这表明在一次实验中小球落入哪个槽中是偶然的.如果同时投入足够多的小球,落在各槽中的小球数目各不相同.落在中间槽中的小球最多,距离中间槽越远的槽,落入的小球越少.我们可以用彩笔在玻璃板上画一条连续的曲线来表示小球分布的情况.多次重复实验,结果每次实验所得的分布曲线彼此近似重合.这表明,尽管一个小球落入哪个槽中是偶然的,但大量小球的分布规律是确定的,即遵从统计规律.

大量气体分子的热运动和伽尔顿板中小球的运动是类似的.气体是由大量分子组成的,每个分子都受到频繁的碰撞,因此对单个分子运动状态的描述具有偶然性.另一方面,宏观热现象是大量分子热运动的集体表现,表现出统计规律性.例如,气体处于平衡态时,有确定的压强和温度.统计规律是对大量偶然事件的整体而言的,但整体又不能脱离个体,由此说明描述大量分子整体运动状态的宏观量和描述个别分子运动状态的微观量之间一定有内在的联系.人们在研究气体分子的行为时,对个别分子的运动应用力学规律,对大量分子的集体行为应用统计平均的方法,并认为系统的宏观性质是大量微观粒子运动的统计平均结果的体现,宏观量与相应微观量的统计平均值有关,从而揭示热现象的微观本质.

9.2　理想气体的物态方程

9.2.1　气体的状态参量

气体是由大量的作无规则热运动的分子或原子组成的.描述气体分子中单个分子特征的物理量,如分子的速度、质量、动量和能量等,称为**微观量**(microscopic quantity).我们通常不可能对微观量进行直接观察和测量.气体处于平衡态时,对于整个气体的宏观状态,我们用体积 V、压强 p 和热力学温度 T 来描述,把这三个物理量称为气体的**状态参量**(state parameter),它们都是**宏观量**(macroscopic quantity).只有气体处于平衡态时,它的宏观性质不随时间发生改变,状态参量 p、V、T 才有确定的值,才能描述气体的状态.气体动理论就是要揭示气体宏观量的微观本质,即建立宏观量与微观量统计平均值之间的关系.

微观量

状态参量

宏观量

气体的体积是指气体分子热运动所能到达的空间,气体会充满容器,所以气体的体积就是容器的容积.在国际单位制中,体积的单位为 m^3(立方米).有时可以用 L(升)或 dm^3(立方分米)作单位,换算关系为 $1\ m^3=10^3\ L=10^3\ dm^3$.

气体的压强是指气体作用在单位面积容器器壁上的正压力.在国际单位制中,压强的单位为 Pa(帕斯卡),$1\ Pa=1\ N\cdot m^{-2}$.过去也常用 atm(标准大气压)作压强单位,换算关系为 1 atm =

1.013×10^5 Pa，现在该单位已被废弃.

温度是物体冷热程度的表示.温度的数值标定方法称为温标.日常生活中一种常用的温标是摄氏温标.摄氏温度用 t 表示，其单位为℃（摄氏度）；科研上常用的温标是热力学温标，也称为开尔文温标.热力学温度用 T 表示，它的单位在国际单位制中为 K（开尔文）.两种温标的换算关系为

$$T/\mathrm{K}=t/℃+273.15$$

9.2.2 平衡态

平衡态

气体的各种宏观量，在不受外界影响的条件下，不随时间改变的状态称为气体的**平衡态**（equilibrium state）.设有一封闭容器被隔板分成 A、B 两部分，使 A 部分充满气体，B 部分为真空，如图 9.4 所示.现把隔板抽去，A 部分的气体迅速向 B 部分膨胀，经过足够长的时间，气体将均匀分布在整个容器中.如果以后容器不受到外界的影响，则容器内的气体将保持这一状态，不再发生宏观变化，此时气体处于平衡态.

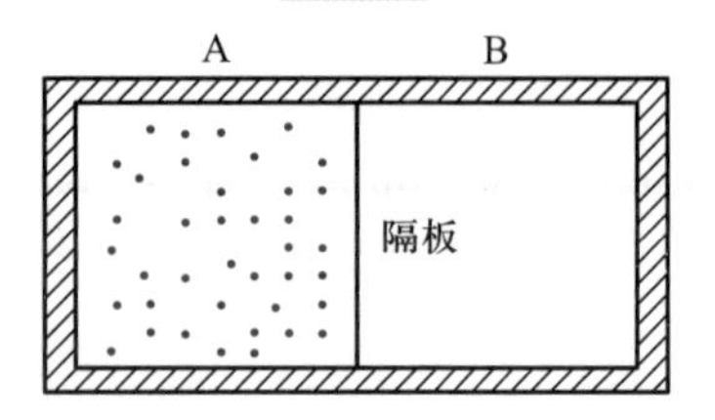

图 9.4　气体的平衡态

平衡态是一个动态平衡的状态.气体处于平衡态时，虽然宏观量不随时间改变，但气体分子仍然不停地运动，只是分子运动的总平均效果不随时间改变.

平衡态是一个理想概念.我们所说的不受外界影响，是指外界对系统既不做功又不传热.现实中容器中的气体不可能不受到外界的影响，总要与外界发生不同程度的能量转化和物质交换，宏观性质完全不随时间变化是不可能的，理想化的平衡态是不存在的.在实际中，当气体状态的变化很微小，可以忽略不计时，我们就可以把气体的状态近似视为平衡态.本章讨论的气体状态在无特别说明时都是平衡态.

9.2.3 理想气体的物态方程

实验表明，对于一定量处于平衡态的气体，其状态参量 p、V、T 满足一定的函数关系：

$$f(p,V,T)=0$$

我们把这个反映状态参量 p、V、T 之间关系的表达式称为**气体的物态方程**.一般气体的物态方程十分复杂，我们只讨论理想气体的物态方程.

气体的物态方程

实验还表明，一定质量的气体，在温度不太低、压强不太大的情况下，一般遵守玻意耳定律（T 不变，pV = 常量）、盖吕萨克定律（p 不变，V/T = 常量）和查理定律（V 不变，p/T = 常量）. 对不同的气体来说，任何情况下都严格遵守上述三条实验定律的气体称为**理想气体**（ideal gas）. 理想气体是一种理想模型，真实气体在温度不太低、压强不太大时，可以近似视为理想气体.

理想气体

当质量为 m、摩尔质量为 M 的理想气体处于平衡态时，其状态参量 p、V、T 之间满足方程

$$pV=\frac{m}{M}RT \tag{9.1}$$

式中 R 称为摩尔气体常量，在国际单位制中 $R=8.31\ \mathrm{J\cdot mol^{-1}\cdot K^{-1}}$. 式（9.1）称为**理想气体的物态方程**（equation of state of ideal gas）.

理想气体的物态方程

理想气体的物态方程还可以写成其他形式. 设一定量的理想气体分子质量为 m_0，总分子数为 N，用 N_A 表示阿伏伽德罗常量（$N_A=6.02\times10^{23}\ \mathrm{mol^{-1}}$），则 $m=Nm_0$，$M=N_Am_0$，因此

$$pV=\frac{m}{M}RT=\frac{Nm_0}{N_Am_0}RT=\frac{N}{N_A}RT$$

令 $k=R/N_A=1.38\times10^{-23}\ \mathrm{J\cdot K^{-1}}$，$k$ 称为玻耳兹曼常量. 再令 $n=N/V$，n 是分子数密度. 理想气体物态方程又可写为

$$p=nkT \tag{9.2}$$

一定量的理想气体的每一个平衡态可用一组状态参量（p、V、T）来表示，因为 p、V、T 之间存在式（9.1）所示的关系，所以通常把气体的平衡态用 $p-V$ 图上的一个点来表示，如图 9.5 所示. 图中点 A 和点 B 分别表示气体处于两个不同的平衡态，而 A、B 间的连线表示一个由平衡态组成的变化过程，曲线上的箭头表示过程进行的方向，不同曲线代表气体不同的变化过程.

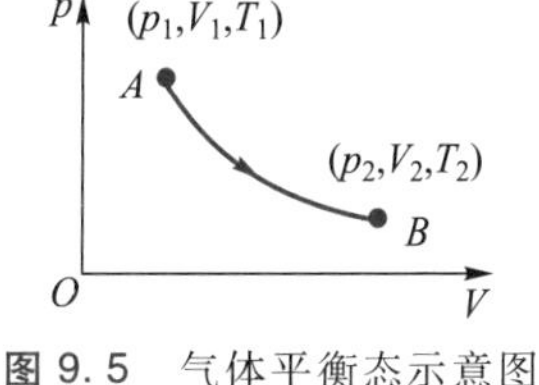

图 9.5　气体平衡态示意图

9.3　理想气体的压强和温度

9.3.1　理想气体的微观模型及统计假设

1. 理想气体的微观模型

基于气体分子热运动的基本观点，理想气体可以被抽象成如

下所述的理想化微观模型：

（1）气体分子本身的大小与气体分子之间的平均距离相比，可以忽略不计，因此理想气体分子可视为质点.

（2）分子之间以及分子与器壁之间的碰撞是完全弹性碰撞，每个分子均可视为完全弹性的小球，气体分子的运动服从经典力学规律.

（3）气体分子之间的平均距离相当大，除完全弹性碰撞的瞬间外，分子间以及分子与器壁之间没有其他相互作用.在连续两次碰撞之间分子的运动可以视为匀速直线运动.

总之，理想气体可以视为自由地、无规则地运动着的，没有大小只有质量的弹性球分子的集合.

2. 统计假设

虽然气体分子碰撞频繁，运动状态瞬息万变，但理想气体在平衡状态下，分子热运动还具有统计规律性，就其平均效果来说满足以下两条统计假设：

（1）忽略分子重力的情况下，分子在空间中的分布是均匀的，或者说气体的分子数密度 n 处处相同.

（2）气体分子沿各方向运动的机会是均等的，没有哪个方向比其他方向更占有优势，即分子的速度按方向的分布是均匀的，因此对大量气体分子来说，速度在各个方向上分量的平方的平均值应该相等，即

$$\overline{v_x^2}=\overline{v_y^2}=\overline{v_z^2} \tag{9.3}$$

可以证明

$$\overline{v^2}=\overline{v_x^2}+\overline{v_y^2}+\overline{v_z^2}$$

将式(9.3)代入上式，可得

$$\overline{v_x^2}=\overline{v_y^2}=\overline{v_z^2}=\frac{1}{3}\overline{v^2} \tag{9.4}$$

9.3.2 压强公式及其统计意义

气体对器壁的压强是大量气体分子在无规则运动中对器壁不断碰撞的平均效果.虽然单个分子对器壁的碰撞是间断的、随机的，作用于器壁冲力的大小是偶然的，但大量分子整体对器壁的碰撞是连续的，宏观上就表现出一个恒定、持续的压力.这和雨点打在雨伞上的情形很相似，当大量的雨滴连续地落在伞上时，伞就会受到一个持续的压力.下面我们根据理想气体的微观模型

及统计假设,推导平衡态下理想气体的压强公式.

设在边长为 l_1、l_2、l_3 的长方体容器内储有一定量理想气体,气体处于平衡态,每个气体分子的质量为 m_0,容器内分子总数为 N.由于气体处于平衡态,各处的压强相同,我们可以只研究与 x 轴垂直的 A_1 面上的压强.考虑速度为 $\boldsymbol{v}_i$ 的任一分子 i,其速度沿坐标轴的分量为 v_{ix}、v_{iy}、v_{iz},如图 9.6 所示.当 i 分子与 A_1 面碰撞时,因为是完全弹性碰撞,碰撞前后速度的 y 分量和 z 分量不变,而 x 轴的速度分量由 v_{ix} 变为 $-v_{ix}$,所以每与 A_1 面碰撞一次,分子动量的增量为 $-m_0v_{ix}-m_0v_{ix}=-2m_0v_{ix}$,这就是器壁对 i 分子的冲量.根据牛顿第三定律,分子 i 对器壁每碰撞一次,冲量为 $2m_0v_{ix}$.分子 i 与 A_1 面碰撞、被弹回后,又与 A_2 面发生碰撞,然后与 A_1 面再次碰撞.相邻两次碰撞之间的时间间隔为 $2l_1/v_{ix}$,所以单位时间内 i 分子与 A_1 面碰撞的次数为 $v_{ix}/2l_1$,单位时间作用在 A_1 面上的总冲量为 $2mv_{ix}(v_{ix}/2l_1)$.根据动量定理,这就是分子作用于 A_1 面的平均冲力.因为容器中有大量分子与 A_1 面碰撞,使 A_1 面受到一个持续不断的作用力,这个力的大小等于每个分子作用于 A_1 面平均冲力的和,即

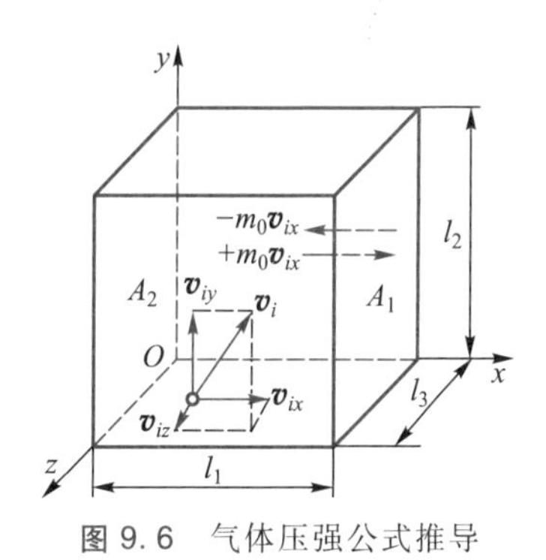

图 9.6　气体压强公式推导

$$F=2m_0v_{1x}\frac{v_{1x}}{2l_1}+2m_0v_{2x}\frac{v_{2x}}{2l_1}+\cdots+2m_0v_{Nx}\frac{v_{Nx}}{2l_1}$$

式中 v_{1x},v_{2x},$\cdots$,v_{Nx} 为各个分子在 x 轴上的分量.应用压强定义式得 A_1 面受到的压强为

$$p=\frac{F}{l_2l_3}=\frac{1}{l_2l_3}\left(2m_0v_{1x}\frac{v_{1x}}{2l_1}+2m_0v_{2x}\frac{v_{2x}}{2l_1}+\cdots+2m_0v_{Nx}\frac{v_{Nx}}{2l_1}\right)$$

$$=\frac{m_0}{l_1l_2l_3}(v_{1x}^2+v_{2x}^2+\cdots+v_{Nx}^2)$$

将上式分子、分母同乘以 N,根据分子速度平方平均值的定义 $\overline{v_x^2}=\frac{\sum\limits_{i=1}^{N}v_{ix}^2}{N}$,上式可写为

$$p=\frac{m_0N}{l_1l_2l_3}\frac{\sum\limits_{i=1}^{N}v_{ix}^2}{N}=\frac{Nm_0}{l_1l_2l_3}\overline{v_x^2}=nm_0\overline{v_x^2}$$

式中 $n=\frac{N}{l_1l_2l_3}=\frac{N}{V}$ 为分子数密度.利用式(9.4)可得

$$p=m_0n\overline{v_x^2}=\frac{1}{3}m_0n\overline{v^2}$$

或

$$p=\frac{2}{3}n\,\overline{\varepsilon}_{kt} \tag{9.5}$$

理想气体的压强公式

上式就是**理想气体的压强公式**,式中 $\overline{\varepsilon}_{kt}=\frac{1}{2}m_0\,\overline{v^2}$,称为**气体分子的平均平动动能**(average translational kinetic energy).式(9.5)表明理想气体的压强 p 与分子平均平动动能 $\overline{\varepsilon}_{kt}$ 和分子数密度 n 成正比.压强 p 是一个宏观量,分子平均平动动能 $\overline{\varepsilon}_{kt}$ 和分子数密度 n 是微观量的统计平均值.压强公式揭示了宏观量压强的微观本质.压强 p 是一个统计量,对单个分子来讲,压强是没有意义的.

气体分子的平均平动动能

9.3.3 温度公式及其统计意义

温度在宏观上表示物体的冷热程度,那么温度的微观本质是什么呢? 下面我们由理想气体的物态方程和压强公式,推出气体的温度与分子平均平动动能之间的关系,从而揭示宏观量温度的微观本质.

将理想气体压强公式 $p=\frac{2}{3}n\,\overline{\varepsilon}_{kt}$ 与物态方程 $p=nkT$ 比较,可得**理想气体的温度公式**:

理想气体的温度公式

$$\overline{\varepsilon}_{kt}=\frac{1}{2}m_0\,\overline{v^2}=\frac{3}{2}kT \tag{9.6}$$

上式给出了理想气体的宏观量温度与微观量分子平均平动动能的关系,它表明理想气体的分子平均平动动能仅与温度成正比.它也揭示了气体温度的微观本质,即气体的温度是气体分子平均平动动能的量度.气体的温度越高,分子平均平动动能越大,分子热运动的程度越剧烈.温度 T 是大量气体分子热运动的集体表现,具有统计意义.对于个别分子来讲,温度是没有意义的.

由式(9.6)可以得到

$$\sqrt{\overline{v^2}}=\sqrt{\frac{3kT}{m_0}}=\sqrt{\frac{3RT}{M}} \tag{9.7}$$

方均根速率

式中,$\sqrt{\overline{v^2}}$ 称为气体分子的**方均根速率**(root-mean-square speed),它是分子速率的一种统计平均值.气体分子的方均根速率与温度的平方根成正比,与气体摩尔质量的平方根成反比.对于同一气体,温度越高,方均根速率越大.在同一温度下,气体分子摩尔质量越大,方均根速率越小.

应注意,在同一温度下各种气体分子的平均平动动能都相等,但它们的方均根速率并不相等.

9.4 能量均分定理 理想气体的内能

本节我们将从分子热运动能量所遵循的统计规律出发，探讨理想气体内能的微观本质.

前面讨论分子的热运动时，我们把分子视为质点，只考虑了分子平动的能量.实际上，除了单原子分子可以视为质点、只有平动外，一般由两个以上原子组成的分子不仅有平动，还有转动和分子内原子间的振动.分子热运动的能量应将这些运动的能量都包括在内.为了确定分子各种运动形式的能量统计规律，需要考虑分子的内部结构并引入自由度的概念.

9.4.1 自由度

借助力学的概念，我们将确定一个物体在空间的位置所需要独立坐标的数目，称为物体的**自由度**(degree of freedom)，用 i 表示.

自由度

1. 质点的自由度

一个质点在空间自由运动时，我们需要三个独立的坐标 x、y、z 来确定它的位置，因此空间中自由运动的质点具有三个自由度.如空中飞行的飞机可视为一个自由质点，其自由度为 $i=3$.如果质点作平面运动，我们需要两个独立的坐标 x、y 来确定它的位置，因此作平面运动的质点具有两个自由度.如在水面上航行的轮船，其自由度为 $i=2$.如果质点作直线或曲线运动，用一个坐标就可以确定其位置，因此具有一个自由度，如在轨道上运行的火车的自由度为 $i=1$.

2. 刚体的自由度

因为刚体既可作平动又可作转动，如图 9.7 所示，所以一个刚体在空间的位置可由如下方法确定：首先刚体质心位置的确定需要三个独立坐标，即有三个平动自由度；其次刚体转轴位置的确定需要三个坐标 α、β、γ，但因为它们满足方程 $\cos^2\alpha+\cos^2\beta+\cos^2\gamma=1$，所以只有两个坐标是独立的，即有两个转动自由度；最后确定刚体绕轴转动的位置，需要一个独立坐标 θ，所以该刚体有三个转动自由度.综上所述，自由刚体共有六个自由度.

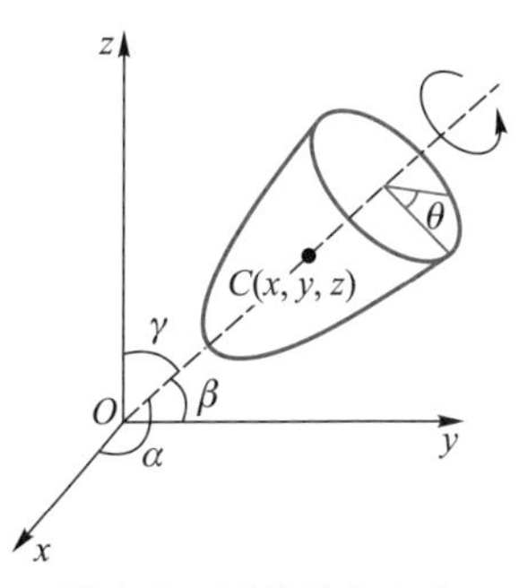

图 9.7　刚体的自由度

3. 刚性气体分子的自由度

按分子结构，气体分子可分为单原子分子、双原子分子、多原

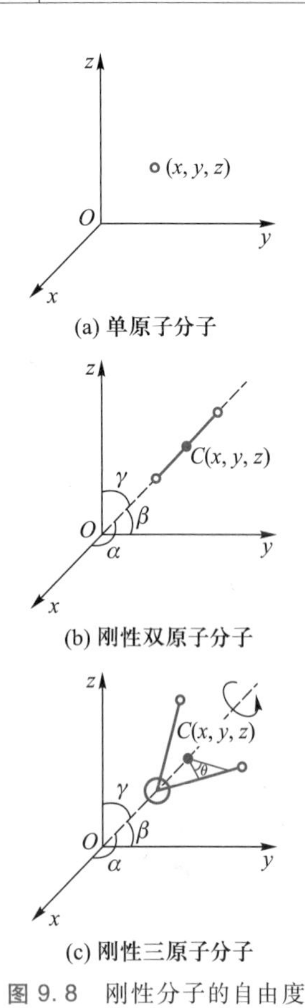

(a) 单原子分子
(b) 刚性双原子分子
(c) 刚性三原子分子
图 9.8 刚性分子的自由度

子分子.单原子分子(如 He、Ne 等)可视为自由质点,故其自由度 $i=3$,如图 9.8(a)所示;刚性双原子分子(如 H_2、CO 等)可以视为将两个质点用轻杆相连而组成的刚体,确定其质心位置需要三个平动自由度($t=3$),确定转轴的位置需要两个转动自由度($r=2$),所以双原子分子总的自由度为 $i=t+r=5$,如图 9.8(b)所示;刚性多原子分子(如 CO_2、NH_3 等)可以视为自由刚体,其自由度为 $i=t+r=6$,如图 9.8(c)所示.综上所述,表 9.1 中给出了刚性气体分子的自由度.

以上我们讨论了刚性气体分子的自由度,但是严格地说,双原子或多原子分子都不是刚性的,组成分子的原子还会因发生振动而改变原子间的距离.因此除了平动、转动自由度外,还应该有振动自由度.但是只有在高温时,我们才必须考虑振动自由度,对于温度不太高的气体,振动是可以忽略的.本章我们只研究刚性分子组成的气体.

表 9.1 刚性气体分子自由度

分子种类	平动自由度 t	转动自由度 r	总自由度 i
单原子分子	3	0	3
双原子分子	3	2	5
多原子分子	3	3	6

9.4.2 能量均分定理

我们已经证明,理想气体分子的平均平动动能是

$$\overline{\varepsilon}_{\mathrm{kt}}=\frac{1}{2}m_0\overline{v^2}=\frac{3}{2}kT$$

分子平动有三个自由度,当气体处于平衡态时有$\overline{v^2}=\overline{v_x^2}+\overline{v_y^2}+\overline{v_z^2}$,因此,

$$\frac{1}{2}m_0\overline{v^2}=\frac{1}{2}m_0\overline{v_x^2}+\frac{1}{2}m_0\overline{v_y^2}+\frac{1}{2}m_0\overline{v_z^2}=\frac{3}{2}kT$$

根据平衡态理想气体统计假设$\overline{v_x^2}=\overline{v_y^2}=\overline{v_z^2}=\frac{1}{3}\overline{v^2}$,得到

$$\frac{1}{2}m_0\overline{v_x^2}=\frac{1}{2}m_0\overline{v_y^2}=\frac{1}{2}m_0\overline{v_z^2}=\frac{1}{2}kT \tag{9.8}$$

上式表明,在平衡态下,气体分子沿 x、y、z 三个方向运动的平均平动动能完全相等,分子的平均平动动能 $3kT/2$ 均匀地分配在每

一个平动自由度上，每一个自由度上的平均能量是 $kT/2$. 这个结论可以推广到分子的各个自由度. 在平衡态时，由于大量气体分子频繁地碰撞，分子的能量互相转化，任何一种运动都不会比另一种运动更占优势，各种运动的机会是完全相等的，而且平均来说，不论分子作何种运动，每一自由度上的平均动能都相等，不仅各个平动自由度上的能量应该相等，各个转动自由度上的能量也应该相等，即**气体处于平衡态时，分子在任何一个自由度上的平均动能都等于$\frac{1}{2}kT$**，这一结论称为**能量按自由度均分定理**或**能量均分定理**(equipartition theorem).

能量按自由度均分定理

能量均分定理

根据能量均分定理，如果某种刚性气体分子的自由度为 i，则分子的平均动能为

$$\bar{\varepsilon}_{\mathrm{k}}=\frac{i}{2}kT \tag{9.9}$$

能量均分定理是关于分子无规则运动动能的统计规律，是对大量分子的统计平均所得出的结果，也是分子热运动统计性的一种反映. 对个别分子而言，它的动能随时间变化，并不等于$\frac{i}{2}kT$，而且它各种形式的动能也不按自由度均分，但对大量分子整体而言，由于分子的无规则热运动及频繁的碰撞，能量可以从一个分子转移到另一个分子，从一种自由度的能量转化成另一种自由度的能量，这样在平衡态时，就形成了能量按自由度均匀分配的统计规律.

9.4.3 理想气体的内能

作无规则热运动的气体分子的能量，除了平动动能、转动动能、振动动能和振动势能以外，实验结果还表明，气体的分子与分子之间存在着一定的相互作用力，所以气体的分子与分子之间也具有一定相互作用势能. 一般气体的**内能**(internal energy)，指气体内部的总能量，是所有气体分子动能与分子之间相互作用势能的总和. 对于理想气体，分子间的相互作用力可以忽略，即分子相互作用势能可以忽略不计. 因此在温度不太高的情况下，刚性分子组成的理想气体的内能就是所有分子动能(包括平动动能和转动动能)的总和.

内能

设理想气体分子的自由度为 i，由式(9.9)可知，1 mol 理想气体的内能为

$$E_m = N_A \bar{\varepsilon}_k = N_A\left(\frac{i}{2}kT\right) = \frac{i}{2}RT$$

质量为 m、摩尔质量为 M 的理想气体的内能为

$$E = \frac{m}{M}\frac{i}{2}RT \tag{9.10}$$

上式表明,对于一定量的某种理想气体,内能仅与温度有关,与体积和压强无关.因此理想气体的内能是温度的单值函数,是一个状态量.当温度改变 ΔT 时,内能的变化量为

$$\Delta E = \frac{m}{M}\frac{i}{2}R\Delta T \tag{9.11}$$

显然理想气体内能的变化量只取决于始、末两状态的温度,而与系统状态变化的具体过程无关.一定量的理想气体在不同的状态变化过程中,只要温度的变化量相等,那么它的内能的变化量就相同,而与过程无关.

例 9.1

一容器内装有某种理想气体,其温度为 $T=273\ \mathrm{K}$,压强为 $p=1.013\times10^3\ \mathrm{Pa}$,密度为 $\rho=1.25\times10^{-2}\mathrm{kg\cdot m^{-3}}$.(1)求气体分子的方均根速率;(2)求气体的摩尔质量,并确定它是什么气体;(3)求气体分子的平均平动动能、平均转动动能和平均动能;(4)求该容器单位体积内分子的总平均动能;(5)若该气体的物质的量为 0.3 mol,它的内能是多少?

解 (1) 由方均根速率公式得

$$\sqrt{\overline{v^2}} = \sqrt{\frac{3RT}{M}} = \sqrt{\frac{3\frac{M}{m}pV}{M}} = \sqrt{\frac{3p}{\rho}}$$

$$= \sqrt{\frac{3\times1.013\times10^3}{1.25\times10^{-2}}}\ \mathrm{m\cdot s^{-1}} = 493\ \mathrm{m\cdot s^{-1}}$$

(2) 根据理想气体物态方程可得气体的摩尔质量为

$$M = \frac{m}{V}\frac{RT}{p} = \rho\frac{RT}{p} = 1.25\times10^{-2}\times\frac{8.31\times273}{1.013\times10^3}\ \mathrm{kg\cdot mol^{-1}} = 2.8\times10^{-2}\ \mathrm{kg\cdot mol^{-1}}$$

由上述结果可知,该气体分子是双原子分子 N_2.

(3) 氮气分子是双原子分子,有 3 个平动自由度,2 个转动自由度.由能量均分定理可得分子的平均平动动能和平均转动动能分别为

$$\bar{\varepsilon}_{kt} = \frac{3}{2}kT = \frac{3}{2}\times1.38\times10^{-23}\times273\ \mathrm{J} = 5.65\times10^{-21}\ \mathrm{J}$$

$$\bar{\varepsilon}_{kr} = \frac{2}{2}kT = \frac{2}{2}\times1.38\times10^{-23}\times273\ \mathrm{J} = 3.77\times10^{-21}\ \mathrm{J}$$

分子的平均动能为

$$\bar{\varepsilon}_k = \frac{5}{2}kT = \frac{5}{2}\times1.38\times10^{-23}\times273\ \mathrm{J} = 9.42\times10^{-21}\ \mathrm{J}$$

(4)单位体积内气体分子的总平均动能为

$$n\bar{\varepsilon}_k = \frac{p}{kT}\cdot\frac{5}{2}kT = \frac{5}{2}\times1.013\times10^3\ \mathrm{J} = 2.53\times10^3\ \mathrm{J}$$

(5) 气体的总自由度 $i=5$,由理想气体的内能公式得

$$E = \frac{m}{M}\frac{i}{2}RT = 0.3\times\frac{5}{2}\times8.31\times273\ \mathrm{J} = 1.7\times10^3\ \mathrm{J}$$

9.5　麦克斯韦速率分布

由于分子的频繁碰撞,单个分子的速率大小是偶然的,但从大量分子的整体看来,气体分子的速率分布遵从统计分布规律.这就像在伽尔顿板实验中,小球在下落过程中不断碰到铁钉,最终落入哪个狭槽是偶然的;但如果投入大量小球,小球按狭槽的分布规律却是确定的,遵从统计分布规律.英国物理学家麦克斯韦在概率论的基础上,首先导出了理想气体分子按速率分布的统计规律.

9.5.1 麦克斯韦速率分布函数

阅读材料:玻耳兹曼关于热力学第二定律的微观解释

物理学家简介:麦克斯韦

设在一定量的理想气体中,分子总数为 N,其中速率在 $v \sim v+\Delta v$ 区间内的分子数为 ΔN,用$\dfrac{\Delta N}{N}$表示在这一速率区间内的分子数在总分子数中的占比,或者说分子速率处于这一区间内的概率.显然,比值$\dfrac{\Delta N}{N}$与速率区间有关,在不同的速率区间内,它的数值不同,区间 Δv 取得越大,该区间内的分子数就越多,$\dfrac{\Delta N}{N}$就越大.$\dfrac{\Delta N}{N\Delta v}$为单位速率区间内的分子数在总分子数中的占比,当 $\Delta v \to 0$ 时,其极限变成速率 v 的一个连续函数,可表示为

$$f(v)=\lim_{\Delta v \to 0}\frac{\Delta N}{N\Delta v}=\frac{\mathrm{d}N}{N\mathrm{d}v} \tag{9.12}$$

或写成

$$\frac{\mathrm{d}N}{N}=f(v)\,\mathrm{d}v \tag{9.13}$$

速率分布函数

$f(v)$称为**速率分布函数**(speed distribution function),它的物理意义是:**速率在 v 附近单位速率区间内的分子数在总分子数中的占比,或者说分子处于速率 v 附近单位速率区间内的概率.**

麦克斯韦速率分布函数

麦克斯韦首先导出理想气体在平衡态下分子的速率分布函数,我们称之为**麦克斯韦速率分布函数**,其数学表达式为

$$f(v)=4\pi\left(\frac{m_0}{2\pi kT}\right)^{3/2}\mathrm{e}^{-m_0v^2/2kT}v^2 \tag{9.14}$$

式中 T 为气体的温度,m_0为分子质量,k 为玻耳兹曼常量.上式也

可以写成

$$\frac{dN}{N}=4\pi\left(\frac{m_0}{2\pi kT}\right)^{3/2}e^{-m_0v^2/2kT}v^2dv \tag{9.15}$$

上式的物理意义是：**处于平衡态的理想气体，在速率 v 附近 dv 区间内的分子数在总分子数中的占比，或者说分子速率处于该速率区间内的概率.**

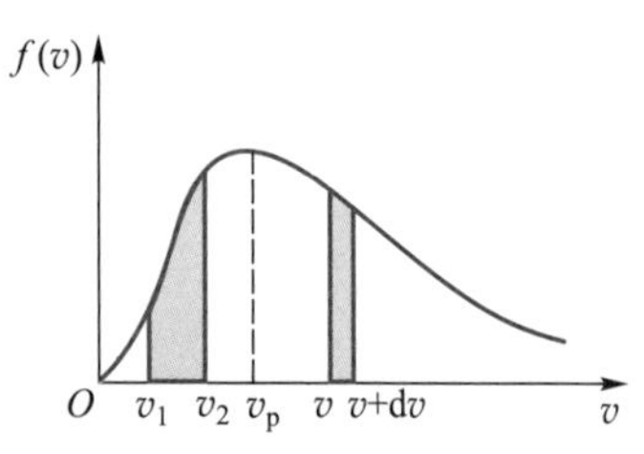

图 9.9 麦克斯韦速率分布曲线

表示速率分布函数的曲线称为麦克斯韦速率分布曲线. 如图 9.9 所示，曲线体现出了分子按速率的分布规律. 由曲线可以看出，分子速率很小和分子速率很大的概率较小，而分子处于中等速率的概率较大. 图中曲线下宽度为 dv 的窄条面积为 $f(v)dv$，由速率分布函数的定义 $f(v)dv=\frac{dN}{N}$，可知该面积表示分布在该速率区间内的分子数在总分子数中的占比；曲线下 v_1 与 v_2 之间的面积为 $\int_{v_1}^{v_2}f(v)dv$，应该有 $\int_{v_1}^{v_2}f(v)dv=\int_{N_{v_1}}^{N_{v_2}}\frac{dN}{N}=\frac{\Delta N}{N}$，所以该面积表示速率分布在该范围内的分子数在总分子数中的占比. 整条曲线下的面积为 $\int_0^{\infty}f(v)dv=1$，该面积表示速率处于 $0\sim\infty$ 的整个区间中的分子数与总分子数的比值为 1，这表明速率分布函数必须满足**归一化条件**.

归一化条件

9.5.2 三种统计速率

应用麦克斯韦速率分布函数我们可以求出气体分子运动的最概然速率、平均速率和方均根速率.

1. 最概然速率

最概然速率

速率分布函数曲线最高点对应的速率称为**最概然速率**(most probable speed)，用 v_p 表示. 对速率分布函数求一阶导数并令其值为 0，即 $\frac{df(v)}{dv}=0$，可以得到

$$v_p=\sqrt{\frac{2kT}{m_0}}=\sqrt{\frac{2RT}{M}}\approx1.41\sqrt{\frac{RT}{M}} \tag{9.16}$$

最概然速率的物理意义是：如果将整个速率区间分成许多个相等的小区间，则 v_p 所在的区间内的分子数在总分子数中的占比最大，或者说分子速率出现在这个区间内的概率最大.

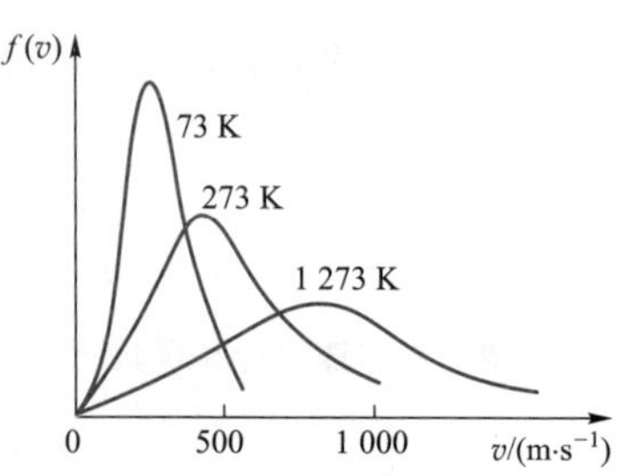

图 9.10 在不同温度下 O_2 分子的速率分布曲线

最概然速率是反映速率分布特征的物理量. 如图 9.10 所示，对同一种气体，温度升高，最概然速率 v_p 增大，但因曲线下的总面

积，即分子数的百分比的总和是不变的，因此分布曲线在宽度增大的同时高度降低，整个曲线变得较为平坦.温度降低，最概然速率 v_p 减小，分布曲线在宽度减小的同时高度增加，整个曲线变得比较陡峭.另外，在同一温度下，分子质量（或气体的摩尔质量）越大，v_p 越小.图 9.11 中两条曲线分别表示氧气（O_2）和氢气（H_2）在相同温度 T 时分子按速率的分布，其中 $M_{H_2}<M_{O_2}$.

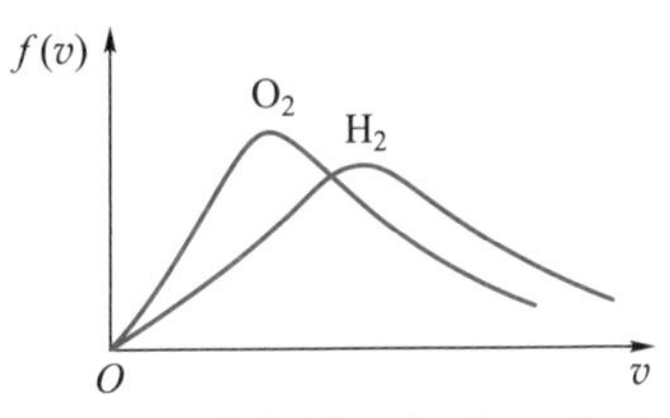

图 9.11　在相同温度下 O_2 和 H_2 分子的速率分布曲线

2. 平均速率

平均速率

气体分子的平均速率（mean speed）被定义为

$$\bar{v}=\frac{\sum v_i \Delta N_i}{N}$$

因为分子速率在 0~∞ 区间内是连续分布的，所以可将上式中的求和改为求积分，于是

$$\bar{v}=\int_0^{\infty} \frac{v \mathrm{d}N}{N}=\int_0^{\infty} v f(v) \mathrm{d}v \tag{9.17}$$

将麦克斯韦速率分布函数代入式（9.17），并令 $b=\frac{m_0}{2kT}$，可得平均速率为

$$\begin{aligned}\bar{v} &=\int_0^{\infty} v f(v) \mathrm{d}v=\int_0^{\infty} v \cdot 4\pi\left(\frac{m_0}{2\pi kT}\right)^{3/2} \mathrm{e}^{-\frac{m_0 v^2}{2kT}} v^2 \mathrm{d}v \\ &=4\pi\left(\frac{b}{\pi}\right)^{3/2} \int_0^{\infty} \mathrm{e}^{-bv^2} v^3 \mathrm{d}v^{①}=2\sqrt{\frac{1}{b\pi}}\end{aligned}$$

将 b 值代入得

$$\bar{v}=\sqrt{\frac{8kT}{\pi m_0}}=\sqrt{\frac{8RT}{\pi M}} \approx 1.60\sqrt{\frac{RT}{M}} \tag{9.18}$$

3. 方均根速率

根据上面讨论的平均速率的定义，我们只需把式（9.17）中的 v 换成 v^2，就可以求出速度平方的平均值 $\overline{v^2}$，即

$$\overline{v^2}=\int_0^{\infty} \frac{v^2 \mathrm{d}N}{N}=\int_0^{\infty} v^2 f(v) \mathrm{d}v$$

将麦克斯韦速率分布函数代入后，经积分运算[②]可得

$$\sqrt{\overline{v^2}}=\sqrt{\frac{3kT}{m_0}}=\sqrt{\frac{3RT}{M}} \approx 1.73\sqrt{\frac{RT}{M}} \tag{9.19}$$

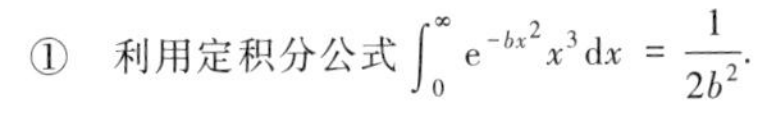

① 利用定积分公式 $\int_0^{\infty} \mathrm{e}^{-bx^2} x^3 \mathrm{d}x=\frac{1}{2b^2}$.

② 利用定积分公式 $\int_0^{\infty} \mathrm{e}^{-bx^2} x^4 \mathrm{d}x=\frac{3}{8}\left(\frac{\pi}{b^5}\right)^{\frac{1}{2}}$.

我们把$\sqrt{\overline{v^2}}$称为方均根速率，这和我们讲述理想气体温度的统计意义时的结果是相同的.

上述三种速率都具有统计平均的意义，反映了大量分子无规则热运动的统计规律，对少量分子无意义.这三种速率都与$\sqrt{T}$成正比，与$\sqrt{m_0}$或$\sqrt{M}$成反比.对同一种气体，在同一温度下，三种速率的大小关系为$v_p<\bar{v}<\sqrt{\overline{v^2}}$.三种速率各有不同的应用，讨论速率分布时，要用最概然速率；计算分子的平均碰撞频率和平均自由程时，要用平均速率；讨论分子的平均平动动能时，要用方均根速率.

9.5.3 气体分子速率分布的测定

麦克斯韦于1859年在概率论的基础上导出了气体分子按速率分布的统计规律，但由于当时的技术条件不能获得高真空，测定气体分子速率分布的实验直到20世纪20年代才实现.图9.12所示是测定分子速率分布的实验装置.全部装置被放在高真空的容器中，图中A是一个恒温箱，用电炉加热金属汞产生汞蒸气，蒸气经A上小孔射出，蒸气分子经狭缝S，形成一条定向分子射线.B和C是两个共轴圆盘，距离为d，盘上各开一狭缝，两缝错开一小角α，约2°，E是一个接收分子的显示屏.当圆盘B和C以角速度ω转动时，圆盘每转一周，分子射线通过B盘的狭缝一次.因为分子的速率不同，分子由B到C所需的时间也不一样.所以，并非所有通过B盘狭缝的分子都能通过C盘狭缝而射到显示屏E上.只有当分子速率v满足下列关系式的那些分子才能射到屏上[①]：

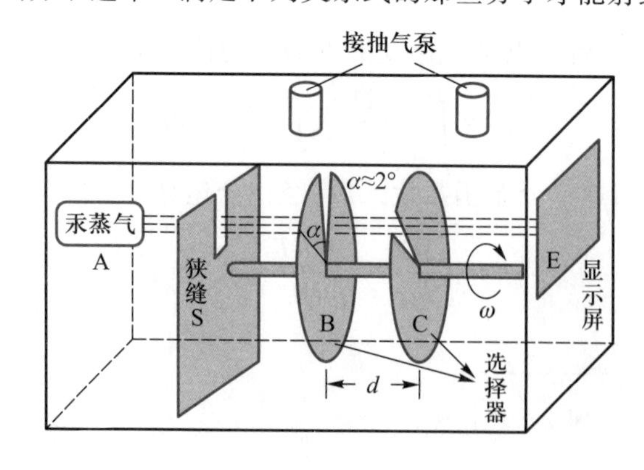

图9.12 测定气体分子速率的实验装置

① 此处不考虑C盘转过$\alpha+2\pi n$($n=1,2,\cdots$)的情况.

$$\frac{d}{v}=\frac{\alpha}{\omega} \quad 或 \quad v=\frac{\omega}{\alpha}d$$

由此可见，圆盘 B、C 起速率选择器作用. 若改变角速度 ω，可使速率不同的分子到达 E. 因为 B 和 C 的狭缝都有一定的宽度，所以实际上当 ω 一定时，能射到显示屏上的是速率在 $v\sim v+\Delta v$ 区间内的分子. 实验时，我们使圆盘以不同角速度 ω 转动，从屏上测出每次沉积的金属层厚度，从而比较在不同速率区间内的分子数占比 $\frac{\Delta N}{N}$. 这个比值也就是气体分子处于速率区间 $v\sim v+\Delta v$ 内的概率. 我们可以得到分子速率的分布规律，并可以将其与麦克斯韦从理论上推出的速率分布函数进行比较.

例 9.2

有 N 个粒子，其速率分布函数为

$$\begin{cases} f(v)=c\ (0\leqslant v\leqslant v_0) \\ f(v)=0\ (v>v_0) \end{cases}$$

试求其速率分布函数中的常量 c 和粒子的平均速率（均用 v_0 表示）.

解　由于分子的速率取 0 到 ∞ 之间的任意数值，根据归一化条件

$$\int_0^\infty f(v)\,\mathrm{d}v=\int_0^{v_0} c\,\mathrm{d}v=cv_0=1$$

即得

$$c=1/v_0$$

根据分子平均速率的定义得

$$\bar{v}=\int_0^\infty \frac{v\mathrm{d}N}{N}=\int_0^\infty vf(v)\,\mathrm{d}v$$

$$=\int_0^{v_0} vc\,\mathrm{d}v=\frac{1}{v_0}\int_0^{v_0} v\,\mathrm{d}v=\frac{v_0}{2}$$

*9.6　玻耳兹曼能量分布

麦克斯韦速率分布函数

麦克斯韦速度分布函数

上面我们讨论麦克斯韦速率分布函数时，没有考虑分子速度的方向. 麦克斯韦还推导出了麦克斯韦速度分布函数：

$$\frac{\mathrm{d}N}{N}=\left(\frac{m_0}{2\pi kT}\right)^{3/2}\mathrm{e}^{-\frac{m_0}{2kT}(v_x^2+v_y^2+v_z^2)}\mathrm{d}v_x\mathrm{d}v_y\mathrm{d}v_z \qquad (9.20)$$

上式表示速度分布在 $v_x\sim v_x+\mathrm{d}v_x$、$v_y\sim v_y+\mathrm{d}v_y$、$v_z\sim v_z+\mathrm{d}v_z$ 区间内的分子数在总分子数中的占比.

麦克斯韦速度分布函数给出了理想气体分子不受外力作用、

处于平衡态时按速度的分布规律.

对于理想气体分子,我们只考虑了分子间的、分子和器壁间的碰撞,而不考虑其他相互作用,即不考虑外场(如重力场、电场、磁场等)对分子的作用,分子在空间位置的分布是均匀的,气体的分子数密度 n 处处相等.当有保守力作用时,气体分子在空间中的分布不再是均匀的,气体分子的分布满足**玻耳兹曼能量分布律**.

玻耳兹曼能量分布律

9.6.1 玻耳兹曼能量分布律

物理学家简介:玻耳兹曼

玻耳兹曼把麦克斯韦速率分布律在保守力场中进行了推广.由于受到保守力的作用,气体分子不仅具有动能 ε_k,而且具有势能 ε_p,分子的总能量 $\varepsilon=\varepsilon_k+\varepsilon_p$;由于气体分子分布不均匀,气体分子不仅按速率 $v\sim v+dv$ 分布,而且按位置区间 $x\sim x+dx$、$y\sim y+dy$、$z\sim z+dz$ 分布.麦克斯韦速率分布律中,指数项中只包含分子的平均动能 ε_k,我们把它替换成总能量 $\varepsilon=\varepsilon_k+\varepsilon_p$,并考虑分子的位置分布,从而得到

$$dN=n_0\left(\frac{m_0}{2\pi kT}\right)^{3/2}e^{-(\varepsilon_k+\varepsilon_p)/kT}v^2dv_xdv_ydv_zdxdydz \qquad (9.21)$$

玻耳兹曼分布律

n_0表示在势能为零处各种速率的总分子数密度,这一结论称为玻耳兹曼能量分布律,简称**玻耳兹曼分布律**.玻耳兹曼能量分布律的物理意义是:**在平衡态下,确定的速率区间和空间位置中,分子的能量越大,分子数就越少,或者说分子处于能量较低状态的概率比处于能量较高状态的概率大.**

因为麦克斯韦速率分布函数满足归一化条件,我们把式(9.21)对所有可能的速度积分,可得

$$\iiint\left(\frac{m_0}{2\pi kT}\right)^{3/2}e^{-\varepsilon_k/kT}v^2dv_xdv_ydv_z=1$$

所以可以把式(9.21)写成

$$dN=n_0e^{-\varepsilon_p/kT}dxdydz$$

该式表示在空间($x\sim x+dx, y\sim y+dy, z\sim z+dz$)内的总分子数,再把该式除以 $dxdydz$,得此空间中的分子数密度

$$n=n_0e^{-\varepsilon_p/kT} \qquad (9.22)$$

玻耳兹曼密度分布律

此式为**玻耳兹曼密度分布律**.玻耳兹曼能量分布律是一个普遍的统计规律,它适合任何物质的分子在任何保守力场中的分布.

9.6.2 重力场中的等温气压公式

在重力场中，地球表面附近分子的势能为 $\varepsilon_p = m_0 gh$，代入式(9.22)得

$$n = n_0 e^{-m_0 gz/kT} \tag{9.23}$$

式中 n_0 和 n 分别是 $z=0$ 和 z 处的分子数密度. 式(9.23)是重力场中气体分子数密度随高度变化的公式. 该式表示在重力场中气体分子数密度 n 随着高度增大按指数规律减小. 分子的质量 m_0 越大，重力的作用越显著，分子数密度的减小就越迅速；而气体的温度越高，其分子数密度随高度的减小就越缓慢.

在重力场中，气体分子受到两种互相影响的作用，无规则的热运动将使气体分子均匀地分布于它们所能到达的空间，而重力作用又力图使气体分子聚集在地球表面，这两种作用达到平衡时，气体分子在空间内呈现非均匀分布，分子数密度随高度而减少.

在式(9.23)中，除了 k 以外的物理量都可以由实验测定. 如果测出了在 $z=0$ 和 z 处的分子数密度 n_0 和 n，那么就可算得玻耳兹曼常量 k. 法国物理学家佩兰利用上式，通过实验比较精确地测定了玻耳兹曼常量 k，并求出了阿伏伽德罗常量 N_A，从而证明了分子运动的真实性.

我们把气体视为理想气体，可以得出大气压强随高度的变化关系. 由式(9.23)和理想气体物态方程 $p=nkT$，我们得到

$$p = n_0 kT e^{-m_0 gz/kT} = p_0 e^{-m_0 gz/kT} = p_0 e^{-Mgz/RT} \tag{9.24}$$

式中 $p_0 = n_0 kT$，表示 $z=0$ 处的压强. 上式称为等温气压公式，它表示大气压强随高度按指数减小. 因为大气的温度是随高度变化的，所以只有在高度相差不大的范围内计算结果才与实际情况相符. 将上式取对数，则有

$$z = \frac{RT}{Mg} \ln \frac{p_0}{p} \tag{9.25}$$

在登山或航空领域中，只要测定某处的大气压强，便可由上式估算所处的高度.

9.7 气体分子的平均碰撞频率和平均自由程

根据气体分子平均速率公式，室温下空气分子的平均速率为每秒几百米，依据此速度，气体的一切过程应该瞬间完成，但实际情况并非如此．气体的扩散过程进行得相当慢，例如若打开一瓶香水，在不远处很难瞬间闻到香水的气味，而是要经过几分钟．出现这种矛盾是因为气体分子在移动过程中不断地与其他分子碰撞，速度的大小和方向频繁改变，经过的路程迂回曲折，气体分子碰撞的频繁程度决定了气体扩散的快慢．如图 9.13 所示，分子从 A 处运动至 B 处的过程中，要不断地与其他分子碰撞，这就使分子沿着迂回的折线前进．显然，在相同的时间内由 A 到 B 的位移（虚线长度）大小比它的路程（折线长度）小得多，因此气体分子的扩散速率比分子的平均速率小得多．

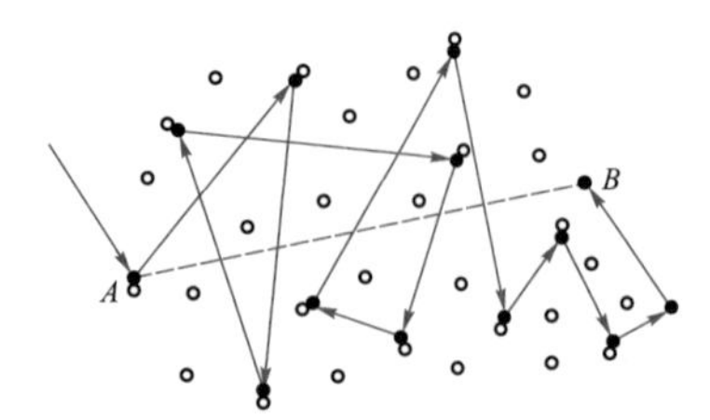

图 9.13　分子的碰撞

由于分子运动的无序性，单位时间内，一个分子与其他分子碰撞的次数和相邻两次碰撞之间经过的路程是偶然的，但大量分子的无规则运动服从统计规律．真正有意义的是，分子在单位时间内碰撞次数的平均值和分子在连续两次碰撞之间所经过路程的平均值，前者称为**平均碰撞频率**（mean collision frequency），用 $\overline{Z}$ 表示；后者称为**平均自由程**（mean free path），用 $\overline{\lambda}$ 表示．这两个物理量反映了分子碰撞的频繁程度．设分子运动的平均速率为 $\overline{v}$，那么平均碰撞频率和平均自由程之间的关系为

平均碰撞频率

平均自由程

$$\overline{\lambda}=\frac{\overline{v}}{\overline{Z}} \tag{9.26}$$

下面我们先讨论分子的平均碰撞频率 $\overline{Z}$．如图 9.14 所示，为了使问题简化，我们把所有分子都视为有效直径为 d 的钢球，并且选取某个运动分子 A 为研究对象．假设分子 A 以平均速率 $\overline{v}$ 运动，而把其他分子都视为静止不动的，在运动过程中，由于分子 A 不断地与其他分子碰撞，球心轨迹是一条折线．以折线为轴、以分子的有效直径 d 为半径作曲折的圆柱体．显然，只有分子球心在该圆柱体内的分子才能与分子 A 发生碰撞．我们把圆柱面的横截面积 πd^2 称为分子的碰撞截面．设在 Δt 时间内，A 分子平均走过的路程为 $\overline{v}\Delta t$，相应圆柱体的体积为 $\pi d^2\overline{v}\Delta t$．若分子数密度为 n，则此圆柱体内的分子数为 $n\pi d^2\overline{v}\Delta t$，显然这就是分子 A 在 Δt 时间内与其他分子碰撞的次数，则单位时间内的平均碰撞次数为

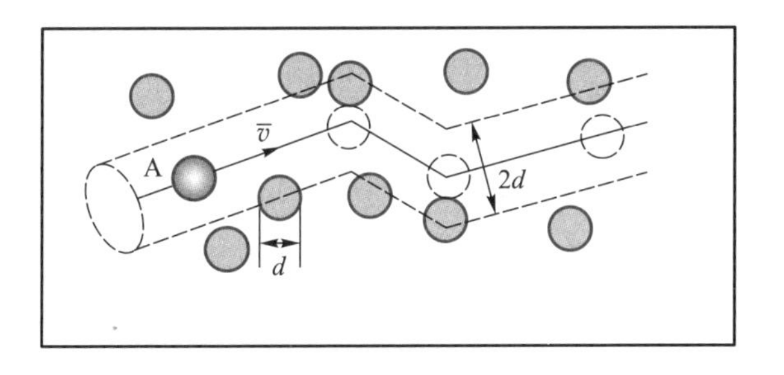

图 9.14　平均碰撞频率 $\overline{Z}$ 计算用图

$$\overline{Z}=\frac{n\pi d^2\overline{v}\Delta t}{\Delta t}=n\pi d^2\overline{v}$$

在上式的推导过程中,我们假定一个分子运动,而其他分子都静止不动.实际上,所有的分子都在运动,分子的速率各不相同,考虑到气体分子的速率遵守麦克斯韦速率分布律,因此我们必须对上式进行修正.根据统计理论,分子的平均碰撞频率应是上式的 $\sqrt{2}$ 倍,即

$$\overline{Z}=\sqrt{2}n\pi d^2\overline{v} \tag{9.27}$$

把上式代入式(9.26)中,可得平均自由程为

$$\overline{\lambda}=\frac{1}{\sqrt{2}\pi d^2 n} \tag{9.28}$$

由理想气体的物态方程 $p=nkT$,可以把分子的平均碰撞频率和平均自由程分别写为

$$\overline{Z}=\frac{\sqrt{2}p\pi d^2\overline{v}}{kT} \tag{9.29}$$

$$\overline{\lambda}=\frac{kT}{\sqrt{2}\pi d^2 p} \tag{9.30}$$

以上两式表明,当温度恒定时,气体的压强越大,气体越密集,平均碰撞频率越大,平均自由程越短;气体的压强越小,气体越稀薄,平均碰撞频率越小,平均自由程越长.

例 9.3

计算空气分子在标准状态下的平均自由程和碰撞频率.取分子的有效直径为 $d=3.5\times10^{-10}$ m,空气的平均相对分子质量为 29.

解　已知 $T=273$ K,$p=1.013\times10^5$ Pa,$d=3.5\times10^{-10}$ m,$k=1.38\times10^{-23}$ J·K^{-1},所以标准状态下空气分子的平均自由程为

$$\overline{\lambda}=\frac{kT}{\sqrt{2}\pi d^2 p}\approx\frac{1.38\times10^{-23}\times273}{1.41\times3.14\times(3.5\times10^{-10})^2\times1.013\times10^5}\text{ m}$$

$=6.9\times10^{-8}$ m

已知空气的摩尔质量为 2.9×10^{-2} kg · mol^{-1}，计算可得标准状态下空气分子的平均速率为

$$\bar{v}=\sqrt{\frac{8RT}{\pi M}}\approx\sqrt{\frac{8\times8.31\times273}{3.14\times2.9\times10^{-2}}}\ \mathrm{m\cdot s^{-1}}$$

$$=446\ \mathrm{m\cdot s^{-1}}$$

把 $\bar{\lambda}$ 和 $\bar{v}$ 代入式(9.26)，得空气分子的平均碰撞频率为

$$\bar{Z}=\frac{\bar{v}}{\bar{\lambda}}=\frac{446}{6.9\times10^{-8}}\ \mathrm{s^{-1}}=6.5\times10^{9}\ \mathrm{s^{-1}}$$

本题的计算结果显示，在标准状态下分子以 446 m · s^{-1}的平均速率运动，1 s 内分子间碰撞约 6.5×10^{9} 次（即 65 亿次），两次碰撞之间空气分子的平均自由程约为 6.9×10^{-8} m.这就是气体分子热运动的复杂微观图景.

本章提要

1. 理想气体的物态方程

理想气体物态方程一

$$pV=\frac{m}{M}RT\quad(R=8.31\ \mathrm{J\cdot mol^{-1}\cdot K^{-1}})$$

理想气体物态方程二

$$p=nkT\quad(k=R/N_{\mathrm{A}}=1.38\times10^{-23}\ \mathrm{J\cdot K^{-1}})$$

2. 理想气体的压强公式

$$p=\frac{2}{3}n\bar{\varepsilon}_{\mathrm{kt}}$$

3. 理想气体分子的平均平动动能公式

$$\bar{\varepsilon}_{\mathrm{kt}}=\frac{1}{2}m_0\overline{v^2}=\frac{3}{2}kT$$

4. 理想气体的方均根速率

$$\sqrt{\overline{v^2}}=\sqrt{\frac{3kT}{m_0}}$$

5. 刚性分子自由度

分子种类	平动自由度 t	转动自由度 r	总自由度 i
单原子分子	3	0	3
双原子分子	3	2	5
多原子分子	3	3	6

6. 能量均分定理

气体处于平衡态时,分子任何一个自由度上的平均动能都等于$\frac{1}{2}kT$,这一结论称为能量按自由度均分定理或能量均分定理.

某种刚性气体分子的平动自由度为 t,分子的平均平动动能为 $\bar{\varepsilon}_{\mathrm{kt}}=\frac{t}{2}kT$,转动自由度为 r,分子的平均转动动能为 $\bar{\varepsilon}_{\mathrm{kr}}=\frac{r}{2}kT$,分子的总自由度为 $i=t+r$,分子平均动能为 $\bar{\varepsilon}_{\mathrm{k}}=\frac{t+r}{2}kT$.

对于双原子气体分子,其平动自由度为 $t=3$,分子的平均平动动能为 $\bar{\varepsilon}_{\mathrm{kt}}=\frac{3}{2}kT$,转动自由度为 $t=2$,分子的平均转动动能为 $\bar{\varepsilon}_{\mathrm{kr}}=\frac{2}{2}kT=kT$,分子的总自由度为 $i=5$,分子平均动能为 $\bar{\varepsilon}_{\mathrm{k}}=\frac{5}{2}kT$.

7. 速率分布

速率分布函数

$$f(v)=\frac{1}{N}\frac{\mathrm{d}N}{\mathrm{d}v}\quad 或\quad f(v)\,\mathrm{d}v=\frac{\mathrm{d}N}{N}$$

其物理意义为:速率在 v 附近单位速率区间内的分子数在总分子数中的占比,或者说分子处于速率 v 附近单位速率区间内的概率.

麦克斯韦速率分布函数

$$f(v)=4\pi\left(\frac{m_0}{2\pi kT}\right)^{3/2}\mathrm{e}^{-m_0v^2/2kT}v^2$$

其物理意义为:速率在 v 附近 $v\to v+\mathrm{d}v$ 单位速率区间内的分子数在总分子数中的占比,或者说分子处于速率 v 附近 $v\to v+\mathrm{d}v$ 的速率区间内的概率.

8. 三种统计速率

(1) 最概然速率.

$$v_{\mathrm{p}}\approx 1.41\sqrt{\frac{kT}{m_0}}=1.41\sqrt{\frac{RT}{M}}$$

(2) 平均速率.

$$\bar{v}\approx 1.60\sqrt{\frac{kT}{m_0}}=1.60\sqrt{\frac{RT}{M}}$$

(3) 方均根速率.

$$\sqrt{\overline{v^2}}\approx 1.73\sqrt{\frac{kT}{m_0}}=1.73\sqrt{\frac{RT}{M}}$$

三种速率各有不同的应用，讨论速率分布时用最概然速率，计算分子的平均碰撞频率和平均自由程时用平均速率，讨论分子的平均平动动能时用方均根速率.

思考题

9.1 试解释气体为什么容易被压缩，却又不能无限地被压缩.

9.2 在同一温度下，不同气体分子的平均平动动能相等，因氧分子的质量比氢分子的大，则氢分子的速率是否一定大于氧分子的速率？

9.3 如盛有气体的容器相对于某坐标系从静止开始运动，容器内的分子速度相对于该坐标系也将增大，则气体的温度会不会因此升高？

9.4 速率分布函数的物理意义是什么？试说明下列各量的意义.

(1) $f(v)\mathrm{d}v$； (2) $Nf(v)\mathrm{d}v$；

(3) $\int_{v_1}^{v_2} f(v)\mathrm{d}v$； (4) $\int_{v_1}^{v_2} Nf(v)\mathrm{d}v$；

(5) $\int_{v_1}^{v_2} vf(v)\mathrm{d}v$； (6) $\int_{v_1}^{v_2} Nvf(v)\mathrm{d}v$.

9.5 两种气体的温度相同，物质的量相同，问这两种气体分子的平均动能、平均平动动能和内能是否相同？

9.6 在生活中我们会遇到这样两种现象：在夏季的炽烈阳光下，自行车车轮内胎发生自爆；打气过程中自行车车轮的内胎发生爆裂.试从宏观和微观角度分别解释这两种现象.

9.7 试用气体动理论说明，一定体积的氢和氧的混合气体的总压强等于氢气和氧气单独存在于该体积内时所产生的压强之和.

9.8 气体分子热运动的速率为每秒几百米，为什么在房间内打开一瓶香水，要隔一段时间才能在门口闻到香味？是夏天容易闻到香味还是冬天容易闻到香味？为什么？

9.9 对一定量的气体来说，保持温度不变时，气体的压强随体积的减小而增大；保持体积不变时，气体的压强随温度的升高而增大.从宏观角度来看，这两种变化同样使压强增大.从微观角度来看，使压强增加的原因有何区别？

9.10 若某气体分子的自由度是 i，能否说每个分子的能量都等于 $ikT/2$？

9.11 气体分子的平均速率、最概然速率和方均根速率的物理意义有什么区别？它们与温度有什么关系？它们与摩尔质量有什么关系？最概然速率的大小是否等于速率分布中的最大速率？

9.12 地球大气层上层的电离层中，电离气体的温度可达 2 000 K，但每立方厘米中的分子数不超过 10^5 个，这个温度是什么意思？将一块锡放到该处，它会不会被熔化？已知锡的熔点是 505 K.

9.13 你能根据麦克斯韦速度分布律求出 $\overline{v_x^2}$，并得出每一平动自由度上的平均平动动能（即 $m\overline{v_x^2}/2$）均为 $kT/2$ 吗？

9.14 一定质量的气体的体积保持不变，当温度升高时，分子运动得更剧烈，因而平均碰撞次数增多，平均自由程是否将因此而减小？为什么？

9.15 你能否用描述气体分子运动的物理量（如 n、N_A、$\bar{v}$、$\bar{\lambda}$、$\bar{Z}$、d）来描绘大量气体分子的热运动图景？

习题

9.1　当温度为 T 时，1 mol 氢气的内能是______，1 mol 氦气的内能是________.

9.2　温度为 27℃时，1 mol 氧气的平均平动动能为________，平均转动动能为________，平均动能为________.

9.3　一容器内储有氢气，其压强为 1.01×10^5 Pa，温度为 27℃.(1)气体分子的数密度为____________；(2)氢气的密度为________；(3)分子的平均平动动能为________.

9.4　当氢气和氦气的压强、体积和温度都相等时，它们的质量比为____________，它们的内能比为________.

9.5　标准状态下氮气分子的平均碰撞频率为 $5.42\times10^8\ \mathrm{s^{-1}}$，平均自由程为 6×10^{-6} cm，若温度不变，气压降为 1.013×10^4 Pa，则分子的平均自由程变为________，平均碰撞频率变为________.

9.6　氢气与氧气的温度相同，下列说法中正确的是(　　).

(A) 氧分子的质量比氢分子的大，所以氧气的压强一定大于氢气的压强

(B) 氧分子的质量比氢分子的大，所以氧气的密度一定大于氢气的密度

(C) 氧分子的质量比氢分子的大，所以氢分子的速率一定比氧分子的速率大

(D) 氧分子的质量比氢分子的大，所以氢分子的方均根速率一定比氧分子的方均根速率大

9.7　一瓶氦气和一瓶氮气密度相同，分子平均平动动能相同，而且它们都处于平衡状态，则它们(　　).

(A) 温度相同，压强相同

(B) 温度、压强都不相同

(C) 温度相同，但氦气的压强大于氮气的压强

(D) 温度相同，但氦气的压强小于氮气的压强

9.8　三个容器 A、B、C 中装有同种理想气体，它们的分子数密度 n 相同，而压强之比为 1 : 4 : 16，则它们的方均根速率之比为(　　).

(A) $1:\sqrt{2}:2$　　(B) $1:2:2\sqrt{2}$

(C) $1:2:4$　　(D) $2:\sqrt{2}:1$

9.9　速率分布函数 $f(v)\mathrm{d}v$ 的物理意义为(　　).

(A) 具有速率 v 的分子在总分子数中的占比

(B) 速率分布在 v 附近的单位速率间隔中的分子数在总分子数中的占比

(C) 具有速率 v 的分子数

(D) 速率分布在 v 附近的单位速率间隔中的分子数

9.10　在一个体积不变的容器中，储有一定量的某种理想气体.当气体温度为 T_0 时，气体分子的平均速率为 $\bar{v}_0$，分子的平均碰撞频率为 $\overline{Z}_0$，平均自由程为 $\overline{\lambda}_0$.当气体温度升高至 $4T_0$ 时，气体分子的平均速率 $\bar{v}$、平均碰撞频率 $\overline{Z}$ 和平均自由程 $\overline{\lambda}$ 分别为(　　).

(A) $\bar{v}=4\bar{v}_0,\overline{Z}=4\overline{Z}_0,\overline{\lambda}=4\overline{\lambda}_0$

(B) $\bar{v}=2\bar{v}_0,\overline{Z}=2\overline{Z}_0,\overline{\lambda}=\overline{\lambda}_0$

(C) $\bar{v}=2\bar{v}_0,\overline{Z}=2\overline{Z}_0,\overline{\lambda}=4\overline{\lambda}_0$

(D) $\bar{v}=4\bar{v}_0,\overline{Z}=2\overline{Z}_0,\overline{\lambda}=\overline{\lambda}_0$

9.11　容器内储有 1 mol 某种气体，今从外界输入 2.09×10^2 J 的热量，测得其温度升高 10 K，求该气体分子的自由度.

9.12　质量为 50.0 g、温度为 18.0 ℃的氦气，装在容积为 10.0 $\mathrm{dm^3}$ 的密闭且隔热的容器中，容器以 200 $\mathrm{m\cdot s^{-1}}$ 的速率作匀速直线运动，若容器的运动突然停止，定向运动的动能全部转化为分子热运动的动能，则平衡后氦气的温度和压强各增大多少？

9.13　在容积为 $2.0\times10^{-3}\ \mathrm{m^3}$ 的容器中，有内能为 6.75×10^2 J 的刚性双原子分子的理想气体.

（1）求气体的压强；

（2）若容器中分子总数为 5.4×10^{22} 个，求分子的平均平动动能及气体的温度.

9.14 有 N 个假想气体分子，其速率分布如图所示（当 $v>2v_0$ 时分子数为 0），求：

（1）a；

（2）分子的平均速率及方均根速率.

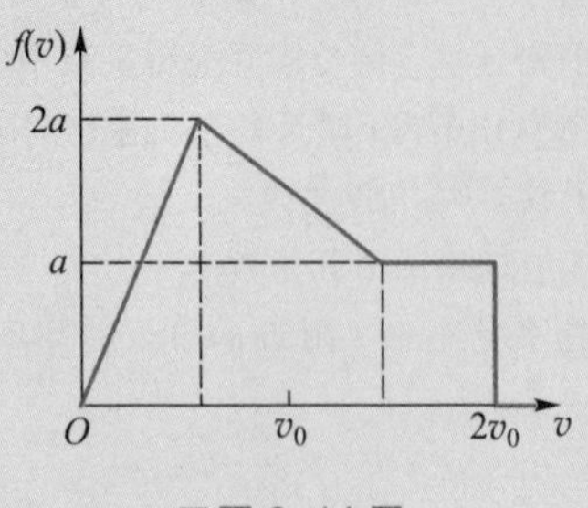

习题 9.14 图

9.15 在容积为 30 L 的容器内储有 2×10^{-2} kg 的气体，其压强为 5.065×10^{4} Pa，试求气体分子的最概然速率、平均速率以及方均根速率.

9.16 有一个体积为 $1.0\times10^{-5}\ \text{m}^3$ 的空气泡，由水面下 50.0 m 深的湖底处（温度为 4.0 ℃）升到湖面上来，若湖面的温度为 17.0 ℃，求气泡到达湖面时的体积（取大气压强为 $p_0=1.013\times10^{5}$ Pa）.

9.17 某些恒星的温度可达 1.0×10^{8} K，这也是发生聚变反应（也称热核反应）所需的温度.在此温度下，可认为恒星由质子组成.求：

（1）质子的平均动能；

（2）质子的方均根速率.

9.18 设想太阳是由氢原子组成的理想气体，其密度可视为均匀的，若此理想气体的压强为 1.35×10^{14} Pa，试估计太阳的温度.（已知氢原子的质量 $m_H=1.67\times10^{-27}$ kg，太阳半径 $R_S=6.96\times10^{8}$ m，太阳质量 $m_S=1.99\times10^{30}$ kg.）

9.19 在压强为 1.33×10^{-3} Pa 的条件下，氮气分子的平均自由程为 6.0×10^{-6} cm.当温度不变时，在多大压强下，其平均自由程为 1.0 mm？

9.20 无线电所用的真空管的真空度为 1.33×10^{-3} Pa，试求 27 ℃时的分子数密度及分子的平均自由程.设分子的有效直径为 3.0×10^{-10} m.

本章习题答案

第 10 章　热力学基础

上一章中,我们从气体动理论的基本观点出发,用统计的方法,讨论了理想气体处于平衡态时分子的统计分布规律,从而揭示了气体热现象的微观本质.本章研究的是热现象的宏观理论,我们将从能量的观点出发,以大量的观察和实验为基础,研究物质热现象的宏观规律及其应用,分析热力学系统状态变化过程中有关热功转化的关系与条件.现代社会中人们越来越注意能量的转化方案和能源的利用效率,其中所涉及的有关热现象的技术问题,都可用热力学的方法进行研究.

蒸汽机引发工业革命.

本章主要内容包括:描述热力学过程的基本概念,如准静态过程、等值过程、绝热过程、可逆过程、不可逆过程等;功、热量和内能等概念和描述热力学过程中能量转化关系的热力学第一定律及其应用;描述热力学过程方向性的热力学第二定律及其微观本质;分别从宏观和微观上引进熵的概念及其计算方法,由此进一步阐明熵增加原理的意义.

10.1　热力学基本概念

10.1.1 准静态过程

热力学研究的对象可以是气体、液体、固体,这些由大量分子组成的宏观物质,称为**热力学系统**,简称**系统**.与热力学系统相互作用的外部环境称为**外界**.本书中我们主要将理想气体作为热力学系统.

热力学系统　系统

外界

系统在外界的影响下,其状态随时间发生变化.系统从一个状态过渡到另一个状态所经历的变化过程称为**热力学过程**.根据过程中间状态的特征,热力学过程分为**准静态过程**和**非静态过程**.如果在热力学过程中的每一个时刻,系统的状态都无限接近

热力学过程

准静态过程

非静态过程

准静态过程

非静态过程

平衡态,则此过程称为**准静态过程**(quasi-static process).如果中间状态为非平衡态,则这个过程称为**非静态过程**.例如,气缸内气体被压缩时,系统的温度、压强、体积、密度等都要发生变化,而且靠近活塞处气体的密度、压强要大些,温度要高些,系统处于非平衡状态,这个过程就是非静态过程.如果过程进行得无限缓慢,每一时刻系统内各处的温度、压强、密度均相等,这个过程就是准静态过程.

在实际问题中,活塞不可能移动得无限缓慢,因此准静态过程只是一个理想过程.一个过程能否视为准静态过程,需视具体情况来定.一般当系统从某一平衡态过渡到另一平衡态时,首先原有平衡态被破坏,然后由于分子热运动和碰撞,系统又逐步过渡到另一新的平衡态.我们把系统从某一平衡态过渡到相邻平衡态所经历的时间称为系统的**弛豫时间**.所谓过程进行的快慢是相对弛豫时间而言的,如果过程进行的时间远大于弛豫时间,这就意味着随着过程的进行,虽然状态不断地变化,但系统很快就能过渡到新的相邻平衡态.这种过程就可视为准静态过程.反之,如果过程进行得非常快,系统来不及达到新的平衡态,状态就又会发生变化,系统永远处于非平衡态,这种过程就是非静态过程.

弛豫时间

本章无特别说明时,所讨论的过程都是准静态过程.对准静态过程的研究,有助于我们对实际非静态过程的探讨.

平衡态在 $p-V$ 图上可以用一个点表示,一条曲线就表示一系列的平衡态,因此准静态过程可以用 $p-V$ 图上的一条曲线来表示,这条曲线称为过程曲线.非平衡态不能用一组状态参量来表示,因此非静态过程也无法在 $p-V$ 图上表示出来.

10.1.2 内能、功和热量

1. 内能

系统的内能是系统内分子热运动的动能和分子间相互作用势能的总和.对于一定量气体,内能是状态参量 p、V、T 的函数.在压强不太高、温度不太低的情况下,一般气体的性质与理想气体的相似.由于理想气体分子间相互作用势能可以忽略,所以理想气体的内能是所有分子热运动的动能之和,其内能为

$$\mathrm{d}E=\frac{m}{M}\frac{i}{2}R\mathrm{d}T$$

$$E=\frac{m}{M}\frac{i}{2}RT$$

相应的内能变化量为

$$\Delta E=\frac{m}{M}\frac{i}{2}R\Delta T$$

内能是温度的单值函数，内能的变化仅取决于系统的初、末状态，而与变化的过程无关.**内能是一个状态量**.

2. 准静态过程的功

当外界对系统做功时，系统的状态将会发生变化，如果对一杯水进行搅拌，使水的温度升高，水的内能将会增加，可见做功可以改变系统的内能.下面讨论理想气体在准静态过程中所做的功.如图 10.1 所示，气缸中封闭了一定量的理想气体，活塞可以沿气缸无摩擦地移动.设气体的压强为 p，活塞的面积为 S，当气体经准静态过程膨胀时，活塞移动了一微小的距离 $\mathrm{d}l$，气体对外界所做的元功为

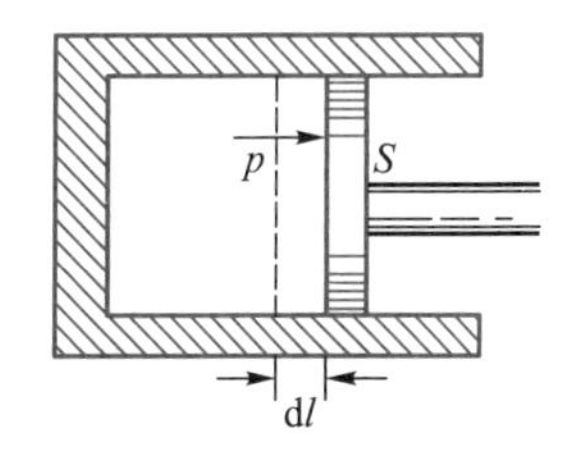

图 10.1　准静态过程的功

$$\mathrm{d}W=F\mathrm{d}l=pS\mathrm{d}l=p\mathrm{d}V \tag{10.1}$$

式中 $F=pS$ 是作用于活塞的压力，$S\mathrm{d}l=\mathrm{d}V$ 是气体体积的变化.在图 10.2 中功 $\mathrm{d}W$ 对应于阴影的面积.当气体膨胀时，$\mathrm{d}W>0$，气体对外做正功；当气体被压缩时，$\mathrm{d}W<0$，气体对外做负功，或者说外界对气体做功.

若理想气体经历一个有限准静态过程，体积从 V_1 变为 V_2，则此过程中气体做功为

$$W=\int_{V_1}^{V_2}p\mathrm{d}V \tag{10.2}$$

显然，功的大小等于 $p-V$ 图上过程曲线 AB 下的面积，如图 10.2 所示.而且由图中我们可以看出，气体从状态 A 变化到状态 B 的过程中，所经过的路径不同，过程曲线下所对应的面积不同，即系统所做的功不同.因此，系统由一个状态变化到另一个状态时，所做的功不仅取决于系统的初、末状态，而且与系统所经历的过程有关，所以功是一个过程量.

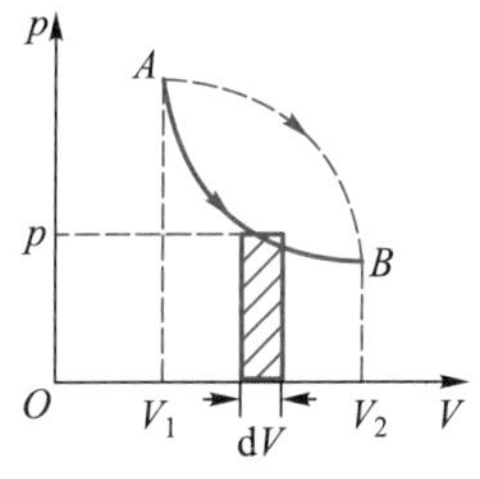

图 10.2　功的图示

3. 热量

热量

我们把系统与外界之间由于存在温度差而传递的能量称为**热量**，用 Q 表示.在国际单位制中，热量的单位是 J(焦耳).我们规定，当系统吸收热量时 $Q>0$，当系统放出热量时 $Q<0$.

做功可以改变系统的状态，热传递也可以达到这一目的.若把一杯冷水放在炉子上加热，高温的炉子不断地把热量传递给低温的水，水的温度升高了，水的内能增加了，可见热传递可以改变系统的内能.传递热量的多少与热传递的过程有关，热量与功一样是过程量.

做功和热传递是改变系统的内能的两种方式，它们的效果是

相同的，都是系统和外界相互作用、交换能量的过程，这是做功和热传递相同的一面.但是做功和热传递又有本质的区别.做功是通过宏观的规则运动来完成的，这种宏观运动中能量通过分子无规则的碰撞转化成系统的内能，我们称之为宏观功；而热传递则是直接通过分子无规则的碰撞实现的，我们称之为微观功.所有实验都表明，热力学系统的状态变化，总是通过外界对系统做功，或向系统传递热量，或者两者并用而实现的.

10.2 热力学第一定律

阅读材料：热力学第一定律的建立

通过对热量、功和内能的分析，我们知道，热力学系统内能的改变可以通过做功和热传递两种方式实现.在一般情况下，当系统状态变化时，做功和热传递往往是同时存在的.如果系统从外界吸收热量 Q，从内能为 E_1 的初态变化到内能为 E_2 的末态，同时系统对外所做的功为 W，那么不论经历的过程如何，总有

$$Q=E_2-E_1+W=\Delta E+W \tag{10.3}$$

上式表明，**系统从外界吸收的热量，一部分使系统的内能增加，另一部分用于系统对外界做功.这就是热力学第一定律**(the first law of thermodynamics).热力学第一定律是包括热量在内的能量守恒定律.

对于热力学系统微小的变化过程，热力学第一定律的数学表达式为

$$\mathrm{d}Q=\mathrm{d}W+\mathrm{d}E \tag{10.4}$$

以上两式中，功、热量、内能的符号规定如下：系统对外做功时，$W(\mathrm{d}W)$为正，外界对系统做功时，$W(\mathrm{d}W)$为负；系统从外界吸热时，$Q(\mathrm{d}Q)$为正，系统向外界放热时，$Q(\mathrm{d}Q)$为负；系统内能增加时，$\Delta E(\mathrm{d}E)$为正，系统内能减少时，$\Delta E(\mathrm{d}E)$为负.在运算时，式中三个物理量的单位都取国际单位制单位 J(焦耳).

第一类永动机

在热力学第一定律还没有建立的时候，有人曾试图制造一种机器，它无需外界提供能量，也不消耗自身的内能，却能不断地对外做功，这类机器称为**第一类永动机**.所有制造第一类永动机的尝试，都以失败而告终，因为它违反了热力学第一定律.根据热力学第一定律可知，系统对外做的功必须由能量转化而来.这类永动机违背了能量守恒定律，是不可能制成的.

10.3　理想气体的等值过程　摩尔热容

热力学第一定律确定了系统在状态变化过程中传递的热量、功和内能之间的相互关系,这一定律对于气体、液体或固体的系统都适用.在这一节中,我们讨论热力学第一定律在理想气体等值过程中的应用,这些过程包括等容过程、等压过程和等温过程.

10.3.1　等容过程　摩尔定容热容

等容过程

等容过程(isochoric process)中气体的体积不变,其特征为 V=常量或 $\mathrm{d}V=0$. 在 $p-V$ 图上等容过程可表示成一条平行于 p 轴的直线,该直线称为**等容线**,如图 10.3 所示.由理想气体物态方程,可得**等容过程的过程方程**为 $\frac{p}{T}$=常量.

等容线

等容过程的过程方程

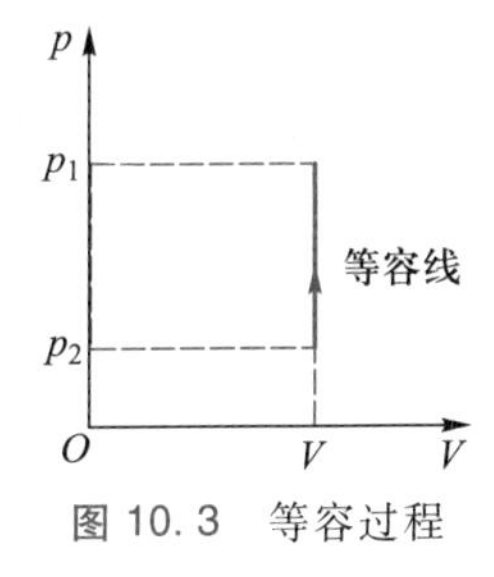

图 10.3　等容过程

在等容过程中,因为 $\mathrm{d}V=0$,所以 $\mathrm{d}W=p\mathrm{d}V=0$,即气体对外不做功,$W=0$.

根据热力学第一定律,等容过程中气体吸收的热量为

$$Q_V=E_2-E_1=\frac{m}{M}\frac{i}{2}R(T_2-T_1) \qquad (10.5)$$

上式表明,在等容过程中,气体吸收的热量全部用来增加气体的内能,气体对外不做功.

为了计算向气体传递的热量,我们需用到摩尔热容的概念.同一种气体在不同过程中,有不同的热容.最常用的是等容过程和等压过程中的两种热容.下面我们讨论理想气体的摩尔定容热容.一般来说,系统和外界之间的热量传递会使系统的温度发生变化,使 1 mol 理想气体的温度升高 1 K 的过程中气体吸收的热量称为**摩尔热容**,其单位是 $\mathrm{J\cdot mol^{-1}\cdot K^{-1}}$(焦耳每摩尔开尔文).在等容过程中,使 1 mol 理想气体的温度升高 1 K 的过程中气体吸收的热量称为**摩尔定容热容**,用 $C_{V,\mathrm{m}}$ 表示.设等容过程中,1 mol 理想气体从外界吸收的热量为 $\mathrm{d}Q_V$,温度升高 $\mathrm{d}T$,则摩尔定容热容可表示为

摩尔热容

摩尔定容热容

$$C_{V,\mathrm{m}}=\frac{\mathrm{d}Q_V}{\mathrm{d}T} \qquad (10.6)$$

把式(10.6)写成

$$\mathrm{d}Q_V=C_{V,\mathrm{m}}\mathrm{d}T$$

物质的量为$\frac{m}{M}$的理想气体，在等容过程中，温度由 T_1 变为 T_2 时，吸收的热量为

$$Q_V=\frac{m}{M}C_{V,\mathrm{m}}(T_2-T_1) \tag{10.7}$$

比较式(10.5)和式(10.7)可得

$$C_{V,\mathrm{m}}=\frac{i}{2}R \tag{10.8}$$

这是理想气体摩尔定容热容的理论值.

10.3.2 等压过程　摩尔定压热容

等压线　等压过程的过程方程

等压过程(isobaric process)中气体的压强不变，其特征为 $p=$常量或 $\mathrm{d}p=0$. 在 $p-V$ 图上等压过程可表示成一条平行于 V 轴的直线，该直线称为**等压线**，如图 10.4 所示. 由理想气体物态方程，可得**等压过程的过程方程**为$\frac{V}{T}=$常量.

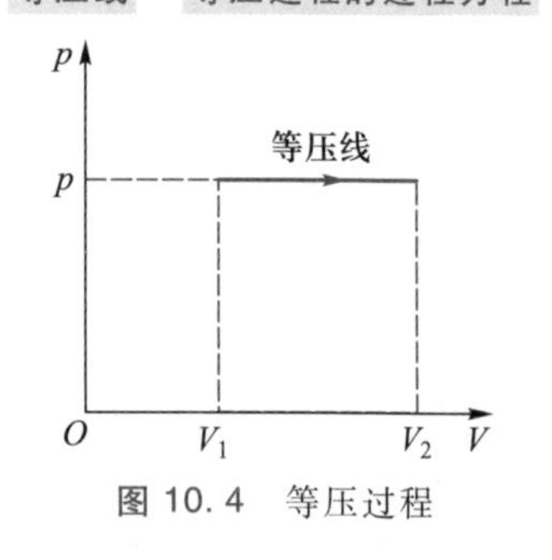

图 10.4　等压过程

等压过程中气体对外所做的功为

$$W=\int_{V_1}^{V_2}p\mathrm{d}V=p(V_2-V_1)$$

根据理想气体物态方程，上式还可表示为

$$W=p(V_2-V_1)=\frac{m}{M}R(T_2-T_1) \tag{10.9}$$

理想气体在等压过程中内能的增量为

$$\Delta E=E_2-E_1=\frac{m}{M}\frac{i}{2}R(T_2-T_1)=\frac{m}{M}C_{V,\mathrm{m}}(T_2-T_1) \tag{10.10}$$

由热力学第一定律可得理想气体在等压过程中吸收的热量为

$$\begin{aligned}Q_p&=W+\Delta E=\frac{m}{M}R(T_2-T_1)+\frac{m}{M}C_{V,\mathrm{m}}(T_2-T_1)\\&=\frac{m}{M}(R+C_{V,\mathrm{m}})(T_2-T_1)\end{aligned} \tag{10.11}$$

摩尔定压热容

在等压过程中，使 1 mol 理想气体的温度升高 1 K 的过程中气体吸收的热量称为**摩尔定压热容**，用 $C_{p,\mathrm{m}}$ 表示. 设在等压过程中，1 mol 理想气体从外界吸收的热量为 $\mathrm{d}Q_p$，温度升高 $\mathrm{d}T$，则摩尔定压热容可表示为

$$C_{p,\mathrm{m}}=\frac{\mathrm{d}Q_p}{\mathrm{d}T} \tag{10.12}$$

把式(10.12)写成

$$dQ_p = C_{p,m} dT$$

设摩尔定容热容为 $C_{p,m}$ 的理想气体，物质的量为 $\frac{m}{M}$，在等压过程中，其温度由 T_1 变为 T_2 时，吸收的热量为

$$Q_p = \frac{m}{M} C_{p,m}(T_2 - T_1) \qquad (10.13)$$

比较式(10.11)和式(10.13)得

$$C_{p,m} = C_{V,m} + R \qquad (10.14)$$

上式称为**迈耶**(Mayer)**公式**，由该式可得出理想气体摩尔定压热容的理论值.迈耶公式表明，要使同一状态下 1 mol 的理想气体温度升高 1 K，等压过程中需要吸收的热量比等容过程中吸收的热量多 8.31 J.这是因为在这两个不同的过程中内能的增量相同，但等压过程需要吸收更多的热量用于对外做功.

迈耶公式

$C_{p,m}$ 与 $C_{V,m}$ 的比值称为**比热容比**(ratio of specific heat capacities)：

比热容比

$$\gamma = \frac{C_{p,m}}{C_{V,m}} = \frac{i+2}{i} \qquad (10.15)$$

表 10.1 中列出了理想气体的 γ、$C_{V,m}$、$C_{p,m}$ 的理论值.

表 10.1　理想气体的 γ、$C_{V,m}$、$C_{p,m}$ 的理论值

分子种类	单原子分子	双原子分子	多原子分子
i	3	5	6
γ	1.67	1.4	1.33
$C_{V,m}$	$3R/2$	$5R/2$	$3R$
$C_{p,m}$	$5R/2$	$7R/2$	$4R$

例 10.1

0.1 kg 的水蒸气自 120 ℃加热升温至 140 ℃，求在下列过程中水蒸气对外做的功、内能的变化量和吸收的热量：(1) 等容过程；(2) 等压过程.

解　已知 $T_1 = 393$ K，$T_2 = 413$ K，$i = 6$，$C_{V,m} = \frac{i}{2}R = 3R$，水蒸气($H_2O$)的摩尔质量为

$$M = (2+16)\times10^{-3}\ \text{kg}\cdot\text{mol}^{-1} = 1.8\times10^{-2}\ \text{kg}\cdot\text{mol}^{-1}$$

(1) 等容过程中水蒸气对外做的功为 $W = 0$，内能的变化量、吸收的热量分别为

$$\Delta E = \frac{m}{M}C_{V,m}(T_2 - T_1) = \frac{0.1}{1.8\times10^{-2}}\times3\times8.31\times(413-393)\ \text{J} = 2.77\times10^3\ \text{J}$$

$$Q_V = \Delta E = 2.77\times10^3\ \text{J}$$

(2) 等压过程中水蒸气对外做的功为

$$W=p(V_2-V_1)=\frac{m}{M}R(T_2-T_1)$$
$$=\frac{0.1}{1.8\times10^{-2}}\times8.31\times(413-393)\ \text{J}$$
$$=9.23\times10^2\ \text{J}$$

理想气体内能的变化量只与温度的变化量有关，与经历的过程无关，所以等压过程中水蒸气内能的变化量仍为

$$\Delta E=\frac{m}{M}C_{V,\mathrm{m}}(T_2-T_1)=2.77\times10^3\ \text{J}$$

等压过程中水蒸气吸收的热量为

$$Q_p=W+\Delta E=(9.23\times10^2+2.77\times10^3)\ \text{J}$$
$$=3.69\times10^3\ \text{J}$$

10.3.3 等温过程

等温过程的过程方程

等温线

等温过程(isothermal process)中气体的温度不变，其特征为T=常量或$\mathrm{d}T=0$. 由理想气体物态方程，可得等温过程的过程方程为pV=常量.在$p-V$图上等温过程可表示成双曲线在第一象限内的部分，该曲线称为等温线，如图10.5所示.

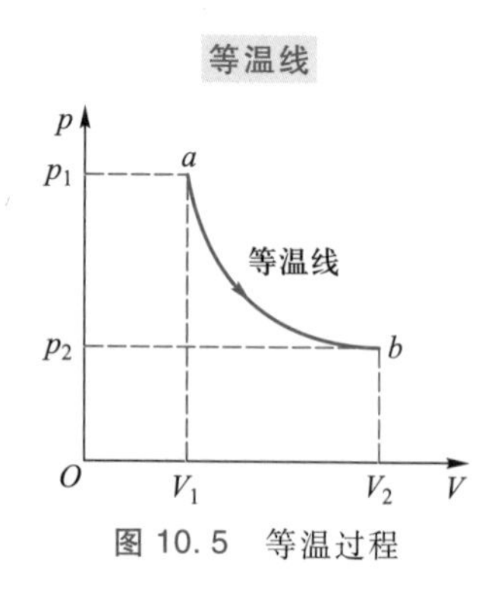

图10.5 等温过程

等温过程中气体对外做的功为

$$W=\int_{V_1}^{V_2}p\mathrm{d}V=\int_{V_1}^{V_2}\frac{m}{M}RT\frac{\mathrm{d}V}{V}=\frac{m}{M}RT\ln\frac{V_2}{V_1}=\frac{m}{M}RT\ln\frac{p_1}{p_2}\qquad(10.16)$$

因为理想气体的内能只取决于温度，所以在等温过程中，由于气体的温度保持不变，气体内能的增量为$\Delta E=0$，根据热力学第一定律可得等温过程中气体吸收的热量为

$$Q_T=W+\Delta E=\frac{m}{M}RT\ln\frac{V_2}{V_1}=\frac{m}{M}RT\ln\frac{p_1}{p_2}\qquad(10.17)$$

例10.2

如图10.6所示，使1 mol氧气(1)由状态A经等温过程变到状态B;(2)由状态A经等容过程变到状态C，再由状态C经等压过程变到状态B，试分别计算氧气所做的功和吸收的热量.

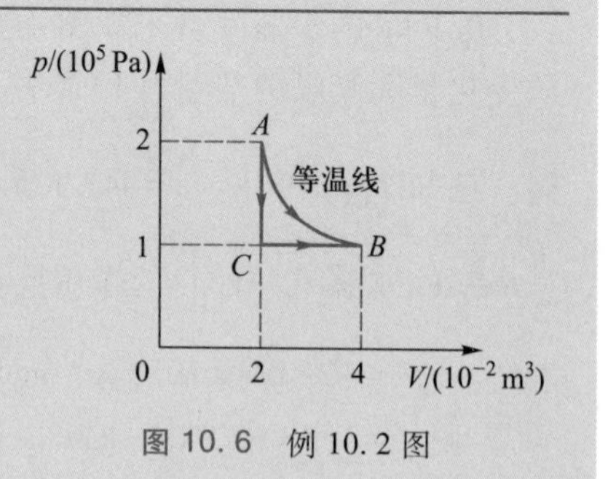

图10.6 例10.2图

解 (1)从$p-V$图上可以看出，氧气在AB与ACB两个过程中对外做的功是不同的.沿AB作等温膨胀的过程中，系统所做的功为

$$W_{AB}=\frac{m}{M}RT_1\ln\frac{V_B}{V_A}=p_AV_A\ln\frac{V_B}{V_A}$$

$$=2\times10^5\times2\times10^{-2}\times\ln\frac{4}{2}\ \text{J}$$

$$=2.77\times10^3\ \text{J}$$

等温过程中 $\Delta E=0$,所以氧气吸收的热量为

$$Q_{AB}=W_{AB}=2.77\times10^3\ \text{J}$$

（2）因内能是状态的函数,内能的变化量与气体经历的过程无关,所以 AB 与 ACB 这两个不同过程中内能变化量是相同的,而且因初、末状态温度相同,$T_A=T_B$,故在从 A 到 C 再到 B 的过程中,$\Delta E=0$,$W_{AC}=0$,系统对外做的功和吸收的热量分别为

$$W_{ACB}=W_{AC}+W_{CB}=W_{CB}=p_C(V_B-V_C)$$

$$=1\times10^5\times(4-2)\times10^{-2}\text{J}=2\times10^3\ \text{J}$$

$$Q_{ACB}=W_{ACB}=2.0\times10^3\ \text{J}$$

10.4　理想气体的绝热过程

10.4.1　绝热过程

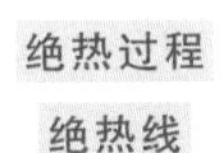

系统与外界没有热量交换的过程称为绝热过程(adiabatic process).绝热过程的特征是 $\mathrm{d}Q=0$. 理想气体的绝热过程在 $p-V$ 图上的过程曲线称为绝热线(adiabat),如图 10.7 所示.

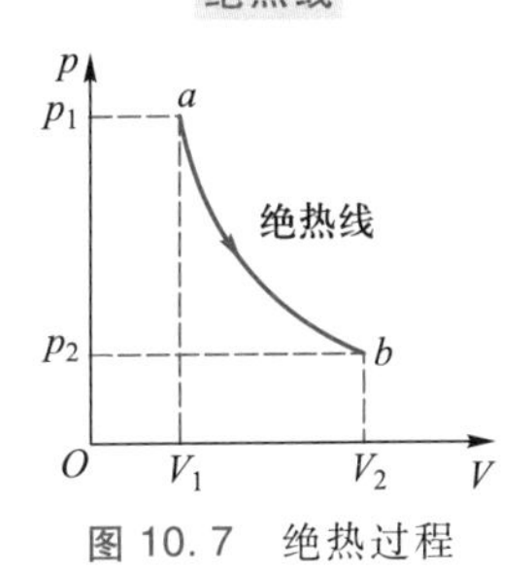

图 10.7　绝热过程

理想气体在有限的绝热过程中吸收的热量 $Q=0$,由热力学第一定律,得 $W=-\Delta E$,可知绝热过程中气体消耗的内能全部用来对外做功.绝热过程中气体所做的功为

$$W=\int p\mathrm{d}V=-\frac{m}{M}C_{V,\mathrm{m}}\int_{T_1}^{T_2}\mathrm{d}T=-\frac{m}{M}C_{V,\mathrm{m}}(T_2-T_1)\qquad(10.18)$$

内能的变化量为

$$\Delta E=\frac{m}{M}C_{V,\mathrm{m}}(T_2-T_1)$$

现在我们推导绝热过程的过程方程.考察任意微小的绝热过程,因为 $\mathrm{d}Q=0$,由热力学第一定律有

$$\mathrm{d}W=-\mathrm{d}E$$

理想气体内能的改变只和温度有关,因此 $\mathrm{d}E=\frac{m}{M}C_{V,\mathrm{m}}\mathrm{d}T$,准静态过程中气体所做的功为 $\mathrm{d}W=-p\mathrm{d}V$,因此

$$p\mathrm{d}V=-\frac{m}{M}C_{V,\mathrm{m}}\mathrm{d}T\qquad(10.19)$$

对理想气体物态方程 $pV=\frac{m}{M}RT$ 两边取微分得

$$p\mathrm{d}V+V\mathrm{d}p=\frac{m}{M}R\mathrm{d}T \tag{10.20}$$

把式(10.19)和式(10.20)相除然后整理,得

$$(C_{V,\mathrm{m}}+R)p\mathrm{d}V=-C_{V,\mathrm{m}}V\mathrm{d}p$$

因为 $C_{V,\mathrm{m}}+R=C_{p,\mathrm{m}}$,且 $\gamma=\frac{C_{p,\mathrm{m}}}{C_{V,\mathrm{m}}}$,所以

$$\gamma\frac{\mathrm{d}V}{V}+\frac{\mathrm{d}p}{p}=0$$

对上式两边取积分,得

$$\gamma\ln V+\ln p=常量$$

或

$$pV^{\gamma}=常量 \tag{10.21}$$

利用理想气体物态方程消去上式中的 p 或 V,可得

$$V^{\gamma-1}T=常量 \tag{10.22}$$

$$p^{\gamma-1}T^{-\gamma}=常量 \tag{10.23}$$

式(10.21)、式(10.22)、式(10.23)三式,称为**绝热过程的过程方程**.

绝热过程的过程方程

根据等温过程方程 $pV=常量$和绝热过程方程 $pV^{\gamma}=常量$,作出等温线和绝热线,如图 10.8 所示.图中粗实线为绝热线,细实线为同一气体的等温线,两线相交于 A 点.绝热线和等温线有些相似,绝热线比等温线陡些,我们可以将它们在交点 A 的斜率进行比较.由等温过程方程 $pV=常量$可得等温线在 A 点的斜率为 $\left(\frac{\mathrm{d}p}{\mathrm{d}V}\right)_T=-\frac{p_A}{V_A}$.由绝热过程方程 $pV^{\gamma}=常量$,可得绝热线在 A 点的斜率为 $\left(\frac{\mathrm{d}p}{\mathrm{d}V}\right)_Q=-\gamma\frac{p_A}{V_A}$.因为 $\gamma>1$,所以绝热线在 A 点的斜率的绝对值较大,绝热线比等温线陡.由图可以看出,当气体从同一状态 A 改变相同的体积 ΔV 时,绝热过程中压强的减小量 Δp_Q 要大于等温过程中压强的减小量 Δp_T,即 $\Delta p_Q>\Delta p_T$.这是因为当气体从同一状态 A 经等温过程或绝热过程膨胀相同的体积时,等温过程中压强的减小只是由体积的增大引起的,而在绝热过程中,除了体积的增大外,温度的降低也会使压强减小,所以绝热过程中压强的减小量比等温过程中的要大.

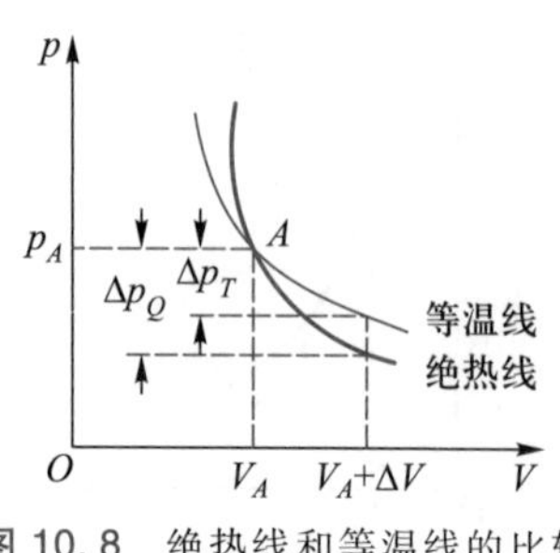

图 10.8 绝热线和等温线的比较

例 10.3

如图 10.9 所示，1 mol 氢气在温度为 300 K、体积为 0.025 m^3的状态下，经过(1)等压膨胀 $A\rightarrow B$；(2)等温膨胀 $A\rightarrow C$；(3)绝热膨胀 $A\rightarrow D$，气体的体积都变为原来的两倍，试分别计算这三种过程中氢气对外做的功以及吸收的热量.

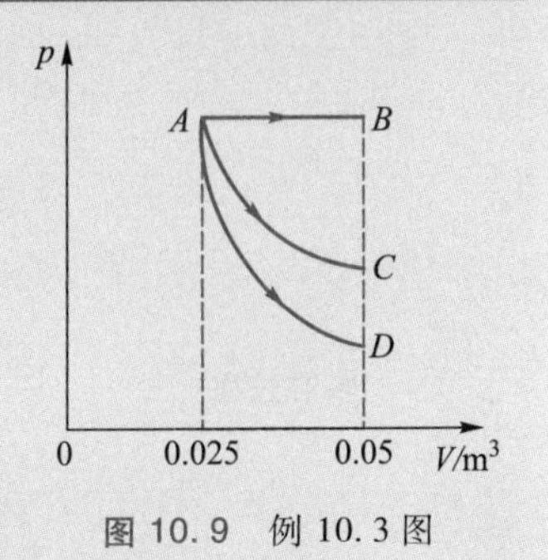

图 10.9　例 10.3 图

解　(1) 等压膨胀过程中，

$$W_p=p_A(V_B-V_A)=\frac{m}{M}\frac{RT_A}{V_A}(V_B-V_A)$$

$$=1\times\frac{8.31\times300}{0.025}\times(0.05-0.025)\ \text{J}$$

$$=2.49\times10^3\ \text{J}$$

对等压过程，有$\frac{T_B}{T_A}=\frac{V_B}{V_A}$，因此 $T_B=2T_A$，有

$$Q_p=\frac{m}{M}C_{p,\text{m}}(T_B-T_A)=\frac{m}{M}C_{p,\text{m}}T_A=\frac{m}{M}\frac{7R}{2}T_A$$

$$=\frac{7}{2}\times8.31\times300\ \text{J}=8.73\times10^3\ \text{J}$$

(2) 等温膨胀过程中，

$$W_T=\frac{m}{M}RT\ln\frac{V_C}{V_A}=\frac{m}{M}RT_A\ln 2$$

$$=8.31\times300\times\ln 2\ \text{J}=1.73\times10^3\ \text{J}$$

对等温过程，$\Delta E=0$，所以

$$Q_T=W_T=1.73\times10^3\ \text{J}$$

(3) 绝热膨胀过程中，

$$T_D=T_A\left(\frac{V_A}{V_D}\right)^{\gamma-1}=300\times\left(\frac{0.025}{0.05}\right)^{1.4-1}\ \text{K}$$

$$=227.4\ \text{K}$$

对绝热过程，$Q=0$，则有

$$W=-\Delta E=\frac{m}{M}C_{V,\text{m}}(T_A-T_D)$$

$$=\frac{5}{2}\times8.31\times(300-227.4)\ \text{J}$$

$$=1.51\times10^3\ \text{J}$$

例 10.4

理想气体作绝热膨胀，由初状态(p_0,V_0)变化至末状态(p,V).试证明在此过程中气体所做的功为

$$W=\frac{p_0V_0-pV}{\gamma-1}$$

证明　根据绝热过程方程 $pV^\gamma=p_0V_0^\gamma$ 有 $p=\frac{p_0V_0^\gamma}{V^\gamma}$，所以理想气体在此过程中所做的功为

$$W=\int_{V_0}^{V}p\mathrm{d}V=\int_{V_0}^{V}\frac{p_0V_0^\gamma}{V^\gamma}\mathrm{d}V=p_0V_0^\gamma\int_{V_0}^{V}\frac{\mathrm{d}V}{V^\gamma}=p_0V_0^\gamma\frac{1}{-\gamma+1}(V^{-\gamma+1}-V_0^{-\gamma+1})$$

$$=\frac{1}{-\gamma+1}(pV^\gamma V^{-\gamma+1}-p_0V_0^\gamma V_0^{-\gamma+1})=\frac{p_0V_0-pV}{\gamma-1}$$

*10.4.2 多方过程

气体的实际变化过程可能既不是等值过程也不是绝热过程，实际进行的过程往往介于这些过程之间，一般可用如下的过程方程表示：

$$pV^n = 常量 \tag{10.24}$$

多方过程

式中 n 为常量，称为多方指数，满足上述关系的过程称为**多方过程**（polytropic process）.很容易看出，n 取不同的值时，式（10.24）表示不同的过程.当 $n=\gamma$ 时，上式表示绝热过程；当 $n=1$ 时，上式表示等温过程；当 $n=0$ 时，上式表示等压过程；将多方过程方程式（10.24）左右两边开 n 次方，得 $p^{\frac{1}{n}}V=$常量，当 $n\to\infty$ 时，上式表示等容过程.

理想气体在多方过程中对外做的功为

$$W=\int_{V_1}^{V_2}p\mathrm{d}V=\frac{p_1V_1-p_2V_2}{n-1} \tag{10.25}$$

系统内能的变化量与过程无关，仍为

$$\Delta E=\frac{m}{M}C_{V,\mathrm{m}}(T_2-T_1)$$

根据热力学第一定律，系统在多方过程中从外界吸收的热量为

$$\begin{aligned}Q&=\Delta E+W=\frac{m}{M}C_{V,\mathrm{m}}(T_2-T_1)+\frac{p_2V_2-p_1V_1}{n-1}\\&=\frac{m}{M}C_{V,\mathrm{m}}(T_2-T_1)+\frac{1}{1-n}\frac{m}{M}R(T_2-T_1)=\frac{m}{M}\left(C_{V,\mathrm{m}}+\frac{R}{1-n}\right)(T_2-T_1)\end{aligned} \tag{10.26}$$

10.5 循环过程 卡诺循环

10.5.1 循环过程

热力学在工程上的主要应用之一是对热机的研究.所谓热机，是指利用工作物质把热转化为功的机器，如蒸汽机、内燃机等.一个实际有用的机器必须能够持续不断地把热转化为功，如何实现这一过程呢？一般来讲，单一过程无法持续不断地把热转化为功，这就需要把几个过程连接起来，使系统经过一系列的状

态变化过程又回到初始状态,这一过程称为**循环过程**,简称**循环**(cycle).因为系统经过循环又回到原来的状态,所以系统内能没有改变,即循环过程中 $\Delta E=0$,这是循环过程的重要特征.

循环过程　循环

如果是一个准静态的循环过程,就可以用 $p-V$ 图上的一条闭合曲线来表示.图 10.10(a)所示的循环是沿顺时针方向进行的,称为**正循环**.在正循环中,气体膨胀过程中所做的正功(abc 曲线下的面积)大于气体被压缩过程中所做的负功(cda 曲线下的面积),整个循环过程的功为

正循环

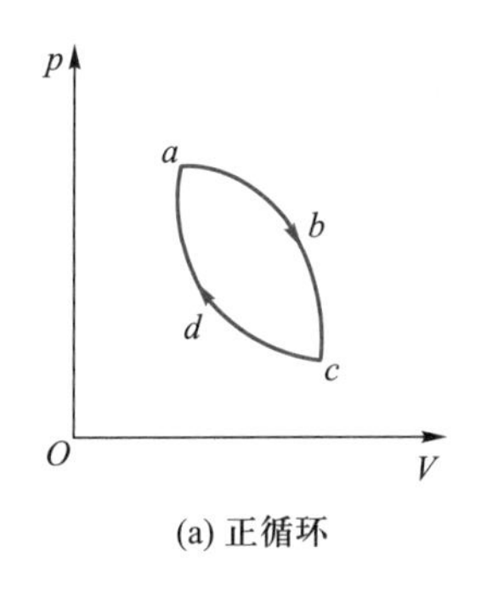

(a) 正循环

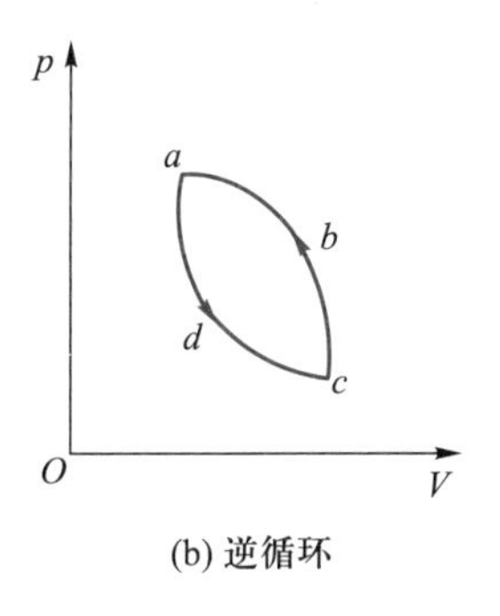

(b) 逆循环

图 10.10　循环过程

$$W=W_{abc}-W_{cda}>0$$

因此,**正循环对外做正功**,功的数值等于闭合曲线所围的面积.实现正循环的装置称为**热机**(heat engine).蒸汽机、内燃机、汽轮机等都是常见的热机.图 10.10(b)中所示的循环是沿逆时针方向进行的,称为**逆循环**.气体膨胀时所做的正功(adc 曲线下的面积)小于气体被压缩时所做的负功(cba 曲线下的面积),整个循环过程的功为

正循环对外做正功
热机
逆循环

$$W=W_{adc}-W_{cba}<0$$

因此,**逆循环对外做负功**,功在数值上等于闭合曲线所围的面积.实现逆循环的机器称为**制冷机**.

逆循环对外做负功
制冷机

10.5.2 热机和制冷机

热机的工作过程是正循环过程.热机有两个热源,一个高温热源,一个低温热源.在每一个循环过程中,工作物质从高温热源吸收热量 Q_1,将其中一部分热量 Q_2 传给低温热源,同时对外做净功 W,如图 10.11 所示.在热机中系统吸收的热量只有一部分是用来做功的,通常把系统对外做的净功和系统吸收的热量之比

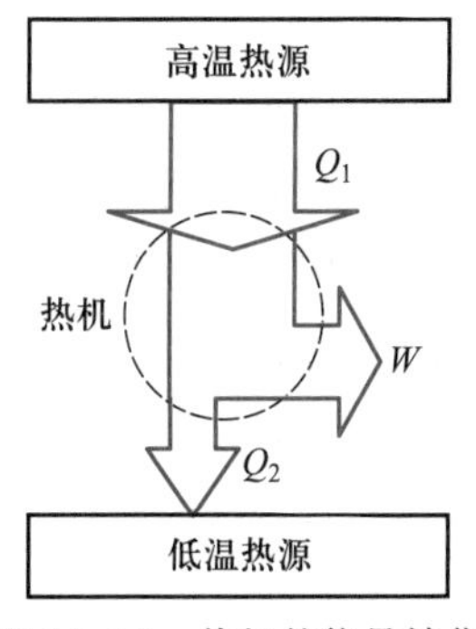

图 10.11　热机的能量转化

$$\eta=\frac{W}{Q_1} \tag{10.27}$$

热机效率

称为**热机效率**(efficiency of heat engine).由于循环过程中 $\Delta E=0$,根据热力学第一定律有 $Q_1-Q_2=W$,热机效率也可表示为

$$\eta=1-\frac{Q_2}{Q_1} \tag{10.28}$$

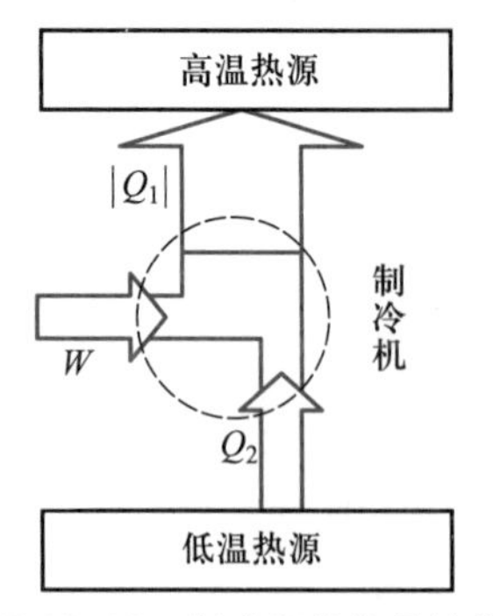

图 10.12 制冷机的能量转化

制冷机的工作过程是逆循环过程,与热机的工作过程相反.在每一个循环过程中,外界对工作物质做净功 W,使工作物质从低温热源吸取热量 Q_2,并向高温热源放出热量 $|Q_1|$,且有 $-W=Q_2-Q_1$,即 $W=|Q_1|-Q_2$,如图 10.12 所示.制冷机以外界对工作物质(制冷剂)做功为代价,使工作物质从低温热源吸取热量,低温热源的温度降低,从而达到制冷的目的,这就是制冷机的工作原理.通常我们把制冷机从低温热源吸取的热量与外界所做净功之比

$$e=\frac{Q_2}{W}=\frac{Q_2}{|Q_1|-Q_2} \tag{10.29}$$

制冷系数

称为制冷机的**制冷系数**(coefficient of refrigerator).应注意,式(10.28)和式(10.29)中各物理量均取绝对值.

例 10.5

气缸内储有 36 g 水蒸气(视为刚性分子理想气体),经过的 $abcda$ 过程如图 10.13 所示.其中 $a\to b$、$c\to d$ 为等容过程,$b\to c$ 为等温过程,$d\to a$ 为等压过程(水蒸气的摩尔质量 $M=18\times10^{-3}$ kg).试求:

(1) $d\to a$ 过程中水蒸气所做的功;

(2) $a\to b$ 过程中水蒸气内能的增量;

(3) $b\to c$ 过程中水蒸气所做的功;

(4) 循环效率.

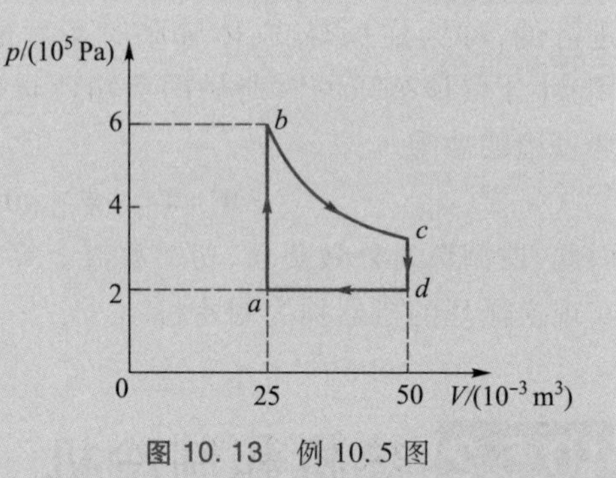

图 10.13 例 10.5 图

解 (1) $d\to a$ 为等压过程,等压过程中外界对气体所做的功为

$$W_{da}=p_a(V_a-V_d)=2\times10^5\times(25\times10^{-3}-50\times10^{-3})\ \text{J}$$
$$=-5\times10^3\ \text{J}$$

(2) $a\to b$ 为等容过程,等容过程中内能增量为

$$\Delta E_{ab}=\frac{m}{M}C_{V,\text{m}}\Delta T=\frac{m}{M}\frac{i}{2}R(T_b-T_a)=\frac{i}{2}V_a(p_b-p_a)$$
$$=\frac{6}{2}\times25\times10^{-3}\times(6\times10^5-2\times10^5)\ \text{J}$$
$$=3.0\times10^4\ \text{J}$$

(3) $b\to c$ 为等温过程,等温过程中气体对外界做的功为

$$W_{bc}=\frac{m}{M}RT_b\ln\frac{V_c}{V_b}=p_bV_b\ln\frac{V_c}{V_b}$$

$$=6\times10^5\times25\times10^{-3}\times\ln\left(\frac{50\times10^{-3}}{25\times10^{-3}}\right)\ \mathrm{J}$$

$$=1.04\times10^4\ \mathrm{J}$$

(4) 根据热力学第一定律,有

$$Q_{吸}=Q_{ab}+Q_{bc}=\Delta E_{ab}+W_{bc}=4.04\times10^4\ \mathrm{J}$$

$$\eta=\frac{W}{Q_{吸}}=\frac{W_{da}+W_{bc}}{Q_{吸}}=\frac{1.04\times10^4-5.0\times10^3}{4.04\times10^4}$$

$$=13.4\%$$

例 10.6

如图 10.14 所示,1 mol 理想气体经历下列四个准静态过程.$A\to B$ 是绝热压缩过程,$B\to C$ 是等容升压过程,$C\to D$ 是绝热膨胀过程,$D\to A$ 是等容减压过程.求此循环(四冲程汽油机的奥托循环)的效率.

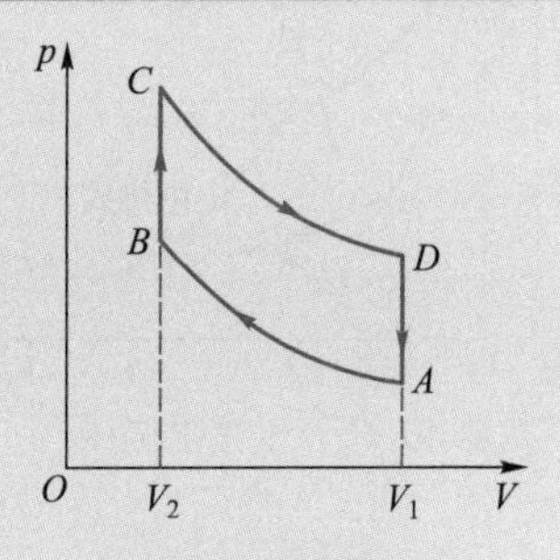

图 10.14　例 10.6 图

解　在 $B\to C$ 的等容升压过程中气体吸收的热量为

$$Q_{BC}=\frac{m}{M}C_{V,\mathrm{m}}(T_C-T_B)$$

在 $D\to A$ 的等容减压过程中气体放出的热量的绝对值为

$$|Q_{DA}|=\frac{m}{M}C_{V,\mathrm{m}}(T_D-T_A)$$

故此循环的效率为

$$\eta=1-\frac{|Q_{DA}|}{Q_{BC}}=1-\frac{T_D-T_A}{T_C-T_B}$$

$A\to B$ 的过程、$C\to D$ 的过程均为绝热过程,有

$$T_AV_1^{\gamma-1}=T_BV_2^{\gamma-1}$$

$$T_DV_1^{\gamma-1}=T_CV_2^{\gamma-1}$$

将以上两式相减可得

$$(T_D-T_A)V_1^{\gamma-1}=(T_C-T_B)V_2^{\gamma-1}$$

即

$$\frac{T_D-T_A}{T_C-T_B}=\left(\frac{V_2}{V_1}\right)^{\gamma-1}$$

将上式代入热机效率公式,可得

$$\eta=1-\left(\frac{V_2}{V_1}\right)^{\gamma-1}$$

10.5.3 卡诺循环

物理学家简介:卡诺

卡诺循环

18 世纪末 19 世纪初,蒸汽机在生产上得到了广泛应用,但效率不高,只有 3%~5%,大部分热量都没有得到利用,人们迫切希望提高热机的效率.1824 年,年轻的法国工程师卡诺(S.Carnot,1796—1832)提出了一种提高热机效率的理想循环——卡诺循环

(Carnot cycle).卡诺循环是在两个温度恒定的热源(一个高温热源,一个低温热源)之间工作的准静态循环过程,整个循环由两个等温过程和两个绝热过程组成.对卡诺循环的研究在热力学中是十分重要的,它对热力学第二定律的确立起到了奠基性的作用.

卡诺热机

下面分析以理想气体为工作物质的卡诺正循环.作卡诺正循环的热机称为**卡诺热机**.在图 10.15 所示的循环中,工作物质从温度为 T_1 的高温热源吸收热量 Q_1,从状态 A 等温膨胀到状态 B;再从状态 B 绝热膨胀到状态 C,此时工作物质的温度为 T_2;然后从状态 C 等温压缩到状态 D,放出的热量 Q_2;最后经绝热压缩回到状态 A,完成一次循环.因为 AB 和 CD 都是等温过程,所以在此循环过程中吸收的热量为

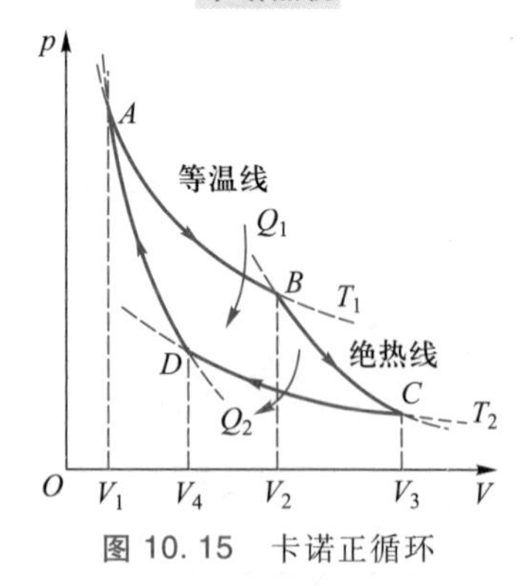

图 10.15　卡诺正循环

阅读材料:卡诺的热机理论

$$Q_1=\frac{m}{M}RT_1\ln\frac{V_2}{V_1}$$

放出的热量的绝对值为

$$|Q_2|=\frac{m}{M}RT_2\ln\frac{V_3}{V_4}$$

根据式(10.28)可得卡诺循环的效率为

$$\eta=1-\frac{|Q_2|}{Q_1}=1-\frac{\frac{m}{M}RT_2\ln\frac{V_3}{V_4}}{\frac{m}{M}RT_1\ln\frac{V_2}{V_1}}=1-\frac{T_2}{T_1}\frac{\ln\frac{V_3}{V_4}}{\ln\frac{V_2}{V_1}}$$

BC 和 DA 是绝热过程,因此由绝热过程方程可得

$$V_2^{\gamma-1}T_1=V_3^{\gamma-1}T_2$$
$$V_1^{\gamma-1}T_1=V_4^{\gamma-1}T_2$$

将以上两式相除可得

$$\frac{V_2}{V_1}=\frac{V_3}{V_4}$$

因此卡诺正循环的效率可写成

$$\eta=1-\frac{|Q_2|}{Q_1}=1-\frac{T_2}{T_1}\qquad(10.30)$$

上式表明,对于理想的卡诺循环,热机的效率只取决于高温热源的温度 T_1 和低温热源的温度 T_2,与工作物质无关.提高热机效率的途径是增加两个热源的温差.对实际的热机,因为降低低温热源温度的方法受到环境的限制,故通常采用提高高温热源温度的方法来提高热机效率.因为我们不能无限地降低低温热源的温度,也不能无限地提高高温热源的温度,所以不能使热机的效率达到 100%.实际热机的效率比理论值要小得多,这是因

为存在漏气、摩擦、散热等能量损耗.因此,减少这些不必要的能量损耗也是提高热机效率的途径.

下面分析以理想气体为工作物质的卡诺逆循环,作卡诺逆循环的制冷机称为**卡诺制冷机**.在图 10.16 中所示的循环中,外界对系统做净功 W,使系统从温度为 T_2 的低温热源吸收热量 Q_2,然后向温度为 T_1 的高温热源放出热量 Q_1. 一次循环中吸收的热量和放出的热量的绝对值分别为

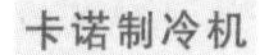
卡诺制冷机

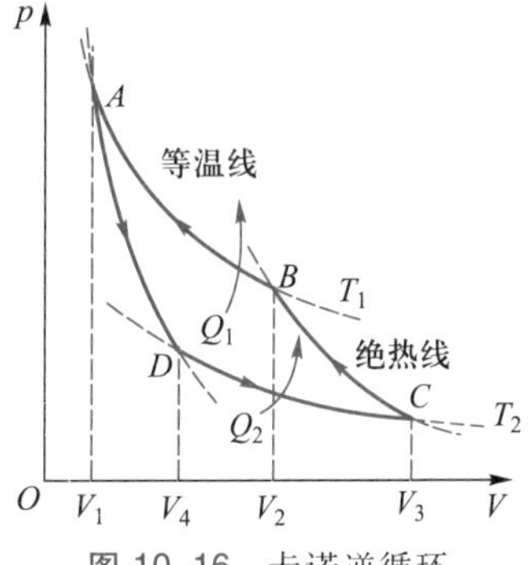

图 10.16　卡诺逆循环

$$Q_2=\frac{m}{M}RT_2\ln\frac{V_3}{V_4}$$

$$|Q_1|=\frac{m}{M}RT_1\ln\frac{V_2}{V_1}$$

根据式(10.29)可得卡诺制冷机的制冷系数为

$$e=\frac{Q_2}{W}=\frac{Q_2}{|Q_1|-Q_2}=\frac{\frac{m}{M}RT_2\ln\frac{V_3}{V_4}}{\frac{m}{M}RT_1\ln\frac{V_2}{V_1}-\frac{m}{M}RT_2\ln\frac{V_3}{V_4}}$$

卡诺逆循环和卡诺正循环类似,也满足

$$\frac{V_2}{V_1}=\frac{V_3}{V_4}$$

因此卡诺制冷机的制冷系数可写成

$$e=\frac{T_2}{T_1-T_2}\tag{10.31}$$

上式表明,对于理想的卡诺循环,制冷机的制冷系数只取决于高温热源的温度 T_1 和低温热源的温度 T_2,与工作物质无关. T_2 越小,e 就越小,这说明要从温度越低的低温热源中吸收热量,所消耗的外界所做的功也就越多.制冷机向高温热源放出的热量也是可以利用的.从卡诺循环可以降低低温热源温度的角度来说,它是个制冷机,而从它把热量从低温热源送到高温热源的角度来说,它又是热泵.在近代工程中,热泵获得了广泛的应用.

例 10.7

一小型热电厂内,一台利用地热发电的热机工作于温度为227 ℃的地下热源和温度为 27 ℃的地表之间.假定该热机每小时能从地下热源获取 1.8×10^9 J 的热量,如果热机为卡诺热机,试计算热机的功率.

解　由卡诺定理可知，在温度为 T_1 的高温热源和温度为 T_2 的低温热源之间工作的可逆卡诺热机效率最高，其效率为

$$\eta=1-\frac{T_2}{T_1}$$

因为已知热机在确定时间内吸取的热量 Q，故由效率与功率的关系为

$$\eta=\frac{W}{Q}=\frac{Pt}{Q}$$

可得此条件下的功率为

$$P=\eta\frac{Q}{t}=\left(1-\frac{T_2}{T_1}\right)\frac{Q}{t}$$

$$=\left(1-\frac{300}{500}\right)\times\frac{1.8\times10^9}{3\ 600}\ \mathrm{J\cdot s^{-1}}$$

$$=2.0\times10^5\ \mathrm{J\cdot s^{-1}}$$

10.6　热力学第二定律　卡诺定理

10.6.1 热力学过程的方向性

热力学第一定律是热力学过程遵守的能量守恒定律，然而满足能量守恒定律的热力学过程不一定都能实现，热力学过程有一定的方向性.热量传递的过程具有方向性，热量只能自动地由高温物体传到低温物体或从物体的高温部分传递到低温部分.例如把一块炽热的铁投入冷水，水的温度迅速升高，铁的温度迅速降低，这是因为热量能从高温的铁块自动地传递给低温的水，但是相反的过程却不能自动发生.功热转化的过程具有方向性，例如在焦耳的热功当量实验中，重物自动下降，带动水中的叶片转动，搅动容器中的水，使水温度升高，但不能让水自动冷却而产生动力，使轮子转动起来，从而提升重物.扩散的过程具有方向性，装有酒精的瓶子打开后，酒精自动地挥发到空气中，与空气混合为一体，而空气中的酒精自动回到瓶内的过程是绝对不会发生的.

我们用可逆过程和不可逆过程来表述热力学过程的方向性.对于一个热力学过程，如果逆过程能复原过程的每一状态而回到原来的状态，并且不产生其他的影响，或者说周围一切也都各自恢复原状，则原来的过程称为**可逆过程**(reversible process).例如假设单摆不受到空气阻力和其他摩擦力的作用，则当它离开某一

可逆过程

位置后，经过一个周期又回到原来位置，且周围一切都没有变化，这样的摆动是一可逆过程.反之，对于一个热力学过程，如果不论经过怎样的过程都不能使物体和外界恢复到原来状态，即不能复原过程每一状态，或者虽然可以复原，但引起了其他变化，则原来的过程称为**不可逆过程**(irreversible process)，如功通过摩擦转化为热量的过程就是不可逆过程.一般来说，只有理想的无耗散准静态过程是可逆过程.在自然界中，固体之间的摩擦，材料的非弹性形变，流体的黏性，介质的电阻，磁滞现象等都是耗散因素，因此严格的无耗散准静态过程是不存在的.**自然界的一切过程都是不可逆的.可逆过程是一个理想过程**.自然界一切热力学过程都具有方向性，或者说都具有不可逆性，这是一种普遍规律.热力学第二定律是对这一规律的总结.

不可逆过程

10.6.2 热力学第二定律

热力学第二定律有许多等价的不同表述形式，其中典型的表述有开尔文表述和克劳修斯表述.

阅读材料：热力学第二定律的建立

1. 开尔文表述

在 19 世纪初期，热机的广泛应用使提高热机的效率成为一个十分迫切的问题.热力学第一定律表明违背能量守恒定律的第一类永动机不可能制成，于是人们设想在不违背热力学第一定律的条件下，尽可能地提高热机效率.由热机的效率表达式 $\eta=1-\dfrac{Q_2}{Q_1}$可知，在一个循环过程中，工作物质向低温热源放出的热量 Q_2 越少，热机的效率就越高.如果 $Q_2=0$，即不需要低温热源，热机效率就可以达到 100%，也就是说，工作物质从单一热源吸取热量完全用来对外做功，这一过程并不违背能量守恒定律.如果这种单一热源的热机可以制成，那么巨轮出海时可以不携带燃料，而直接从海水中吸取热量并将其转化为机械功作为轮船的动力.从单一热源吸热并全部转化为功的热机通常称为**第二类永动机**.然而大量事实证明，这种热机是不可能实现的，任何热机都不可能只有一个热源，热机要把吸收的热量转化为功，必须将一部分热量传递给低温热源.在此基础上，英国物理学家开尔文(Lord Kelvin，1824—1907)提出了热力学第二定律的**开尔文表述：不可能制成这样一种循环工作的热机，它只从单一热源吸取热量，并将其完全转化为有用的功，而不放出热量给其他物体，或者说不使外界发生任何变化**.热力学第二定律否定了第二类永动机的存在.

物理学家简介：开尔文

第二类永动机

物理学家简介:克劳修斯

2. 克劳修斯表述

由制冷机制冷系数的表达式 $e=\frac{Q_2}{W}$可知,从低温物体吸取一定的热量,若需做的功越少,则制冷系数越高.若 $W\to0, e\to\infty$,即外界不用对系统做功,热量就可以不断地从低温热源传向高温热源.然而大量事实证明这是不可能的,制冷机是通过外力做功才迫使热量从低温物体传向高温物体的.在此基础上,克劳修斯(R. Clausius,1822—1888)提出了热力学第二定律的**克劳修斯表述:热量不可能自动地从低温物体传到高温物体**.

热力学第二定律是物理学家总结概括了大量事实后提出的,由热力学第二定律作出的推论都与实验结果相符.热力学第二定律的两种表述都和不可逆过程相联系.开尔文表述揭示了热功转化的不可逆性;而克劳修斯表述则揭示了热传导的不可逆性.热力学第一定律指出了自然界能量转化的数量关系;热力学第二定律指出了自然界能量转化过程进行的方向,说明了满足能量守恒定律的过程并不一定都能实现.热力学第一定律和热力学第二定律互不抵触,也不相互包含,是两条独立的定律.

3. 两种表述的等效性

热力学第二定律的两种表述虽然说法不同,但它们是等效的.我们可用反证法证明二者的等效性.设开尔文表述不成立,如图 10.17 所示,循环热机 E 可以只从高温热源吸取热量 Q_1,并把它全部转化为功 W.利用一个卡诺逆循环机 D 接收 E 所做的功 $W=Q_1$,使它从低温热源吸收热量 Q_2,输出热量(Q_1+Q_2)给高温热源.把这两个循环机看成一部复合制冷机,其总的结果是,外界没有对复合制冷机做功,而它却把热量 Q_2从低温热源自动地传给高温热源.这说明如果开尔文表述不成立,则克劳修斯表述也不成立.反之,也可证明如果克劳修斯表述不成立,则开尔文表述也不成立.

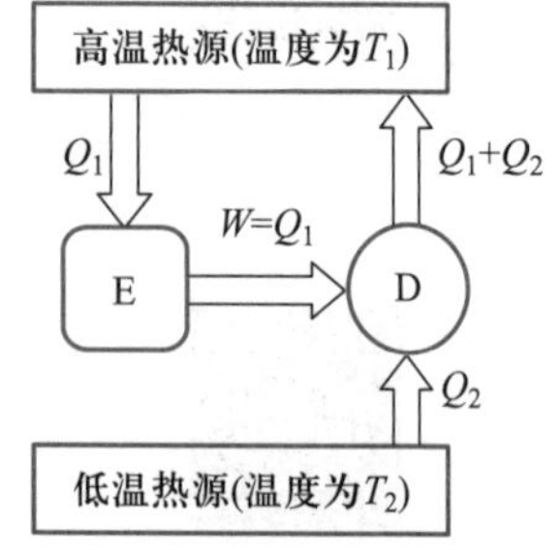

图 10.17 两种表述的等效性

两种叙述之所以等价,是因为它们都揭示了自然界的普遍规律.

10.6.3 卡诺定理

若组成循环的每一个过程都是可逆过程,则该循环称为可逆循环,作可逆循环的热机称为可逆机.为了提高热机效率,卡诺从理论上进行了研究,提出了热机理论中非常重要的一个定理——卡诺定理,它给出了热机效率的极限值,并指出了提高热机效率

的有效方法.卡诺定理的内容如下:

(1) 在相同的高温热源(温度为 T_1)和相同的低温热源(温度为 T_2)之间工作的任意工作物质的可逆机,都具有相同的效率,即

$$\eta = 1 - \frac{T_2}{T_1}$$

(2) 在相同的高温热源(温度为 T_1)和相同的低温热源(温度为 T_2)之间工作的一切不可逆机,其效率都不可能大于可逆机的效率.如用 η'表示不可逆机的效率,则

$$\eta' < 1 - \frac{T_2}{T_1} \tag{10.32}$$

卡诺定理指出了提高热机效率的途径.就过程而论,我们应使实际的不可逆机尽量地接近可逆机.对高温热源和低温热源来说,应该尽量提高两热源的温度差,温度差越大则热量的可利用价值也越大.但是在实际热机如蒸汽机中,低温热源的温度,就是用来冷却蒸汽的冷凝器的温度.想获得更低的低温热源温度,就必须用制冷机,因为制冷机要消耗功,所以用降低低温热源温度的方法来提高热机的效率是不经济的.因此要提高热机的效率应从提高高温热源的温度着手.

*10.7　熵　熵增加原理

10.7.1 热力学第二定律的统计意义

热力学第二定律的开尔文表述和克劳修斯表述是等价的,它们分别从热功转化的不可逆性和热量传递的不可逆性两方面阐述了自然界中一切自发过程都不可逆的事实,也就是说一个过程产生的效果,无论用什么曲折复杂的方法,都不能使系统恢复原状而不引起其他变化.当给定系统处于非平衡态时,总要发生从非平衡态向平衡态的自发性过渡;反之,当给定系统处于平衡态时,系统却不可能发生从平衡态向非平衡态的自发性过渡.热力学研究的对象是大量分子组成的系统,系统的宏观过程是大量分子无序运动状态变化的宏观表现,而大量分子的

无规则运动遵循统计规律，因此我们可以用统计学方法来解释热力学第二定律的微观本质.

微观态

宏观态

以理想气体的自由膨胀过程为例.设用隔板把一容器分成A、B两室，两室体积相同，A室内有气体，B室为真空.抽去隔板后，气体分子由A室向B室自由扩散.我们讨论简单的情况，设容器中有a、b、c、d四个分子，由于分子无规则运动，并且A、B两室体积相同，在任一时刻每个分子处在A室或B室的机会相等，分子的分布如表10.2所示，我们把在A、B两室中分子各种可能的分布状态称为**微观态**，四个分子在两室中的可能分布共有16种.但是对于实际气体而言，我们是无法区别同种分子的，即无法确定A室（或B室）中是哪几个分子的组合.我们只知道有多少个分子在A室，又有多少个分子在B室.对各分子不加区别，仅从A、B两室的分子数分布来确定的状态称为**宏观态**，共有5种宏观态.这16种微观态分属5种不同的宏观态，不同的宏观态所包含的微观态数不相同.例如A室或B室各有两个分子的均匀分布所包含的微观态数最大，即出现这种分布的概率最大，为6/16. 四个分子同时处于A室或B室的宏观态仅包含一个微观态，即出现这种分布的概率最小，为1/16. 如果有N个分子，若以分子处于A室或B室来分类，则共有2^N种可能的分布，全部分子同处于A室或B室的概率为$1/2^N$.

表10.2　四个气体分子的自由膨胀分布情况

微观态	宏观态	一个宏观态对应的微观态数	该宏观态出现的概率
 A室: a b c d；B室: —	 A室: ○○○○；B室: —	1	1/16
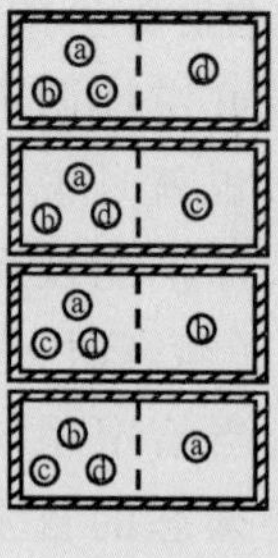 A室: a b c，B室: d A室: a b d，B室: c A室: a c d，B室: b A室: b c d，B室: a	 A室: ○○○；B室: ○	4	4/16

续表

微观态	宏观态	一个宏观态对应的微观态数	该宏观态出现的概率
ⓐⓑ ¦ ⓒⓓ ⓐⓒ ¦ ⓑⓓ ⓑⓒ ¦ ⓐⓓ ⓐⓓ ¦ ⓒⓑ ⓑⓓ ¦ ⓒⓐ ⓒⓓ ¦ ⓐⓑ	○○ ¦ ○○	6	6/16
ⓐ ¦ ⓑⓒⓓ ⓑ ¦ ⓐⓒⓓ ⓒ ¦ ⓐⓑⓓ ⓓ ¦ ⓐⓑⓒ	○ ¦ ○○○	4	4/16
¦ ⓐⓑⓒⓓ	¦ ○○○○	1	1/16

例如，1 mol 气体中有 6×10^{23} 个分子，因此当气体自由膨胀后，所有分子全部分布在 A 室或全部分布在 B 室的概率几乎为零，实际上我们是观察不到这两种情况的.而分子均匀分布的宏观态却包含了 2^N 个微观态中的绝大多数.所以自由膨胀过程实质上是从包含微观态数目少的宏观态向包含微观态数目多的宏观态进行的，或者说是从概率小的宏观态向概率大的宏观态进行的，而相反的过程在没有外界影响的情况下是不可能实现的，这就是气体自由膨胀过程不可逆性的微观本质.我们把宏观态所对应的微观态数称为该宏观态的**热力学概率**（thermodynamic probability），用 Ω 表示.

热力学概率

我们对气体自由膨胀过程不可逆性的微观本质进行推广，可以得到一般不可逆过程的微观本质：**一个不受外界影响的孤立系统中发生的一切实际过程，都是从概率小的宏观态向概率大的宏观态进行的，也就是从包含微观态数目少的宏观态向包含微观态**

热力学第二定律

数目多的宏观态进行的，这就是热力学第二定律的统计意义.

10.7.2 玻耳兹曼熵

在宏观上，热力学第二定律告诉我们一切与热现象有关的实际过程都是不可逆的，由热力学第二定律可以判断不可逆过程进行的方向和限度，但是不同的不可逆过程进行方向和限度的标准不同，例如热量只能自发地由高温物体传向低温物体，直到两物体温度相等为止；而气体分子的自由扩散是从密度大处向密度小处进行的，直到各处密度相同为止，我们需要一个方向和限度的共同的标准.在微观上，热力学第二定律的统计意义告诉我们，不可逆过程有共同特征，就是系统始末两个宏观态所包含的微观态数目不同，这是不同的不可逆过程方向和限度的共同标准，我们引入新的物理量**熵**(entropy)来描述不可逆过程的共同特征.

熵

热力学第二定律的统计意义告诉我们，一个不受外界影响的孤立系统中发生的一切实际过程，都是从概率小的宏观态向概率大的宏观态进行的，也就是从包含微观态数目少的宏观态向包含微观态数目多的宏观态进行的.我们用熵描述不可逆过程微观态数目的变化，所以熵是微观态数目的函数.玻耳兹曼运用经典统计的方法得到了熵与微观态数目之间的关系：

$$S=k\ln\Omega \tag{10.33}$$

玻耳兹曼关系式　玻耳兹曼常量

熵　热力学概率

上式称为**玻耳兹曼关系式**，式中的 k 是**玻耳兹曼常量**，S 是系统的**熵**，Ω 是该宏观态的**热力学概率**.这一关系式把热力学的宏观量(熵)和微观量(概率)联系了起来.某一宏观态所对应微观态数目越多，即热力学概率 Ω 越大，则系统内分子热运动的无序性越大，系统的熵也就越大.显然，当系统趋于平衡态时热力学概率 Ω 趋于最大值.因此由玻耳兹曼关系式可知：当孤立系统处于平衡态时，其熵 S 达到最大.

应该指出，熵是系统的态函数，具有可加性.根据概率论的乘法原理，如果某一系统由两个子系统组成，子系统的热力学概率分别为 Ω_1、Ω_2，则该系统的热力学概率为 $\Omega=\Omega_1\Omega_2$，代入式(10.33)可得系统的熵为

$$S=k\ln\Omega=k\ln\Omega_1\Omega_2=k\ln\Omega_1+k\ln\Omega_2=S_1+S_2$$

式中 S_1 和 S_2 分别是两个子系统的熵.

10.7.3 克劳修斯熵 熵增加原理

玻耳兹曼熵是从微观统计意义上推导出的一个物理量，用于描述系统的热力学状态.而在热力学中，克劳修斯则根据卡诺定理从宏观上引入态函数熵.根据卡诺定理，在温度为 T_1 的高温热源和温度为 T_2 的低温热源之间工作的任意工作物质的可逆循环，其效率均为

$$\eta_{可逆}=1-\frac{Q_{放}}{Q_{吸}}=1-\frac{T_2}{T_1}$$

上式中 $Q_{吸}$ 是工作物质从高温热源吸收的热量，$Q_{放}$ 是工作物质向低温热源放出的热量，在此我们沿用 10.2 节中对热量符号的规定，系统吸收热量为正，系统对外放出热量为负，所以 $Q_{放}$ 应以 $-Q_{放}$ 代替，因此我们可以把上式改写为

$$\frac{Q_{吸}}{T_1}+\frac{Q_{放}}{T_2}=0 \tag{10.34}$$

热温比

式中热量与温度之比（即$\frac{Q}{T}$），称为**热温比**，表示在温度为 T 的可逆等温过程中工作物质所吸收（或放出）的热量 Q 与温度 T 之比.式（10.34）表明，在可逆循环过程中热温比之和为零.对于如图 10.18 所示的任意一个可逆循环 $ACBDA$，我们可以用大量微小可逆卡诺循环去代替它，因为任意两个相邻微小卡诺循环的绝热线是重叠的，但进行方向相反，所以其效果互相抵消，因此，所有微小卡诺循环的总效果就是图中锯齿形路径所表示的循环过程.若令每个微小卡诺循环无限变小，即取无限多个微小卡诺循环，则锯齿形路径表示的循环过程就无限趋近于原来的可逆过程 $ACBDA$ 了.对每一个微小卡诺循环，我们都可以列出如式（10.34）所示的关系式

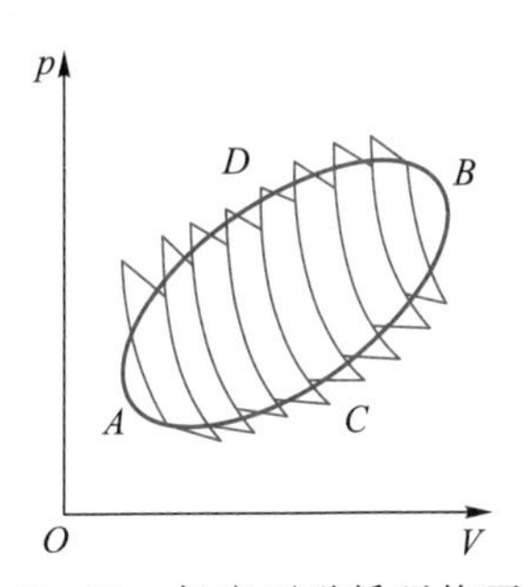

图 10.18 任意可逆循环均可用许多个卡诺循环代替

$$\frac{\Delta Q_i}{T_i}+\frac{\Delta Q_{i+1}}{T_{i+1}}=0$$

将所有的这些关系式叠加起来就得到

$$\sum\frac{\Delta Q_i}{T_i}=0$$

当无限缩小每一个小循环时，求和可以用沿环路 $ACBDA$ 的积分代替，于是上式可写为

$$\oint\frac{\mathrm{d}Q}{T}=0 \tag{10.35}$$

上式表明，任一可逆循环过程的热温比之和为零，式（10.35）称

克劳修斯等式

为克劳修斯等式(Clausius equality).

从可逆循环过程的克劳修斯等式出发,我们可以引出描述热力学系统的状态函数熵.如图 10.18 所示,可逆循环过程为 $ACBDA$,其克劳修斯等式为

$$\oint \frac{dQ}{T} = 0$$

这一循环过程可看成是由可逆过程 ACB 和 BDA 组成的.因此,克劳修斯等式可写为

$$\int_{ACB} \frac{dQ}{T} + \int_{BDA} \frac{dQ}{T} = 0 \tag{10.36}$$

因为过程是可逆的,所以

$$\int_{BDA} \frac{dQ}{T} = - \int_{ADB} \frac{dQ}{T}$$

将其代入式(10.36),可得

$$\int_{ACB} \frac{dQ}{T} = \int_{ADB} \frac{dQ}{T} = \int_A^B \frac{dQ}{T}$$

ACB 和 ADB 是连接初态 A 和末态 B 的两个任意可逆过程.上式表明,沿不同的积分路径从初态 A 到末态 B, $\int_A^B \frac{dQ}{T}$都相等,或者说 $\int_A^B \frac{dQ}{T}$只由初、末两平衡态 A 与 B 所决定,而与所经历的具体可逆过程无关,可见 $\int_A^B \frac{dQ}{T}$是一个态函数,这个态函数称为熵.从初态 A 到末态 B,熵的变化可以表示为

熵

$$\Delta S = S_B - S_A = \int_A^B \frac{dQ}{T} \tag{10.37}$$

上式就是态函数熵的定义式.对于无限小过程,熵可以写为

$$dS = \frac{dQ}{T} \tag{10.38}$$

熵是态函数,完全由状态决定,也就是完全由状态参量所决定,因此只要系统平衡态决定了,这个系统的熵也就完全确定了,与通过什么过程到达这个状态无关.式(10.37)中 S_A、S_B 分别表示态函数熵在初态 A 和末态 B 的数值,如果取初态熵值 S_A 为参考值,则任一平衡态的熵值为

$$S_B = \int_A^B \frac{dQ}{T} + S_A \tag{10.39}$$

因为对具体的热力学问题来说,有实际意义的只是两平衡态的熵差或熵变,熵的绝对值通常不必求出,所以 S_A 的值可以任意选

取.由克劳修斯等式(10.35)与式(10.38)可得,在任一可逆循环过程中,系统的熵变等于零,即有 $\oint \mathrm{d}S = 0$,这是一个很重要的结果.

由于态函数熵完全由状态决定,那么从初态 A 到末态 B 熵的变化($S_B - S_A$)就完全由 A、B 两个状态所决定,而与从初态到末态经历怎样的过程无关.但是要计算熵变($S_B - S_A$),却必须沿一条代表可逆过程的曲线从 A 到 B 对 $\frac{\mathrm{d}Q}{T}$ 积分,也就是说在由式(10.37)计算熵变时,积分路径代表连接初、末两态的任意可逆过程.因此在计算熵变时,我们总是在初、末两态之间设计一个可逆过程.

以上我们由可逆过程得出了熵的概念,对于不可逆过程,根据卡诺定理,在温度为 T_1 的高温热源和温度为 T_2 的低温热源之间工作的任意工作物质的不可逆循环的效率为

$$\eta_{\text{不可逆}} = 1 - \frac{Q_{\text{放}}}{Q_{\text{吸}}} < 1 - \frac{T_2}{T_1}$$

于是对于不可逆过程,克劳修斯等式由不等式代替:

$$\oint \frac{\mathrm{d}Q}{T} < 0$$

熵变则表示为

$$\Delta S > \int_A^B \frac{\mathrm{d}Q}{T} \text{ 或 } \mathrm{d}S > \frac{\mathrm{d}Q}{T} \qquad (10.40)$$

由式(10.38)可以看出,如果 $\mathrm{d}Q = 0$,则 $\mathrm{d}S = 0$.这就表明:**孤立系统或绝热过程中发生的一切不可逆过程都将导致系统熵的增加;而对于在孤立系统或绝热过程中发生的一切可逆过程,系统的熵保持不变**.这一结论称为**熵增加原理**(principle of entropy increase),其数学表达式为

熵增加原理

$$\Delta S \geqslant 0 \qquad (10.41)$$

上式也是热力学第二定律的数学表达式,表示自然界一切与热现象有关的宏观实际过程都是向着熵增加的方向进行,当系统的熵达到极大值时,系统处于平衡态.因此利用熵的变化可以判断自发过程进行的方向(熵增加的方向)和限度(熵所能达到的极大值).值得注意的是,熵增加原理是对整个孤立系统或绝热过程而言的,如果不是孤立系统或不是绝热过程,则借助外界作用,对于系统内部的个别物体而言,熵值可以增加、不变或减少.

熵是一个比较抽象的概念,理解时要注意下列几点:

(1) 熵是热力学系统的一个态函数;系统某个宏观态的熵值

只有相对意义，与熵的零点选择有关；如果过程的初、末两态均为平衡态，则系统的熵变取决于初、末两个状态，与具体过程无关.

（2）熵具有可加性.系统的熵等于系统内各部分的熵之和.

（3）克劳修斯熵只能用于计算平衡态的熵变，当初、末两态经历一个不可逆过程时，我们可以设计一个可逆过程把初、末两态连接起来，然后沿此可逆过程，用式（10.37）计算熵变；而玻耳兹曼熵则可以计算非平衡态的熵变.

例 10.8

理想气体在绝热容器中自由膨胀，膨胀前后其体积分别为 V_1 和 V_2，试求气体膨胀前后熵的增加量.

解　气体自由膨胀是不可逆过程.因为容器绝热，所以气体的内能不发生改变.设想理想气体经一温度为 T 的等温可逆过程体积由 V_1 膨胀到 V_2，根据热力学第一定律，得

$$dQ=pdV$$

由克劳修斯熵得熵变

$$S_2-S_1=\int dS=\int\frac{dQ}{T}=\int\frac{pdV}{T}$$

并且

$$p=nkT=\frac{NkT}{V}$$

得

$$S_2-S_1=Nk\int_{V_1}^{V_2}\frac{dV}{V}=Nk\ln\frac{V_2}{V_1}$$

因为 $V_2>V_1$，所以 $S_2-S_1>0$.气体在自由膨胀过程中，熵是增加的.

本章提要

1. 准静态过程（理想化的过程）

在准静态过程中的每一个时刻，系统的状态都无限接近平衡态.

2. 准静态过程的内能、功和热量

（1）准静态过程的内能.

理想气体的内能只与分子热运动的动能有关，是温度的函数.

$$E=\frac{m}{M}\frac{i}{2}RT$$

理想气体内能的变化量：只和温度 T 有关系，和体积 V 与压

强 p 无关.

$$\mathrm{d}E=\frac{m}{M}\frac{i}{2}R\mathrm{d}T$$

$$\Delta E=\frac{m}{M}\frac{i}{2}R\Delta T$$

注意:内能是状态量.

(2) 准静态过程的功.

$$W=\int_{V_1}^{V_2}p\mathrm{d}V$$

注意:做功与过程有关,功是过程量.

(3) 准静态过程的热量.

注意:热量传递的多少与热传递的过程有关,热量与功一样是与热力学过程有关的量.

3. 热力学第一定律

系统从外界吸收的热量,一部分使系统的内能增加,一部分用于系统对外界做功.这就是热力学第一定律.

$$Q=\Delta E+W$$

注意:

(1) 微小过程中,$\mathrm{d}Q=\mathrm{d}E+\mathrm{d}W$.

(2) 热力学第一定律中规定了热量、功和内能的符号,详见下表.

符号	$Q(\mathrm{d}Q)$	$\Delta E(\mathrm{d}E)$	$W(\mathrm{d}W)$
+	吸收热量	增加	系统对外界做功
−	放出热量	减少	外界对系统做功

(3) 热量、功和内能的单位都是 J.

(4) 理想气体内能变化量和功的公式.

$$\Delta E=\frac{m}{M}\frac{i}{2}R\Delta T$$

$$W=\int_{V_1}^{V_2}p\mathrm{d}V$$

(5) 热力学第一定律是包括热量在内的能量守恒定律.第一类永动机是不可能制成的.

(6) 热力学第一定律是对实验经验的总结,是自然界的普遍规律.

4. 等值过程

(1) 等容过程.

理想气体在等容过程中吸收的热量为 $Q_V=\frac{m}{M}C_{V,\mathrm{m}}\Delta T$,对外所

做的功为 $W=0$,内能的增量为 $\Delta E=\frac{m}{M}C_{V,\mathrm{m}}\Delta T$.

使 1 mol 理想气体的温度升高 1 K 的过程中,气体吸收的热量称为摩尔热容.在等容过程中,若使 1 mol 理想气体的温度升高 1 K ,气体吸收的热量称为摩尔定容热容.

摩尔定容热容的理论值

$$C_{V,\mathrm{m}}=\frac{i}{2}R=\begin{cases}\frac{3}{2}R & (\text{单原子分子})\\ \frac{5}{2}R & (\text{双原子分子})\\ 3R & (\text{多原子分子})\end{cases}$$

(2) 等压过程.

理想气体在等压过程中吸收的热量为 $Q_p=\frac{m}{M}C_{p,\mathrm{m}}\Delta T$,对外所做的功为 $W=p\Delta V=\frac{m}{M}R\Delta T$,内能的增量为 $\Delta E=\frac{m}{M}C_{V,\mathrm{m}}\Delta T$.

在等压过程中,若使 1 mol 理想气体的温度升高 1 K,气体吸收的热量称为摩尔定压热容.

$$C_{p,\mathrm{m}}=C_{V,\mathrm{m}}+R$$

5. 绝热过程

(1) 比热容比

$$\gamma=\frac{C_{p,\mathrm{m}}}{C_{V,\mathrm{m}}}=\frac{\frac{i+R}{2}}{\frac{i}{2}R}=\frac{i+2}{i}$$

(2) 理想气体的 γ、$C_{p,\mathrm{m}}$的理论值.

单原子分子

$$C_{p,\mathrm{m}}=\frac{5}{2}R,\quad \gamma=\frac{5}{3}$$

双原子分子

$$C_{p,\mathrm{m}}=\frac{7}{2}R,\quad \gamma=\frac{7}{5}$$

多原子分子

$$C_{p,\mathrm{m}}=4R,\quad \gamma=\frac{4}{3}$$

(3) 绝热过程的过程方程.

$$pV^{\gamma}=\text{常量}$$
$$V^{\gamma-1}T=\text{常量}$$

$$p^{\gamma-1}T^{-\gamma}=常量$$

6. 公式小结

理想气体等值、绝热过程中的公式(见下表),热力学第一定律 $Q=\Delta E+W$,理想气体物态方程 $pV=\frac{m}{M}RT$.

过程	特征	过程方程	吸收的热量	对外做的功	内能的增量
等容	$V=常量$	$\frac{p}{T}=常量$	$\frac{m}{M}C_{V,m}\Delta T$	0	$\frac{m}{M}C_{V,m}\Delta T$
等压	$p=常量$	$\frac{V}{T}=常量$	$\frac{m}{M}C_{p,m}\Delta T$	$p\Delta V$ 或 $\frac{m}{M}R\Delta T$	$\frac{m}{M}C_{V,m}\Delta T$
等温	$T=常量$	$pV=常量$	$\frac{m}{M}RT\ln\frac{V_2}{V_1}$ 或 $\frac{m}{M}RT\ln\frac{p_1}{p_2}$	$\frac{m}{M}RT\ln\frac{p_1}{p_2}$ 或 $\frac{m}{M}RT\ln\frac{V_2}{V_1}$	0
绝热	$Q=0$	$pV^{\gamma}=常量$ $V^{\gamma-1}T=常量$ $p^{\gamma-1}T^{-\gamma}=常量$	0	$-\frac{m}{M}C_{V,m}\Delta T$ 或 $\frac{p_0V_0-pV}{\gamma-1}$	$\frac{m}{M}C_{V,m}\Delta T$

7. 循环

热机是指利用工作物质把热转化为功的机器. 在实际应用中我们需要持续不断地将热转化为功,单一过程无法实现这一点,这就需要我们把几个过程连接起来组成循环过程.经过一系列变化过程,系统又回到初始状态,这个过程称为循环过程,简称循环.

循环过程的特征:$\Delta E=0$;在循环过程中净功等于净热量,$Q_{净}=W_{净}$.

顺时针进行的循环,称为正循环. 实现正循环的装置称为热机. 逆时针进行的循环,称为逆循环. 实现逆循环的装置是制冷机.

8. 热机的效率

$$\eta=\frac{W}{Q_2}\quad 或\quad \eta=1-\frac{|Q_1|}{Q_2}$$

9. 制冷系数

$$e=\frac{Q_2}{|Q_1|-Q_2}=\frac{Q_2}{W}$$

10. 卡诺循环

卡诺热机效率

$$\eta = 1 - \frac{T_2}{T_1}$$

卡诺制冷机的制冷系数

$$e = \frac{Q_2}{|Q_1| - Q_2} = \frac{T_2}{T_1 - T_2}$$

11. 热力学第二定律

（1）开尔文表述.

不可能制造出这样一种循环工作的热机，它只从单一热源吸取热量并将其完全转化为有用的功，而不放出热量给其他物体，或者说不使外界发生任何变化.

（2）克劳修斯表述.

热量不可能从低温物体自动传到高温物体而不引起外界的变化.

12. 卡诺定理

$$\eta \leqslant 1 - \frac{T_2}{T_1}$$

提高热机效率的途径有：

（1）提高高温热源的温度，或降低低温热源的温度.

（2）减少耗散.

思考题

10.1　什么是准静态过程？怎样实现准静态过程？请设计几个准静态过程.

10.2　内能和机械能都是“能”，它们有何区别？做功和热传递都能改变气体的内能，它们的本质区别是什么？怎样区别内能和热量？下列两种说法是否正确？

（1）物体温度越高，热量越多；

（2）物体温度越高，内能越大.

10.3　有一定量的理想气体，其压强按 $p = C/V^2$ 的规律变化，C 是个常量，求气体容积从 V_1 增加到 V_2 的过程中所做的功.该理想气体的温度是升高还是降低？

10.4　根据热力学第一定律，对微小的状态变化过程有 $\mathrm{d}Q = \mathrm{d}W + \mathrm{d}E$，试对等压、等容、等温和绝热四个过程进行讨论：

（1）系统在哪些过程中 $\mathrm{d}Q > 0$？在哪些过程中 $\mathrm{d}Q < 0$？

（2）在哪些过程 $\mathrm{d}E > 0$？在哪些过程中 $\mathrm{d}E < 0$？

（3）$\mathrm{d}Q$、$\mathrm{d}W$、$\mathrm{d}E$ 能否同时为正？它们能否同时为负？

10.5　在一巨大的容器内，储满温度与室温相同的水.容器底部有一小气泡缓缓上升，逐渐变大，这是什么过程？在气泡上升过程中，泡内气体是吸热还是放热？

10.6　如图所示，讨论 1、2、3 三个过程中 ΔE、W、Q 的正负.

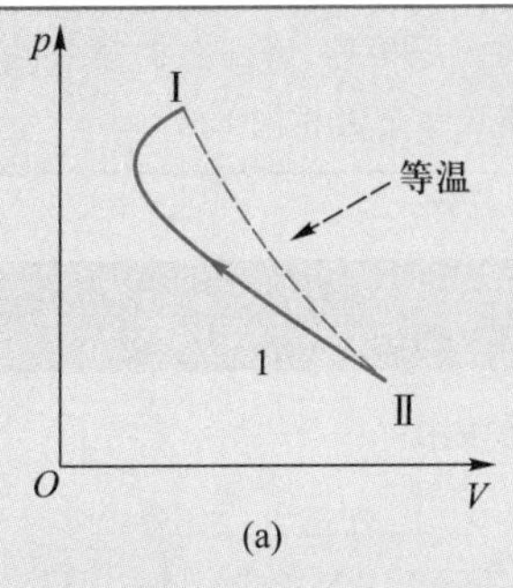

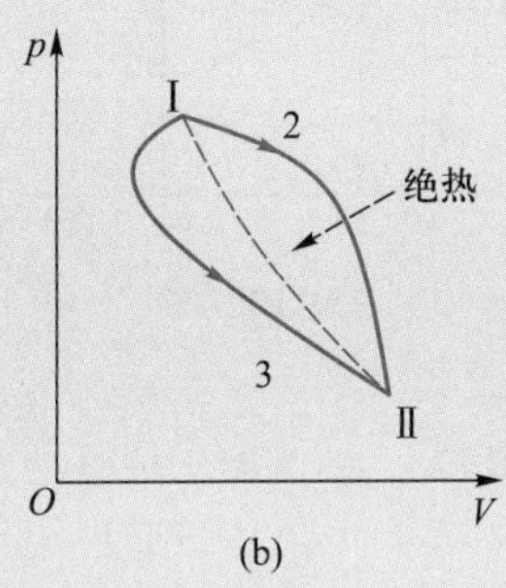

思考题 10.6 图

10.7　一理想气体的可逆循环过程如图所示，MN 为等温过程，NK 为绝热过程.请填写下表，用“+”表示增量、“-”表示减量、“0”表示不变.

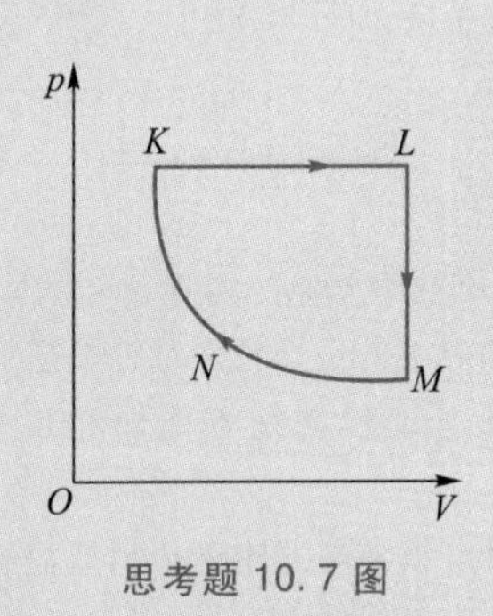

思考题 10.7 图

思考题 10.7 表

过程	ΔQ	W	ΔE	ΔT
KL				
LM				
MN				
NK				

10.8　一定量的理想气体分别经绝热、等温和等压过程后，膨胀了相同的体积，试在 $p-V$ 图上画出等压线、等容线、等温线和绝热线，并从 $p-V$ 图上比较这三种过程所做功的差异.

10.9　能不能使一条等温线与一条绝热线相交两次？两条等温线和一条绝热线是否可以构成一个循环？为什么？两条绝热线和一条等温线是否可以构成一个循环？

10.10　理想气体的内能是状态的单值函数，判断下面几种对理想气体内能的意义的理解是否正确.

(1) 气体处在一定的状态，就具有一定的内能；

(2) 对应于某一状态，内能是可以直接测定的；

(3) 对应于某一状态，内能只有一个数值，不可能有两个或两个以上的值；

(4) 当理想气体的状态改变时，内能一定跟着改变.

10.11　质量为 1 kg 的氧气，其温度由300 K 升高到 350 K.若温度升高是在下列三种不同情况下发生的：(1)等容过程、(2)等压过程、(3)绝热过程，则其内能改变量是否相同？

10.12　什么是气体的热容？什么是摩尔热容？什么是摩尔定压热容？它的理论值是多少？什么是摩尔定容热容？它的理论值是多少？什么是比热容比？

10.13　“因为在循环过程中系统对外做的净功在数值上等于 $p-V$ 图中封闭曲线所包围的面积，所以封闭曲线包围的面积越大，循环效率就越高.”这种说法正确吗？

10.14　试根据热力学第二定律，判断下面几种说法是否正确：

(1) 功可以全部转化为热量，但热量不能全部转化为功；

(2) 一切热机的效率都只能小于 1；

(3) 热量不能从低温物体传到高温物体；

(4) 热量从高温物体传到低温物体的过程是不可逆的.

10.15 两台卡诺热机在同一个高温热源上工作，但在不同的低温热源上工作.在 $p-V$ 图上，它们的循环曲线所包围的面积相等，请问它们对外做的净功是否相同？热循环效率是否相同？

习题

10.1 在 $p-V$ 图上：(1) 系统的某一平衡态用________来表示；(2) 系统的某一准静态过程用________来表示；(3) 系统的某一平衡循环过程用________来表示.

10.2 质量为 1 kg 的氧气，其温度由 300 K 升高到 350 K.若温度升高是在下列三种不同情况下发生的：(1) 体积不变、(2) 压强不变、(3) 绝热，则其内能改变量________（填相同或不同）.

10.3 已知 1 mol 的某种理想气体（可视为刚性分子）在等压过程中温度上升 1 K，内能增加了 20.78 J，则气体对外做的功为________，气体吸收的热量为________.

10.4 一定质量的理想气体，先经过等容过程使其热力学温度升高一倍，再经过等温过程，使其体积膨胀为原来的两倍，则分子的平均自由程变为原来的________倍.

10.5 一台在温度分别为 327 ℃ 和 27 ℃ 的高温热源与低温热源之间工作的卡诺热机，每经历一个循环吸热 2 000 J，则它对外做的功为________.

10.6 对于理想气体系统来说，在下列过程中，系统所吸收的热量、内能的增量和对外做的功三者均为负值的过程是（　　）.

(A) 等容降压过程　　(B) 等温膨胀过程

(C) 绝热膨胀过程　　(D) 等压压缩过程

10.7 一定量理想气体经历 acb 过程时吸热 800 J（如图所示），则经历 $acbda$ 过程时，所吸收热量为（　　）.

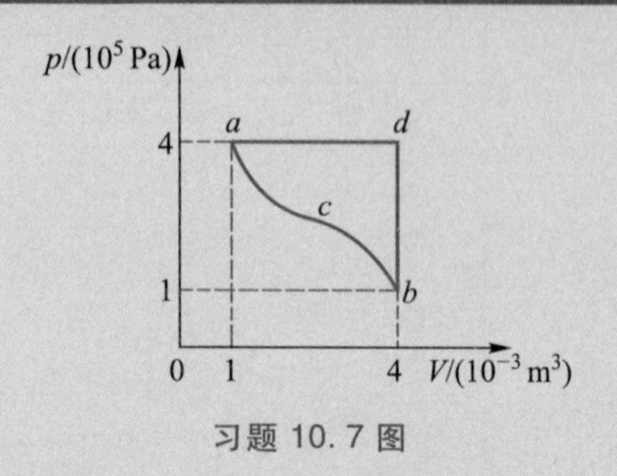

习题 10.7 图

(A) −800 J　　(B) −400 J

(C) −700 J　　(D) 400 J

10.8 两个相同的刚性容器，一个盛有氢气，一个盛有氦气（均视为刚性分子理想气体）.开始时它们的压强和温度都相同，先将 3 J 热量传递给氦气，使之升高到一定温度.若使氢气也升高至相同的温度，则应向氢气传递的热量为（　　）.

(A) 6 J　　(B) 3 J

(C) 5 J　　(D) 10 J

10.9 根据热力学第二定律，（　　）.

(A) 自然界中的一切自发过程都是不可逆的

(B) 不可逆过程就是不能向相反方向进行的过程

(C) 热量可以从高温物体传到低温物体，但不能从低温物体传到高温物体

(D) 任何过程总是沿着熵增加的方向进行

10.10 一定量的理想气体，分别进行如图所示的两个卡诺循环 $abcda$ 和 $a'b'c'd'a'$，若在 $p-V$ 图上这两个循环曲线所围面积相等，则可以由此得知这两个循环（　　）.

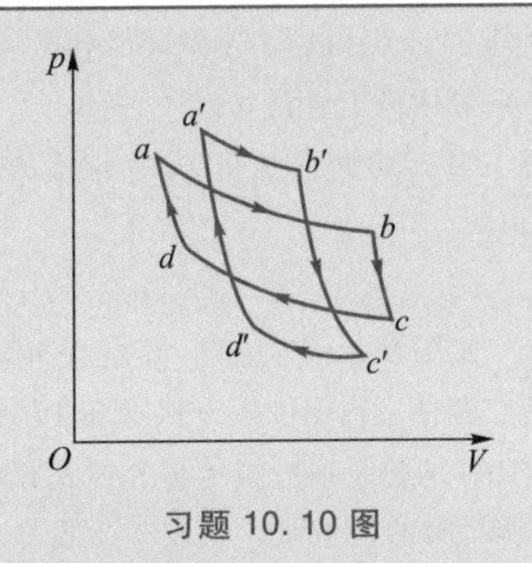

习题 10.10 图

(A) 效率相等

(B) 由高温热源处吸收的热量相等

(C) 由低温热源处放出的热量相等

(D) 在每次循环中对外做的净功相等

10.11 如图所示，20 g 氦气经历(1)等容过程、(2)等压过程，温度由 17 ℃升高到 27 ℃.求两种过程中氦气内能的增量 ΔE、吸收的热量 Q 和对外界所做的功 W.

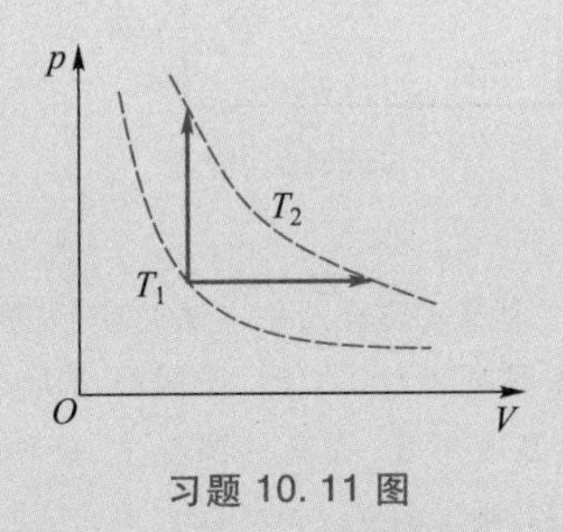

习题 10.11 图

10.12 质量为 2.8 g、温度为 27 ℃、压强为 1.013×10^5 Pa 的氮气，先经等压膨胀至体积变为之前的两倍，再经等容过程至压强变为之前的两倍，最后经等温过程，使其压强恢复至初态.试求气体在全过程中做的功、吸收的热量和内能的改变量.

10.13 1 mol 双原子分子理想(刚性)气体作如图所示的可逆循环，其中 1→2 为直线，2→3 为绝热线，3→1 为等温线.已知 $T_2=2T_1$，$V_3=8V_1$，试求：

(1) 各过程的功、内能增量和传递的热量(用 T_1 和已知常量表示)；

(2) 此循环的效率 η.

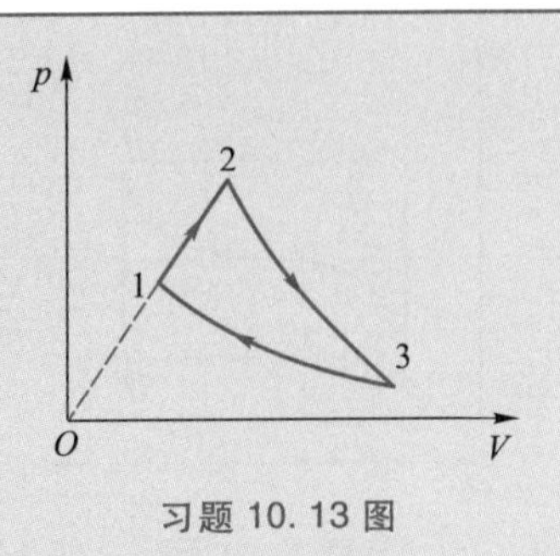

习题 10.13 图

10.14 有 25 mol 的某种气体，循环过程(ac 为等温过程) 如图所示，$p_1=4.15\times10^5$ Pa，$V_1=2.0\times10^{-2}$ m^3，$V_2=3.0\times10^{-2}$ m^3，求：

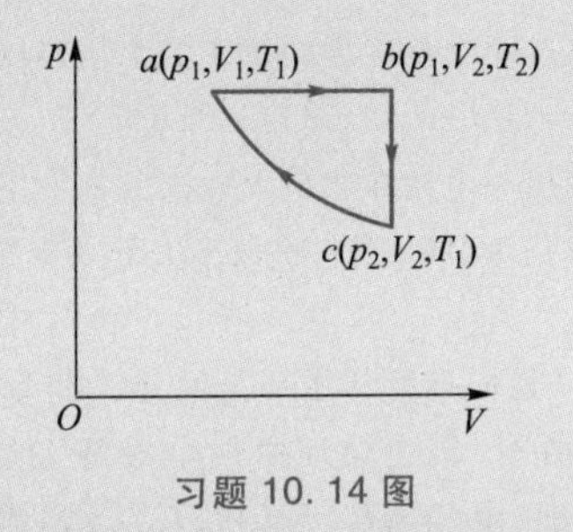

习题 10.14 图

(1) 各过程中的热量、内能改变量以及所做的功；

(2) 循环的效率.

10.15 一热机每秒从高温热源($T_1=600$ K)吸取热量 $Q_1=3.34\times10^4$ J，做功后向低温热源($T_2=300$ K)放出热量 $Q_2=2.09\times10^4$ J.

(1) 它的效率是多少？它是不是可逆机？

(2) 如果尽可能地提高热机的效率，每秒从高温热源吸热 3.34×10^4 J，则每秒最多能做多少功？

10.16 一系统由如图所示的 A 状态沿 ACB 到达 B 状态，吸收热量 335 J，系统对外做的功为 126 J.

(1) 经 ADB 过程，系统做的功为 42 J，求该过程中系统吸收的热量；

(2) 当系统由 B 状态沿曲线 BA 返回 A 状态时，外界对系统做的功为 84 J，求该过程中系统吸收的热量.

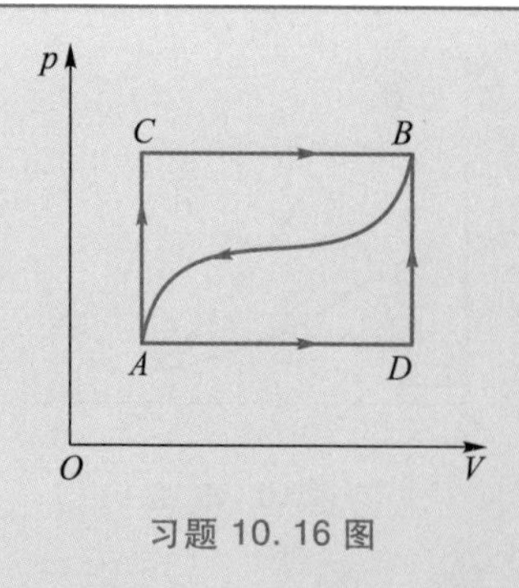

习题 10.16 图

10.17 如果利用不同深度处海水的温度差来制造热机，已知表层海水的温度为 25 ℃，300 m 深处海水温度为 5 ℃，那么：

（1）在这两个温度之间工作的卡诺热机的效率为多大？

（2）设想一电站在此最大理论效率下工作时获得的机械功率是 1 MW，则它将以多大的功率排出废热？

10.18 逆向斯特林循环是回热式制冷机的工作循环. 如图所示，该逆循环由四个准静态过程组成：(1)等温压缩，由(V_1, T_1)到(V_2, T_1)；(2)等体降温，由(V_2, T_1)到(V_2, T_2)；(3)等温膨胀，由(V_2, T_2)到(V_1, T_2)；(4)等体升温，由(V_1, T_2)到(V_1, T_1). 试求该循环中系统从冷源吸收的热量 Q_2 与外界对系统所做的功 A 之比.

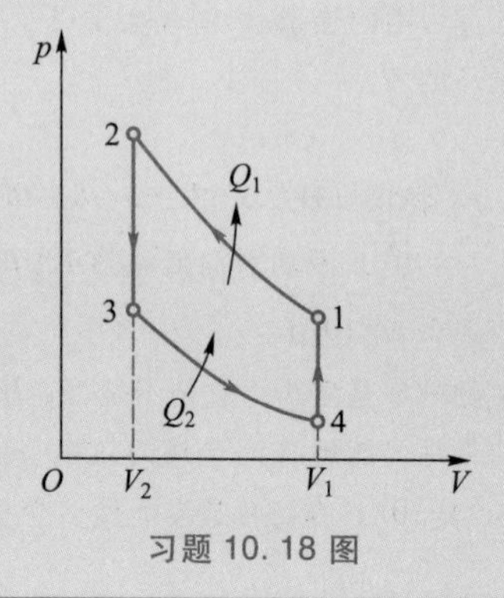

习题 10.18 图

10.19 如图所示，在夏季，假定室外温度恒为 37 ℃，启动空调使室内温度始终保持在 17 ℃. 如果每天有 2.51×10^8 J 的热量通过热传导等方式自室外流入室内，求空调一天的耗电量.（设该空调制冷机的制冷系数为同条件下的卡诺制冷机制冷系数的 60%.）

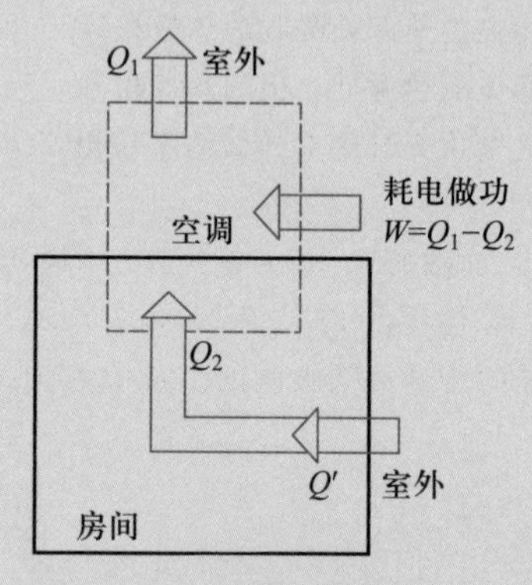

习题 10.19 图

10.20 理想气体经历一卡诺循环，当热源温度为 100 ℃，冷却器温度为 0 ℃时，所做净功为 800 J. 今若维持冷却器温度不变，提高热源温度，使所做净功增为 1.60×10^3 J，则这时：

（1）热源的温度为多少？

（2）效率增大到多少？

设这两个循环都工作于相同的两条绝热线之间.

本章习题答案

波动和波动光学篇

第 11 章　机　械　波

游艇的速度超过水波的速度,在水面上激起艏波.

波

电磁波

物质波

振动状态在空间中的传播称为波动,简称**波**(wave).波和振动一样,是一种重要的运动形式.机械振动在介质内的传播称为机械波(mechanical wave),如水波、声波、地震波等;周期性变化的电场和磁场在空间中的传播称为**电磁波**(electromagnetic wave),如各种波段的无线电波、光波乃至一些射线(红外线、紫外线、X 射线)等.虽然各类波产生的机制、物理本质不尽相同,但却具有共同的波动特征和规律,如都具有一定的传播速度,都伴随着能量的传播,都能产生反射、折射、干涉和衍射等现象,而且具有相似的数学表达形式.近代物理研究发现,微观粒子乃至任何物质都具有波动性,这种波称为**物质波**(matter wave),因此研究微观粒子的运动规律时,波动概念也是重要的基础.本章主要以机械波为例讨论波动的运动规律.

11.1　机械波的基本概念

11.1.1 机械波的形成

动画:横波的产生

在弹性介质中,当某处质元受到扰动在平衡位置附近振动时,因为各质元之间有弹性力作用,所以它将带动邻近质元作相应的振动,而邻近质元的振动继而又带动较远质元的振动,依次类推,这种振动的传播过程就形成了机械波.机械波的产生需要两个必要条件:首先要有作机械振动的物体作为振源,其次要有传播这种机械振动的介质,两者缺一不可.

根据介质中质元的振动方向和传播方向之间的关系,我们常将波动分成横波和纵波.

横波

横波(transverse wave)是指质元振动方向与波传播方向相垂直的波.如图 11.1(a)所示,绳的一端固定,用手不停地上下抖动

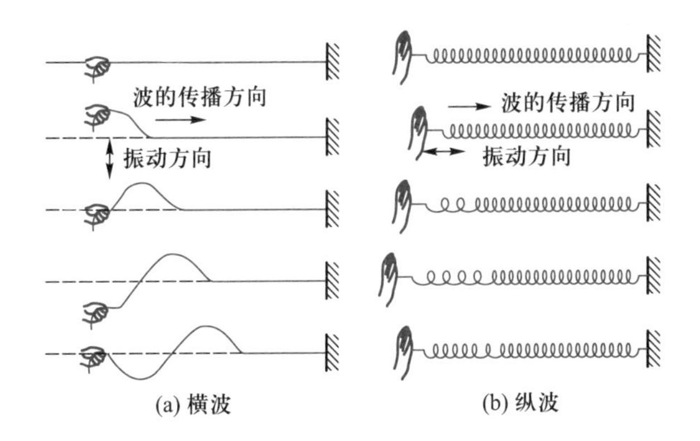

图 11.1　机械波的形成

绳子的另一端时，绳子上各部分质元就依次上下振动起来，我们可以看到波形沿着绳子向固定端传播，其波形特征为呈现出波峰和波谷.

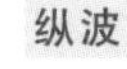

纵波(longitudinal wave)是指质元振动方向与波传播方向平行的波.如图 11.1(b)所示，将一根长弹簧水平放置，当在其左端沿水平方向推拉弹簧，使弹簧左右振动时，我们就可以看到该端的左右振动状态沿着弹簧向右传播，其波形特征表现为稀疏区域(疏部)和稠密区域(密部)相间分布.声音在空气中的传播就是纵波.

图 11.1 所展示的机械波形成过程中振动状态不局限于一点，而是向另一端传播形成波动，通常我们也称这种波动为行波，取其“行走”之意.

应注意，在波的传播过程中，无论是横波还是纵波，波动所指的都是振动状态的传播，介质中质元仅在各自的平衡位置附近振动，质元并未“随波逐流”；波动形成时，介质中各质元将依次振动，沿着波的传播方向向前看去，前面各质元的振动相位依次落后于波源的振动相位；振动传播过程中，质元的振动和介质的形变都以一定的速度向前传播，因而波动伴随着能量的传播.

11.1.2 波动的描述

1. 波动的几何描述

为了从几何学的角度形象地描述波在空间中的传播，我们引入波线、波面的概念.如图 11.2 所示，当波在连续介质中由波源发出、向外传播时，我们通常用带有箭头的直线表示波的传播方向，这条线称为波线；在某一时刻介质中各振动相位相同的点组

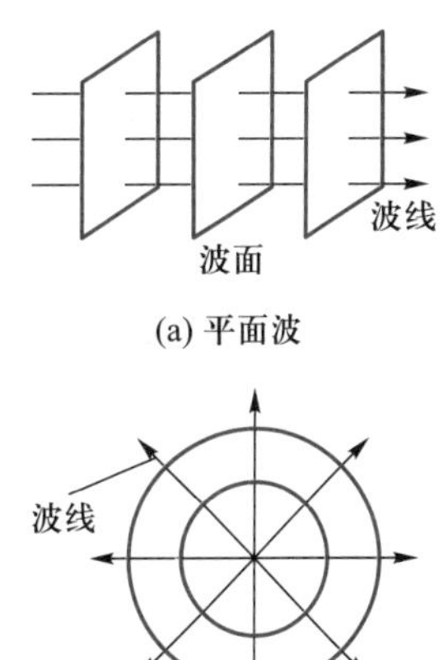

图 11.2　波线与波面

成的面称为波面，最前面的波面称为波前或波阵面.在各向同性的均匀介质中，波线总是与波面处处垂直.根据波面的不同几何形状又可将波动分为平面波、球面波、柱面波等.无论何种波源，在离波源较远处，且观察的范围较小时，一般都可看成是平面波.

2. 波动的物理量描述

波长、波的周期（或频率）和波速是定量描述波动的重要物理量.

（1）波长.

波长

在同一波线上两个相邻的、相位差为 2π 的振动质元之间的距离，称为**波长**（wavelength），用 λ 表示.因为相位差为 2π 的两质元，其振动步调完全一致，所以波长就是一个完整波形的长度，它反映了波动这一运动形式在空间中具有周期性的特征.若讨论的是横波，波长 λ 等于两相邻波峰之间或两相邻波谷之间的距离；而对于纵波，波长 λ 等于两相邻密部中心之间或两相邻疏部中心之间的距离.

（2）波的周期和频率.

周期

频率

波前进一个波长的距离所需的时间，也就是一个完整的波通过波线上某点所需的时间称为波的**周期**（period），用 T 表示.周期的倒数称为波的**频率**（frequency），用 ν 表示，即 $\nu=1/T$.因为波源每完成一次全振动，就有一个完整的波形传播出去，所以，当波源相对介质静止时，波的周期（或频率）等于波源的振动周期（或频率），也与介质中各质元的振动周期（或频率）相等.周期反映了波的时间周期性.

（3）波速.

波速

相速

单位时间内某一振动状态传播的距离称为波速（wave velocity），这一速度也是振动相位的传播速度，故也称为**相速**（phase velocity），用 u 表示.必须指出，波速是振动状态的传播速度，而不是介质中质元的振动速度（振动位移对时间的导数），两者的概念截然不同.

在一个周期内，波前进一个波长的距离，则波速 u 和波长 λ 及周期 T（或频率 ν）的关系为

$$u=\frac{\lambda}{T}=\lambda\nu \tag{11.1}$$

上式把波的时间周期性和空间周期性联系起来了.

在弹性介质中，波速的大小取决于介质的特性，即取决于介质的密度和弹性模量（或切变模量，或体积模量）（具体内容见 11.1.3）.在不同的介质中，波速是不同的.理论和实验都证明，固体内横波和纵波的传播速度分别为

$$u=\sqrt{\frac{G}{\rho}} \quad （横波） \tag{11.2}$$

$$u=\sqrt{\frac{E}{\rho}} \quad （纵波） \tag{11.3}$$

式中 G、E 分别为固体的切变模量和弹性模量.

在液体或气体内只能传播纵波,其波速可以表示为

$$u=\sqrt{\frac{K}{\rho}} \tag{11.4}$$

式中 K 为液体或气体的体积模量.

*11.1.3 物体的弹性形变

物体,包括固体、液体和气体,在受到外力作用时,形状或体积都会发生改变,这种改变统称为形变.如果外力不超过一定限度,在外力撤去后,物体的形状或体积就能完全恢复原状.这个外力的限度称为弹性限度,在弹性限度内的形变称为弹性形变.由于外力施加的方式不同,形变可以有以下几种基本形式.

1. 长变

长变

一段固体棒,当在其两端沿轴的方向加以方向相反大小相等的外力时,其长度会发生改变,称为**长变**,如图 11.3 所示.伸长或压缩由二力的方向而定.以 F 表示力的大小,以 S 表示棒的横截面积,则 F/S 称为应力.以 l 表示棒原来的长度,以 Δl 表示在外力 F 作用下的长度变化,则相对变化 $\Delta l/l$ 称为应变.根据胡克定律,在弹性限度范围内,应力和应变成正比,即

$$\frac{F}{S}=E\frac{\Delta l}{l}$$

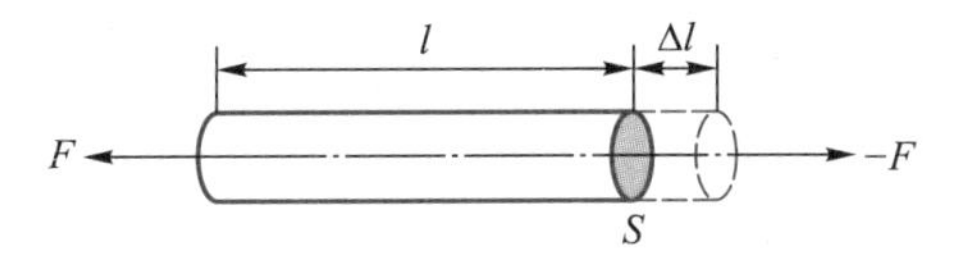

图 11.3 长变

式中比例系数 E 只与材料的性质有关,称为弹性模量,又可称为杨氏模量,其定义为

$$E=\frac{F/S}{\Delta l/l} \tag{11.5}$$

2. 切变

一块矩形材料,当它的两个侧面受到与侧面平行的、大小相等、方向相反的力作用时,矩形材料相对面将发生相对滑移,称为

切变

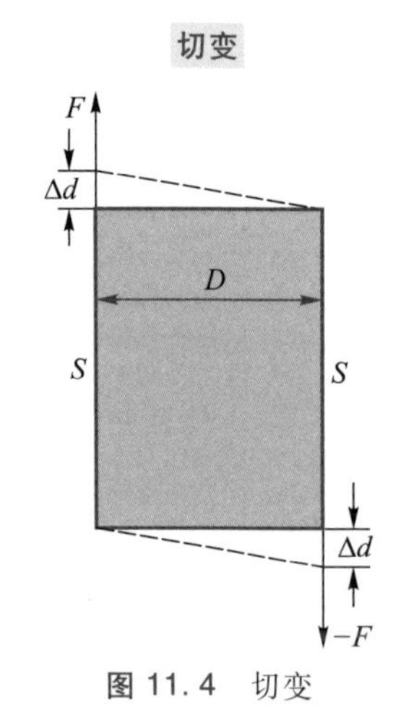

图 11.4　切变

切变，如图 11.4 所示.外力 F 与施力的平面面积 S 之比称为切应力.施力面积相互错开而引起的材料角度的变化 $\varphi=\Delta d/D$ 称为切应变.根据胡克定律，在弹性限度范围内，切应力与切应变成正比，即

$$\frac{F}{S}=G\varphi=G\frac{\Delta d}{D} \tag{11.6}$$

式中比例系数 G 称为切变模量，只与材料的性质有关，其定义为

$$G=\frac{F/S}{\Delta d/D} \tag{11.7}$$

3. 体变

体变

一物体周围受到的压强改变时，其体积也会发生改变，这种形变称为**体变**，如图 11.5 所示.以 Δp 表示压强的改变，以 $\Delta V/V$ 表示相应的体积的相对变化，即体应变.根据胡克定律，在弹性限度范围内，压强的改变与体应变成正比，即

$$\Delta p=-K\frac{\Delta V}{V} \tag{11.8}$$

式中的负号表示压强的增大总导致体积的缩小.其中比例系数 K 称为体积模量，总取正数，它的大小随物质种类的不同而不同，其定义为

$$K=-\frac{\Delta p}{\Delta V/V} \tag{11.9}$$

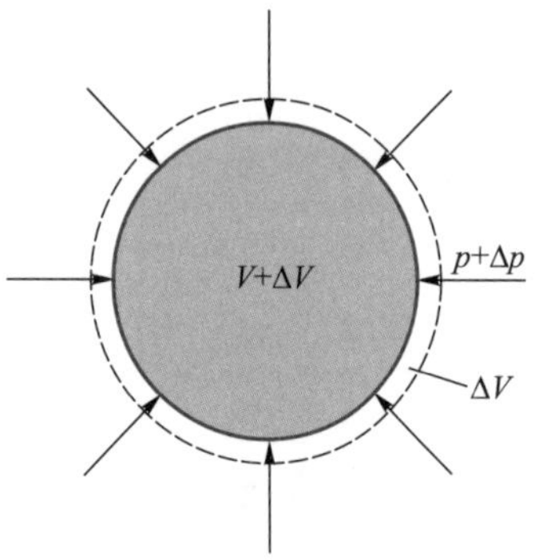

图 11.5　体变

11.2 平面简谐波

11.2.1 平面简谐波的波动方程

平面简谐波

在平面波的传播过程中，若振源作简谐振动，波所经过的所有质元都在作同频率、同振幅的简谐振动，则此波称为**平面简谐波**(plane simple harmonic wave).在介质中传播的平面简谐波，由于各质元开始振动的时刻不同，各质元的振动步调并不同步，即在同一时刻各质元的位移随它们位置的不同而不同.下面我们讨论各质元的位移 y 随其质元平衡位置 x 和时间 t 变化的规律.

平面简谐波在传播过程中，波面是一系列垂直于波线的平面，在每一个同相面上各点的振动状态完全一样，因此可选用任一条波线来研究,其上各点的振动状态就代表了整个波动的情况.

设平面简谐波沿 x 轴正方向传播(右行波),波速为 u.取任一条波线为 x 轴,O 点为坐标原点,以纵坐标 y 表示 x 轴上各质元相对于平衡位置的振动位移,如图 11.6 所示.设原点 O 处质元的振动方程为

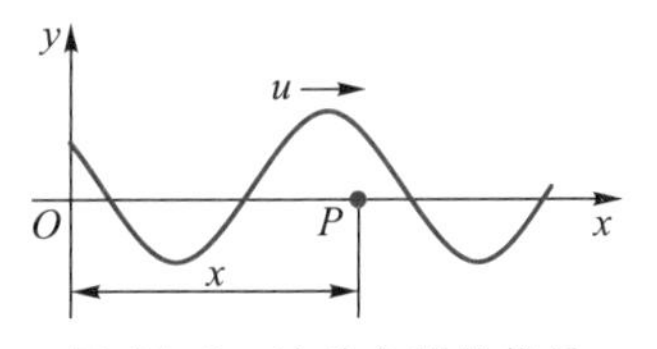

图 11.6　波动方程的推导

$$y_O(t)=A\cos(\omega t+\varphi)$$

现在我们考察波线上任意点 P 处质元的运动情况.P 点的坐标为 x,如果不考虑波在传播过程中的能量损失,则 P 点处的质元将以相同的振幅和频率重复 O 点处质元的振动,但是时间要晚一点.因振动从 O 点传到 P 点所需的时间为 $\Delta t=\dfrac{x}{u}$,所以 P 点处质元在 t 时刻离开平衡位置的位移 y_P 等于 O 点处质元在 $\left(t-\dfrac{x}{u}\right)$ 时刻离开平衡位置的位移,即

$$y_P(t)=y_O(t-\Delta t)=A\cos\left[\omega\left(t-\frac{x}{u}\right)+\varphi\right]$$

因 P 点是波线上的任意一点,所以去掉上式中 y 的下标 P,就可得到波线上任一点 x 处的质元的位移随时间的变化规律,即

$$y(x,t)=A\cos\left[\omega\left(t-\frac{x}{u}\right)+\varphi\right] \tag{11.10}$$

上式是沿 x 轴正方向传播的平面简谐波的波动方程.

如果简谐波是沿 x 轴负方向传播的(左行波),那么 P 点处质元的振动要超前于 O 点处质元的振动,所以只要将式(11.10)中的负号改为正号,即可得到沿 x 轴负方向传播的平面简谐波的波动方程,

$$y(x,t)=A\cos\left[\omega\left(t+\frac{x}{u}\right)+\varphi\right] \tag{11.11}$$

总之沿 x 轴传播的平面简谐波的波动方程可写为

$$y(x,t)=A\cos\left[\omega\left(t\mp\frac{x}{u}\right)+\varphi\right] \tag{11.12}$$

利用关系式 $\omega=2\pi/T$ 和 $u=\lambda/T$,沿 x 轴传播的平面简谐波的波动方程还可以表示成如下形式:

$$y(x,t)=A\cos\left[2\pi\left(\frac{t}{T}\mp\frac{x}{\lambda}\right)+\varphi\right] \tag{11.13}$$

$$y(x,t)=A\cos\left(\omega t\mp\frac{2\pi x}{\lambda}+\varphi\right) \tag{11.14}$$

上式中$\dfrac{2\pi}{\lambda}$称为角波数,表示单位长度上波的相位变化,数值上等

于 2π 长度内所包含完整波的数目.

以上这些波动方程是依据 $x=0$ 处质元的振动方程写出的.对于一般情形,若与原点距离为 x_0 的 Q 点处质元的振动方程为

$$y_Q(t)=A\cos(\omega t+\varphi)$$

相应地,在 x 轴上传播的平面简谐波的波动方程为

$$y(x,t)=A\cos\left[\omega\left(t\mp\frac{x-x_0}{u}\right)+\varphi\right] \tag{11.15}$$

应注意,以上两式中的 φ 均表示 x_0 处质元的振动初相位.

11.2.2 波动方程的物理意义

为了深刻理解波动方程的物理意义,下面我们以式(11.10)为例分几种情况进行讨论.

(1) 如果 x 给定,令 $x=x_0$(即跟踪观察平衡位置处坐标为 x_0 的质元的运动,如同对该质元用摄像机拍摄),则式(11.10)变为

$$y(t)=A\cos\left[\omega\left(t-\frac{x_0}{u}\right)+\varphi\right]=A\cos(\omega t+\varphi')$$

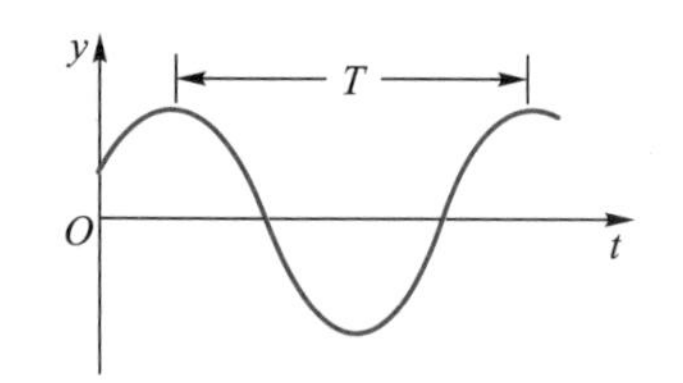

图 11.7 x_0 处质元的振动曲线

式中 φ' 为常量,此时位移 y 只是时间 t 的函数,所以上式表示波线上 x_0 处质元的位移随时间 t 的变化规律,即 x_0 处质元的振动方程,如图 11.7 所示.

(2) 如果 t 给定,令 $t=t_0$(即在波的传播过程中某一时刻 t_0 用照相机拍照),则式(11.10)变为

$$y(x)=A\cos\left[\omega\left(t_0-\frac{x}{u}\right)+\varphi\right]$$

此时位移 y 只是坐标 x 的函数,所以上式表示在 t_0 时刻波线上各质元离开各自平衡位置的位移分布规律,该式称为 t_0 时刻的**波动方程**,其波形曲线如图 11.8 所示.

波动方程

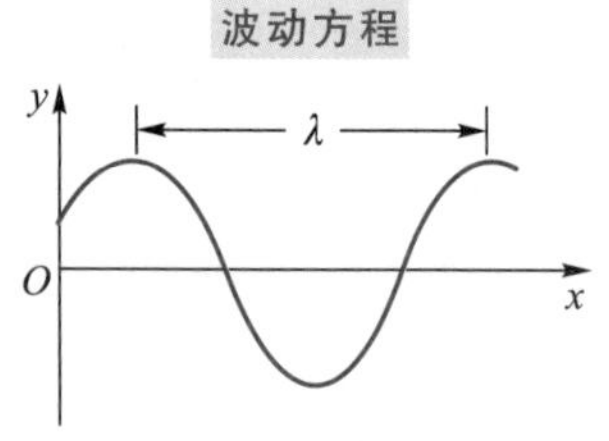

图 11.8 t_0 时刻的波形曲线

从波形曲线可看出,在同一时刻,与波源 O 距离分别为 x_1 和 x_2 的两质元相位是不同的,它们的相位差为

$$\begin{aligned}\Delta\varphi&=\varphi_2-\varphi_1=\omega\left(t-\frac{x_2}{u}\right)-\omega\left(t-\frac{x_1}{u}\right)\\&=-\frac{2\pi}{\lambda}(x_2-x_1)=-\frac{\omega}{u}(x_2-x_1)=-\frac{2\pi}{\lambda}(x_2-x_1)\end{aligned}$$

上式中,(x_2-x_1)称为波程差.通常在不需要明确哪个质元相位超前时,相位差与波程差的关系为

$$\Delta\varphi=\frac{2\pi}{\lambda}\Delta x \tag{11.16}$$

(3) 如果 x 和 t 都在变化,则位移 y 是 x 和 t 的函数.式(11.10)给出了所有质元位移随时间变化的整体情况.图 11.9 分别画出了 t 时刻和($t+\Delta t$)时刻的两个波形图,从而描绘出了波形在时间 Δt 内传播了 $\Delta x=u\Delta t$ 距离的情形,即反映了波形的传播.

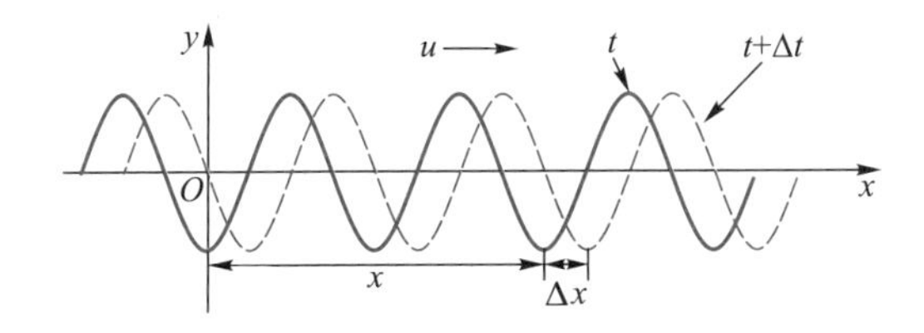

图 11.9　波形的传播

11.2.3 波动中各质元振动的速度和加速度

波在传播过程中,介质中各质元的振动速度和加速度可由波动方程(11.10)求出:

$$v=\frac{\partial y}{\partial t}=-\omega A\sin\left[\omega\left(t-\frac{x}{u}\right)+\varphi\right] \tag{11.17}$$

$$a=\frac{\partial^2 y}{\partial t^2}=-\omega^2 A\cos\left[\omega\left(t-\frac{x}{u}\right)+\varphi\right] \tag{11.18}$$

应该严格区分波的传播速度 u 和介质中质元的振动速度 v.介质中质元的振动速度是时间 t 的函数,而波的传播速度与时间无关,$u=\lambda\nu$.

11.3 波的能量　波的强度

11.3.1 波动过程中能量的传播

波动传播时,介质中各质元依次在各自的平衡位置附近振动,因而具有动能,同时在振动过程中质元要产生形变,所以也具有势能.因此,在振动传播的同时伴随着机械能的传播,这是波的重要特征.下面我们以平面余弦纵波在棒中的传播为例,对波能量的传播作简单分析.

如图 11.10 所示,设一平面简谐纵波在密度为 ρ、截面为 S 的棒中沿 x 轴正向传播.在与棒的一端距离为 x 处任取一体积为 $\mathrm{d}V$ 的质元,其质量为 $\mathrm{d}m=\rho\mathrm{d}V$.当波传到该质元时,若它的左端发生了位移 y,右端位移为$(y+\mathrm{d}y)$,这表明它向右运动的同时又被拉长,产生了 $\mathrm{d}y$ 的形变,所以该质元应同时具有振动动能和弹性势能.

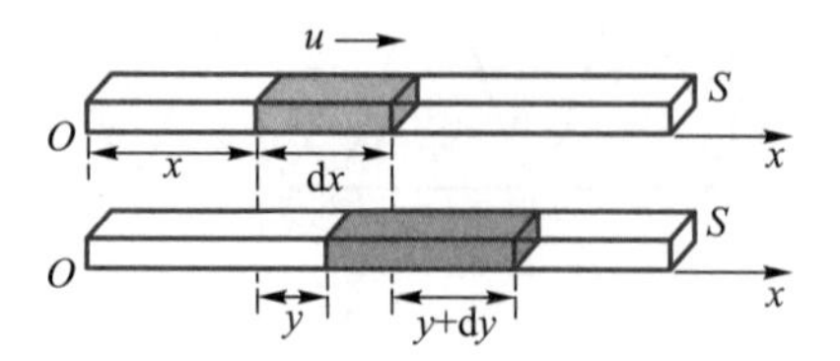

图 11.10　纵波在棒中的传播

设平面纵波的波动方程为

$$y(x,t)=A\cos\left[\omega\left(t-\frac{x}{u}\right)+\varphi\right]$$

质元的振动速度为

$$v=\frac{\partial y}{\partial t}=-\omega A\sin\left[\omega\left(t-\frac{x}{u}\right)+\varphi\right]$$

所以该质元的振动动能为

$$\mathrm{d}E_{\mathrm{k}}=\frac{1}{2}(\mathrm{d}m)v^{2}=\frac{1}{2}\rho\mathrm{d}V\omega^{2}A^{2}\sin^{2}\left[\omega\left(t-\frac{x}{u}\right)+\varphi\right]\qquad(11.19)$$

同时,该质元因形变而具有弹性势能 $\mathrm{d}E_{\mathrm{p}}=k(\mathrm{d}y)^{2}/2$,此处 k 为棒的弹性系数,而 k 与弹性模量 E 的关系为 $k=ES/\mathrm{d}x$.则该质元的弹性势能为

$$\mathrm{d}E_{\mathrm{p}}=\frac{1}{2}k(\mathrm{d}y)^{2}=\frac{1}{2}\frac{ES}{\mathrm{d}x}(\mathrm{d}y)^{2}=\frac{1}{2}ES\mathrm{d}x\left(\frac{\mathrm{d}y}{\mathrm{d}x}\right)^{2}$$

因为 $\mathrm{d}V=S\mathrm{d}x$,纵波的传播速度为 $u=\sqrt{E/\rho}$,上式可改写为

$$\mathrm{d}E_{\mathrm{p}}=\frac{1}{2}\rho u^{2}\mathrm{d}V\left(\frac{\mathrm{d}y}{\mathrm{d}x}\right)^{2}\qquad(11.20\mathrm{a})$$

考虑到 y 是 x 和 t 的函数,上式中$\frac{\mathrm{d}y}{\mathrm{d}x}$应是 y 对 x 的偏导数,由波动方程可得

$$\frac{\partial y}{\partial x}=\frac{\omega}{u}A\sin\left[\omega\left(t-\frac{x}{u}\right)+\varphi\right]$$

将上式代入式(11.20a),可得质元的弹性势能为

$$\mathrm{d}E_{\mathrm{p}}=\frac{1}{2}\rho\mathrm{d}V\omega^{2}A^{2}\sin^{2}\left[\omega\left(t-\frac{x}{u}\right)+\varphi\right]\qquad(11.20\mathrm{b})$$

于是该质元内总的波动能量为

$$\mathrm{d}E=\mathrm{d}E_{\mathrm{k}}+\mathrm{d}E_{\mathrm{p}}=\rho\mathrm{d}V\omega^{2}A^{2}\sin^{2}\left[\omega\left(t-\frac{x}{u}\right)+\varphi\right]\qquad(11.21)$$

由式(11.19)和式(11.20b)可知,在波的传播过程中,各个质元在任一时刻的动能和弹性势能具有相同的数值,它们同时达到最大值,又同时变为零.图 11.11 示意性地说明了动能和弹性势能的关系.例如,某一瞬时,某质元 P 位于最大位移处,振动速度为零,且就整个质元而言基本上不发生形变,动能和弹性势能都为零;而质元 Q 此时处于平衡位置,振动速度最大,该处质元相对形变最大,因此动能和弹性势能都达到最大.由式(11.21)可看出,在给定时刻 t,各质元的总能量随它们所处的位置在介质中呈现一个周期性分布;而对某一确定位置处的质元,它的总能量随时间发生周期性的变化.在波动中,沿着波前进的方向,每个质元不断地从后面的质元中吸取能量而改变本身的运动状态,又不停地向前面的质元放出能量而迫使它们改变运动状态,这样,能量就伴随着振动状态的传播从介质的一部分传至另一部分.

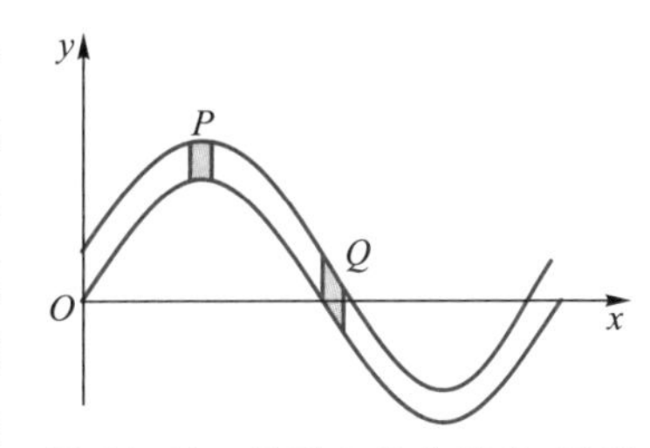

图 11.11　质元 P 没有形变,质元 Q 形变最大

能量密度

为了定量地反映能量在介质中的分布和随时间变化的情况,我们引入能量密度的概念.介质中单位体积内波的能量,称为波的**能量密度**(energy density),用 w 表示.由式(11.21)可得能量密度为

$$w=\frac{\mathrm{d}E}{\mathrm{d}V}=\rho\omega^2A^2\sin^2\left[\omega\left(t-\frac{x}{u}\right)+\varphi\right] \tag{11.22}$$

平均能量密度

能量密度在一个周期内的平均值,称为**平均能量密度**,用 $\overline{w}$ 表示.因为正弦函数的平方在一个周期内的平均值为 1/2,所以平均能量密度为

$$\overline{w}=\frac{1}{2}\rho\omega^2A^2 \tag{11.23}$$

由上式可知,对于确定的弹性介质,平均能量密度与波的振幅的二次方成正比.这一结论虽然由平面简谐波的特殊情况导出,但对于所有的弹性波均适用.

11.3.2 波的强度

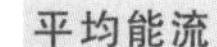

波的传播的过程必然伴随着能量的流动,为了描述这一现象,我们引入能流的概念.单位时间内通过垂直于波传播方向的某一面积 S 的平均能量,称为通过该面积的**平均能流**,用 $\overline{P}$ 表示.如图 11.12 所示,在介质中作一垂直于波传播方向的面积 S,则在时间 $\mathrm{d}t$ 内通过面积 S 的平均能量就等于体积 $Su\mathrm{d}t$ 中的能量.因此单位时间内通过面积 S 的平均能量,即平均能流为

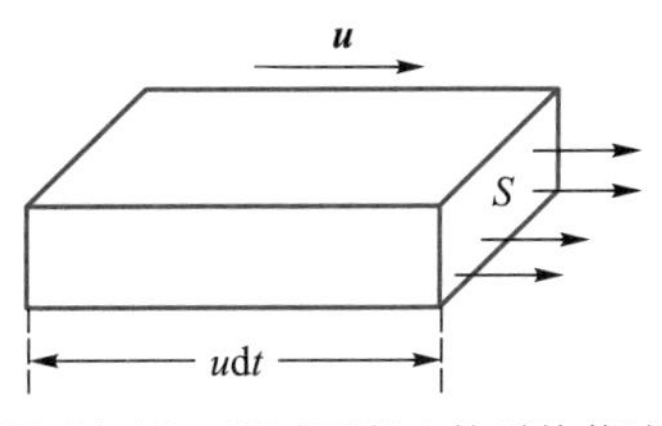

图 11.12　通过面积 S 的平均能流

$$\overline{P}=\overline{w}uS=\frac{1}{2}\rho\omega^2A^2uS$$

平均能流的单位为 W(瓦特),因此也把波的能流称为波的功率.

平均能流密度

垂直通过单位面积的平均能流,称为**平均能流密度**,用 I 表示,即

$$I=\frac{\overline{P}}{S}=\overline{w}u=\frac{1}{2}\rho\omega^2A^2u \qquad (11.24)$$

波的强度

显然平均能流密度越大,单位时间垂直通过单位面积的能量就越多,波就越强,因此平均能流密度 I 也称为**波的强度**(intensity of wave).波的强度的单位是 $W\cdot m^{-2}$.

*11.4 声波 超声波 次声波

11.4.1 声波

声波

人们在生活中接触最多的一种机械波就是**声波**(sound wave).频率范围在 $20\sim2\times10^4$ Hz 之间的声波能够引起人的听觉,称为可闻声波.频率低于 20 Hz 的声波称为**次声波**(infrasonic wave),而频率超过 2×10^4 Hz 的声波称为**超声波**(supersonic wave).在气体和液体中传播的声波都是纵波,而在固体中传播的声波既可以是纵波,也可以是横波.声波除了具有机械波的一般性质外,还具有一些独特的性质.

次声波

超声波

1. 声压

声波在流体中传播时,介质中各质元之间的相互挤压或拉伸会引起各质元所在处压强的变化.介质中有声波传播时的压强 p' 与无声波传播时的静压强 p_0 之差,即 $(p'-p_0)$,称为**声压**(sound pressure),常用 p 表示.声压是由声波产生的附加压强.人的耳朵对声音的感知就是声压使人耳鼓膜所受的压力发生变化而引起的.由于纵波是一种疏密波,显然,在稀疏区域,实际压强小于原来的静压强,声压为负,在稠密区域,实际压强大于原来的静压强,声压为正.下面我们讨论声压的变化规律.

声压

设在密度为 ρ 的流体中,声波的波动方程为 $y=A\cos\left[\omega\left(t-\frac{x}{u}\right)+\varphi\right]$.在流体中 x 处取一截面积为 S、厚度为 Δx 的柱形体积元,其体积为 $V=S\Delta x$.当声波传播时,这段流体柱两端的位移分别为 y 和 $(y+\Delta y)$,体积增量为 $\Delta V=S\Delta y$.应用式(11.8),有

$$\Delta p=-K\frac{\Delta V}{V}=-K\frac{\Delta y}{\Delta x}$$

式中的 Δp 就是声压 p,当流体柱缩减为无限小时,$\Delta x\to 0$,则

$$p=-K\frac{\partial y}{\partial x}=-K\frac{\omega}{u}A\sin\left[\omega\left(t-\frac{x}{u}\right)+\varphi\right]$$

由于纵波波速即声速 $u=\sqrt{\frac{K}{\rho}}$,上式可写成

$$p=-\rho u\omega A\sin\left[\omega\left(t-\frac{x}{u}\right)+\varphi\right] \tag{11.25}$$

显然声压 p 随空间位置和时间作周期性变化,式中

$$p_{\mathrm{m}}=\rho u\omega A \tag{11.26}$$

称为声压振幅.

2. 声强　声强级

声强

声波的能流密度称为**声强**(intensity of sound).由式(11.24)可知,声强与频率的二次方成正比.人们能够听到的声波不仅受频率范围的限制,还与声强的范围有关.对于听力正常的人,声音频率为 1 000 Hz 时,能引起听觉的最低声强约为 10^{-12} W · m^{-2}(称为听觉阈),人勉强能承受的最大声强约为 1 W · m^{-2}(称为痛觉阈),两者声强相差 10^{12} 倍,如此大的声强范围给声强的比较带来很多不便.此外,人耳对声音强弱的主观感觉(响度)并不与声强成正比,而是近似地与声强的对数成正比.因此通常采用声强级来表示声音的强弱.取声强 10^{-12} W · m^{-2} 为标准声强,记作 I_0. 声强 I 与标准声强 I_0 之比的常用对数称为声强 I 的**声强级**(sound intensity level),以 L 表示,即

声强级

$$L=\lg\frac{I}{I_0}\ \mathrm{B} \tag{11.27}$$

声强级的单位为 B(贝尔).由于单位贝尔较大,通常采用贝尔的十分之一,即 dB(分贝)为单位,此时声强级公式为

$$L=10\lg\frac{I}{I_0}\ \mathrm{dB} \tag{11.28}$$

为了对声强级大小有个定量的概念,下面我们看几个例子.树叶微动时声强级约为 10 dB;正常谈话时声强级为 40~50 dB;闹市区声强级能达到 80 dB;喷气式飞机起飞时,近处声强级约为 120 dB;“神舟”十三号发射时声强级能达到 150 dB.

长期工作在 90 dB 以上的高噪声环境中,人的听力会受到损害,影响健康.年轻人比较喜欢戴上耳机听音乐,若耳机使用不当也会对人的听力造成损害.耳机直接接触外耳,入耳式耳机还进入了耳道,声压直接进入耳内,集中地传递到很薄的鼓膜上,没有缓冲

的余地,这样就刺激了听神经的末梢,引起听神经的异常兴奋,极容易造成听觉疲劳.此外,耳机还会造成一些其他不良影响,主要包括耳鸣、轻度听力下降、重听以及耳朵稍感疼痛等.应特别注意的是不能睡前戴耳机听音乐,若整夜都忘记关机,会使持续性的声音长时间刺激人耳,可能导致耳蜗微循环障碍,并造成耳蜗内负责感受声音的毛细胞和螺旋神经损伤,最终引发噪声性耳鸣或耳聋.

11.4.2 超声波

频率在 $2\times10^4 \sim 5\times10^8$ Hz 之间的机械波称为超声波.它的显著特点是频率高,波长短,定向传播性能很好,而且易于聚焦.因为其频率高,所以超声波的声强比一般声波的大得多,用聚焦的办法,我们可以获得声强高达 10^9 W · m^{-2}的超声波.超声波穿透能力很强,特别是在液体、固体中传播时,衰减很小.在不透明的固体中,它能穿越几十米的厚度.超声波的这些特性,在军事、医学、工业、农业上得到了广泛的应用.

利用超声波的定向发射性质,人们可以探测水中的物体,如探测鱼群、潜艇,也可用来测量海的深度.因为海水导电性能良好,容易吸收电磁波,所以雷达在海水中无法使用.利用超声波(声呐)人们还可以探测出潜艇的方位和距离.

超声波无损探伤是利用超声波能透入金属材料的内部,并且在界面边缘会发生反射的特点来检查零件缺陷的一种方法,当超声波束自零件表面由探头通至金属内部,遇到缺陷与零件底面时就分别发出反射波,在荧光屏上形成脉冲波形,人们可根据这些脉冲波形来判断缺陷的位置和大小.另外在医学上超声波可用来探测人体内部的病变,常用的 B 超仪就是把超声波射入人体,根据人体组织对超声波的传导和反射能力的变化来判断有无异常,如对人体脏器做病变检查、结石检查等,它具有对人体无损伤、简便迅速的优点.

超声波的能量大而集中,可用来切割、焊接、钻孔、清洗机件,还可以用来处理种子和促进化学反应.

11.4.3 次声波

频率在 $10^{-4} \sim 20$ Hz 之间的机械波称为次声波.许多自然灾害如地震、火山爆发、龙卷风等都会伴随着次声波的产生.在核爆炸、火箭发射等过程中也有次声波产生.

次声波的特点是来源广、传播远、穿透力强.科学家们利用它来预测台风、研究大气结构等.在军事上人们还可以利用次声波来侦察大气中的核爆炸、跟踪导弹等.

次声波会干扰人的神经系统的正常功能,危害人体健康.一定强度的次声波,能使人头晕、恶心、呕吐、丧失平衡感甚至精神沮丧.有人认为,晕车、晕船就是由车、船在运行时伴生的次声波引起的.住在十几层高的楼房里的人,遇到大风天气,往往感到头晕、恶心,这也是因为大风使高楼摇晃产生次声波的缘故.更强的次声波还能使人耳聋、昏迷、精神失常甚至死亡.

11.5　波的衍射和干涉

11.5.1 惠更斯原理　波的衍射

1. 惠更斯原理

当波在弹性介质中传播时,因为介质中各质元间以弹性力相互作用,任何一点的振动都会引起邻近质元的振动,所以波动中任何一个作振动的质元,从波动传到的时刻起,都可视为新的波源.如图 11.13 所示,当水面波在传播时遇到开有小孔的障碍物后,我们可以看到,穿过小孔的波是以小孔(直径为 a)为圆心的半圆形波,而与原来波的形状无关,就好像是以小孔为点波源发出的一样.

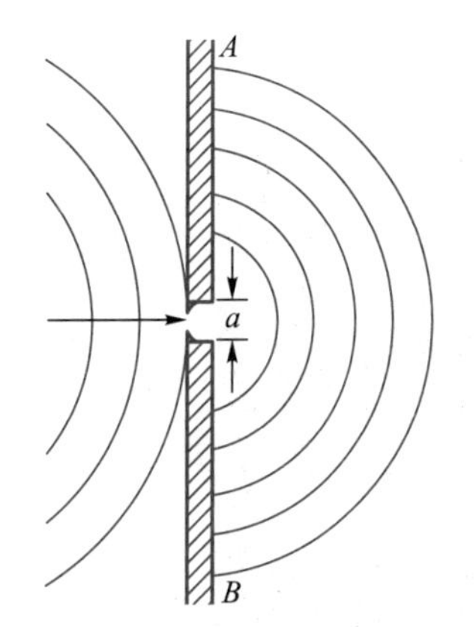

图 11.13　障碍物的小孔成为新的波源

惠更斯原理

荷兰物理学家惠更斯(C.Huygens,1629—1695)观察和研究了大量类似的现象,于 1690 年提出了关于波的传播规律.**在波的传播过程中,介质中波阵面(波前)上的每一点,都可视为发射子波的子波源,在其后任一时刻这些子波的包络就是新的波阵面.**这就是**惠更斯原理**(Huygens' principle).

根据惠更斯原理,只要知道某一时刻的波阵面,我们就可根据惠更斯原理,用几何作图法确定出下一时刻的波阵面,进而确定波的传播方向.下面我们分别以球面波和平面波为例,说明惠更斯原理的应用.

如图 11.14(a)所示,设点波源 O 在各向同性的均匀介质中以波速 u 发出球面波,已知在时刻 t 的波阵面是半径为 R_1 的球

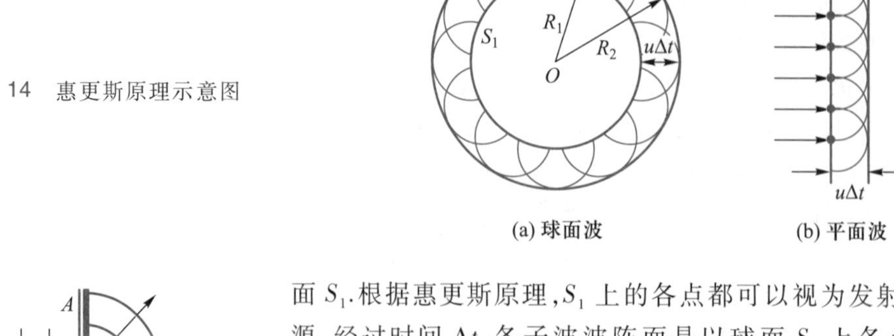

图 11.14 惠更斯原理示意图

面 S_1.根据惠更斯原理,S_1 上的各点都可以视为发射子波的新波源,经过时间 Δt,各子波波阵面是以球面 S_1 上各点为球心、以 $r=u\Delta t$ 为半径的球面,这些子波波阵面的包络 S_2 就是球面波在 $(t+\Delta t)$ 时刻的新波阵面.显然,S_2 是一个仍以点波源 O 为球心、以 $R_2=R_1+u\Delta t$ 为半径的球面.又如图 11.14(b)所示,若已知在各向同性的均匀介质中传播的平面波在某时刻 t 的波阵面 S_1,用惠更斯原理可求出以后任一时刻 $(t+\Delta t)$ 的新波阵面 S_2,它是一个与 S_1 平行且相距 $u\Delta t$ 的平面.

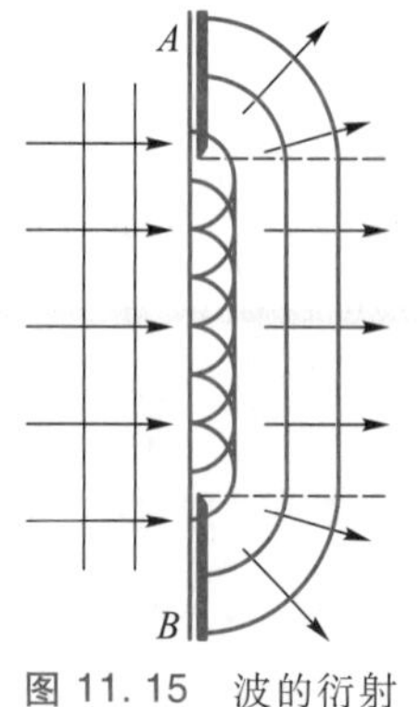

图 11.15 波的衍射

波的衍射

2. 波的衍射

波在传播过程中遇到障碍物时,能绕过障碍物继续传播的现象称为波的衍射(diffraction of wave).衍射现象是波动的重要特征之一.

如图 11.15 所示,平面波到达障碍物 AB 上的一条狭缝时,根据惠更斯原理,缝上各点都可视为发射子波的波源,作出这些子波的包络,就可得出新的波阵面.很明显,这个新波阵面已不再是平面,在狭缝的边缘处,波面弯曲,波线发生偏折,使波偏离原来沿直线传播的方向而向两侧扩展,即产生了波的衍射现象.图 11.16 所示为水波通过狭缝时所发生的衍射现象.

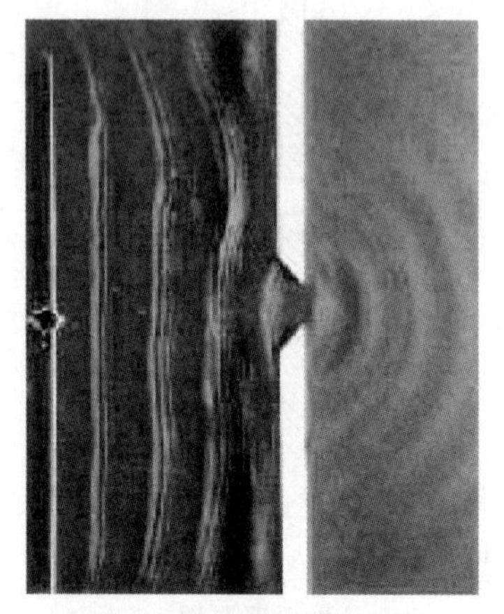

图 11.16 水波的衍射

应注意,衍射现象显著与否,与障碍物(缝或遮板等)的大小有关.当障碍物的线度远大于波长时,衍射现象很不明显,仅当障碍物的线度与波长差不多或者更小时,才会出现明显的衍射现象.如在室内能够听到室外的声音,就是声波绕过窗(或门)缝衍射的缘故.因为声波的波长较长,所以声波的衍射现象较显著.

11.5.2 波的叠加原理 波的干涉

1. 波的叠加原理

管弦乐队合奏或几个人同时讲话时,空气中同时传播着许多声波，但我们仍能辨别出各种乐器的音调或各个人的声音.同样，若把两块石子扔进水中，水面会泛起两列水波，虽然在两列水波相遇的区域内由于叠加而出现特殊的波纹，可一旦分开，两列水波将保持原有的特征继续按原方向传播.类似的现象有很多.通过对这些现象的观察和研究，我们可总结出以下规律：

当几列波在介质中传播时，无论是否相遇，每列波都保持自己原有的频率、波长、振动方向等特征，继续按原来的传播方向前进，不受其他波的影响，这称为波传播的独立性原理. 在几列波相遇的区域内，任一质元的振动均为各列波单独在该点所引起的振动位移的矢量和，这一规律称为**波的叠加原理**（superposition principle of wave）.

波传播的独立性原理

波的叠加原理

必须指出，只有在波幅不太大，且描述波动过程的微分方程为线性方程时，叠加原理才成立.

2. 波的干涉

一般来说，当振幅、频率、相位等都不同的几列波，在空间某一点相遇时，合成情况较为复杂.这里我们只讨论一种简单而又重要的情况，即**两列频率相同、振动方向相同且在相遇点的相位相同或相位差恒定的简谐波在空间某点相遇时，某些点的振动始终加强，而某些点振动始终减弱，这种现象称为波的干涉**（interference of wave）.满足上述条件的波源称为**相干波源**（coherent sources），相干波源发出的波称为**相干波**（coherent wave）.

波的干涉

相干波源

相干波

图 11.17 表示波的干涉现象，由相干波源 S_1 和 S_2 发出的两列波相遇叠加，图中实线表示两列波的波峰，虚线表示两列波的波谷.两列波的波峰和波峰相遇处（实线与实线的交点）以及波谷和波谷的相遇处（虚线与虚线的交点）振动始终加强，合振幅最大；在两列波的波峰和波谷相遇处（实线与虚线的交点）振动始终减弱，合振幅最小.

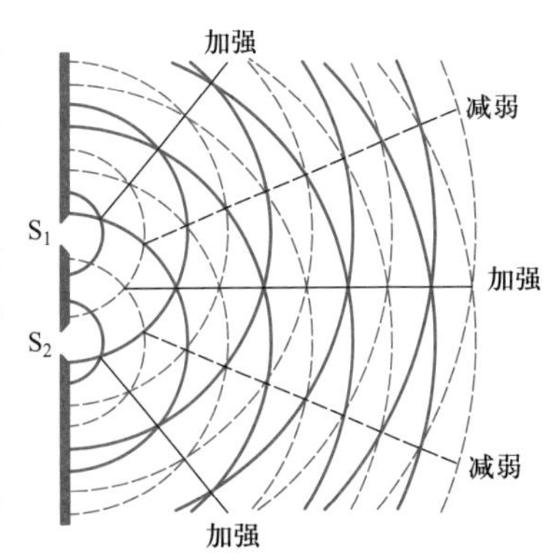

图 11.17　波的干涉现象

下面我们用波的叠加原理定量分析干涉加强和减弱的条件.

如图 11.18 所示，设有两个相干波源 S_1 和 S_2，两波源的振动方程分别为

$$y_{10}=A_1\cos(\omega t+\varphi_1)$$

$$y_{20}=A_2\cos(\omega t+\varphi_2)$$

若这两个波源发出的波在同一介质中传播，它们的波长均为 λ，设两列相干波分别经过 r_1 和 r_2 的距离后在 P 点相遇，则它们在 P 点的振动方程分别为

$$y_1=A_1\cos\left(\omega t+\varphi_1-\frac{2\pi r_1}{\lambda}\right)$$

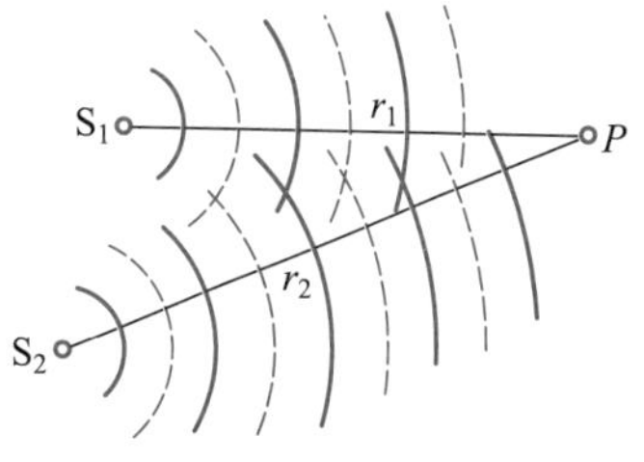

图 11.18　相干波的叠加

$$y_2=A_2\cos\left(\omega t+\varphi_2-\frac{2\pi r_2}{\lambda}\right)$$

以上两式表明,两列波在 P 点引起的两个分振动为同方向、同频率的简谐振动,它们的合振动仍为简谐振动.根据波的叠加原理,P 点的合振动方程为

$$y=y_1+y_2=A\cos(\omega t+\varphi)$$

合振动的初相位为

$$\varphi=\arctan\frac{A_1\sin\left(\varphi_1-\frac{2\pi r_1}{\lambda}\right)+A_2\sin\left(\varphi_2-\frac{2\pi r_2}{\lambda}\right)}{A_1\cos\left(\varphi_1-\frac{2\pi r_1}{\lambda}\right)+A_2\cos\left(\varphi_2-\frac{2\pi r_2}{\lambda}\right)} \tag{11.29}$$

合振动的振幅为

$$A=\sqrt{A_1^2+A_2^2+2A_1A_2\cos\Delta\varphi} \tag{11.30}$$

式中 $\Delta\varphi$ 是两列波传到 P 点时的相位差,即

$$\Delta\varphi=\varphi_2-\varphi_1-2\pi\frac{r_2-r_1}{\lambda} \tag{11.31}$$

其中,$(\varphi_2-\varphi_1)$ 是两相干波源的初相位差;$2\pi\frac{r_2-r_1}{\lambda}$ 是由波源传到 P 点的不同路程引起的相位差,两波源到 P 点的几何路程差 $\delta=r_2-r_1$ 为**波程差**.

波程差

对于空间某一确定的给定点,两列相干波所引起的两个分振动相位差 $\Delta\varphi$ 是恒定的,合振幅 A 有恒定不变的值;但对于空间中不同的点,波程差 (r_2-r_1) 一般不同,故相位差不同,因而不同点有不同的、恒定的合振幅.所以,对于在两列相干波叠加区域内的各点,合振动的振幅 A 将在空间中形成一种稳定的分布,某些点的振动始终加强,另外一些点的振动始终减弱,呈现出波的干涉图样,具体讨论如下:

对于满足

$$\Delta\varphi=\varphi_2-\varphi_1-2\pi\frac{r_2-r_1}{\lambda}=\pm 2k\pi \quad (k=0,1,2,\cdots) \tag{11.32}$$

的空间各点,合振幅最大,即 $A_{max}=A_1+A_2$,这些点处的合振动始终加强,称为干涉相长.

对于满足

$$\Delta\varphi=\varphi_2-\varphi_1-2\pi\frac{r_2-r_1}{\lambda}=\pm(2k+1)\pi \quad (k=0,1,2,\cdots) \tag{11.33}$$

的空间各点,合振幅最小,即 $A_{min}=|A_1-A_2|$,这些点处的合振动始终减弱,称为干涉相消.

如果两相干波源的初相位相同,即 $\varphi_2=\varphi_1$,上述干涉相长和干涉相消的条件可简化为

$$\delta=r_2-r_1=\begin{cases}\pm k\lambda & (\text{干涉相长})\\ \pm(2k+1)\dfrac{\lambda}{2} & (\text{干涉相消})\end{cases}\quad(k=0,1,2,\cdots)\tag{11.34}$$

上式表明,当两相干波源同相位时,在两列波的叠加区域内,波程差等于零或为波长整数倍的各点,合振幅最大;波程差等于半波长奇数倍的各点,合振幅最小;在其他情况下,合振动的振幅在最大值(A_1+A_2)和最小值$|A_1-A_2|$之间.

例 11.1

如图 11.19 所示,S_1、S_2为同一介质中沿其连线方向发射平面简谐波的相干波源,两者相距$\frac{5}{4}\lambda$,设两列波的振幅相同.当 S_1经过平衡位置向负方向运动时,S_2恰处在正向最远端,且介质不吸收波的能量.求 x 轴上因干涉而静止的各点位置.

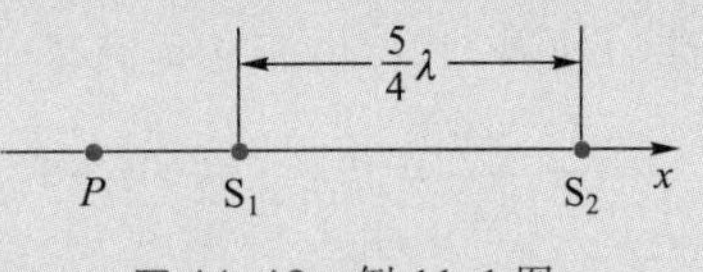

图 11.19 例 11.1 图

解 由题意可知,波源 S_1的初相位为$\frac{\pi}{2}$,波源 S_2的初相位为 0,则两列波在干涉点处的相位差为

$$\Delta\varphi=\varphi_2-\varphi_1-2\pi\frac{r_2-r_1}{\lambda}=-\frac{\pi}{2}-2\pi\frac{r_2-r_1}{\lambda}$$

若 P 点在 S_1左侧,两列波将均向左行,波程差 $r_2-r_1=\frac{5}{4}\lambda$,因此

$$\Delta\varphi=-\frac{\pi}{2}-\frac{2\pi}{\lambda}\left(\frac{5}{4}\lambda\right)=-3\pi$$

上式满足干涉相消条件,所以在 S_1左侧各点因干涉而静止.

同理,若 P 点在 S_2右侧,两列波将均向右行,波程差 $r_2-r_1=-\frac{5}{4}\lambda$,因此

$$\Delta\varphi=-\frac{\pi}{2}-\frac{2\pi}{\lambda}\left(-\frac{5}{4}\lambda\right)=2\pi$$

上式满足干涉相长条件,所以在 S_2右侧各点干涉都是加强的.

若 P 点在 S_1、S_2之间,两列波将沿相反方向到达干涉点.设任意干涉点到 S_1的距离为 x,则 $r_1=x$,$r_2=\frac{5}{4}\lambda-x$,因此

$$\Delta\varphi=-\frac{\pi}{2}-\frac{2\pi}{\lambda}\left(\frac{5}{4}\lambda-2x\right)=\frac{4\pi}{\lambda}x-3\pi$$

干涉静止的点应满足

$$\Delta\varphi=\frac{4\pi}{\lambda}x-3\pi=(2k+1)\pi$$
$$(k=0,\pm1,\pm2,\cdots)$$

由此可得

$$x=(2+k)\frac{\lambda}{2}$$

因为 x 只能在 S_1、S_2之间取值,所以 k 只能取-1 和 0.相应地,干涉静止的点与 S_1的距离为 $\lambda/2$ 和 λ.

例 11.2

如图 11.20 所示，同一介质中有两个相干波源处于 S_1、S_2 两点，振幅相同，当 S_1 点为波峰时，S_2 点正好为波谷. 设介质中的波速 $u=12\ \mathrm{m\cdot s^{-1}}$，欲使两列波在 P 点干涉后得到加强，这两列波的最小频率为多大？

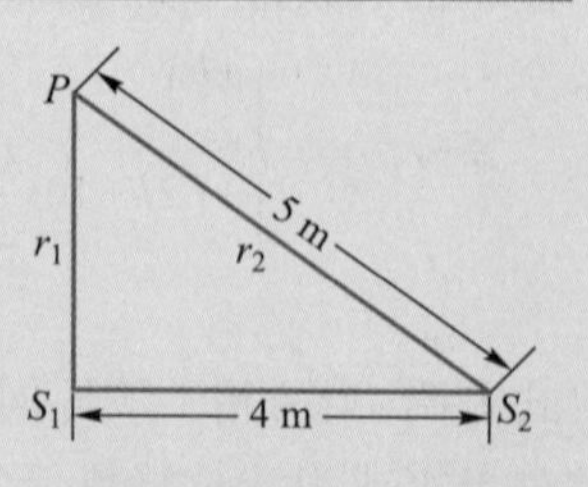

图 11.20 例 11.2 图

解 由图可知 $r_2=|S_2P|=5\ \mathrm{m}$，$r_1=|S_1P|=\sqrt{5^2-4^2}\ \mathrm{m}=3\ \mathrm{m}$. 设 S_2 的相位超前于 S_1，则两波源的初相位之差为 $\varphi_2-\varphi_1=\pi$，根据式 (11.31)，两列波在 P 点的相位差为

$$\Delta\varphi=\varphi_2-\varphi_1-2\pi\frac{r_2-r_1}{\lambda}=\pi-\frac{4\pi}{\lambda}$$

要使从 S_1、S_2 两点发出的波在 P 点干涉后加强，其相位差必须满足

$$\pi-\frac{4\pi}{\lambda}=2k\pi\quad(k=0,\pm1,\pm2,\cdots)$$

即

$$\lambda=\frac{4}{1-2k}$$

当 $k=0$ 时，λ 为最大值 $\lambda_{\max}$，此时频率最小，故

$$\nu_{\min}=\frac{u}{\lambda_{\max}}=\frac{12}{4}\ \mathrm{Hz}=3\ \mathrm{Hz}$$

本题中，各量均采用 SI 单位.

11.6 驻波

11.6.1 驻波的产生

驻波

驻波(standing wave)是一种特殊的干涉现象，是由两列振幅相同的相干波在同一直线上沿相反方向传播时叠加形成的. 图 11.21 是用电动音叉在弦线上激起驻波的实验示意图. 当电动音叉在 A 点振动时，波动沿弦线传到 B 点，经支点 B 反射形成反射波，入射波和反射波在同一弦线上沿相反方向传播，它们在弦线上互相叠加形成驻波.

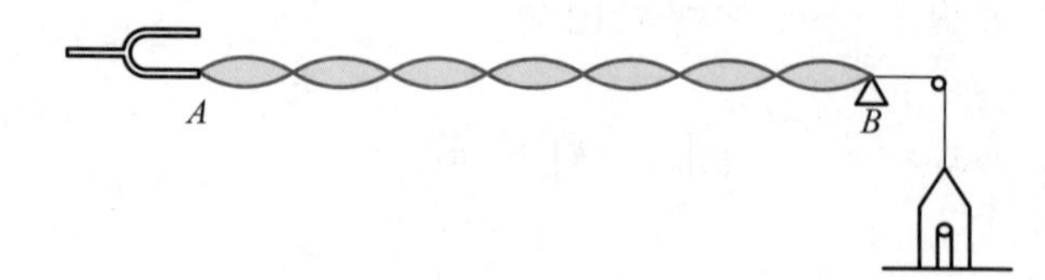

图 11.21 弦线上的驻波

下面我们用图 11.22 说明驻波的形成.设有两列振幅相同的相干波,用长虚线表示向右传播的波,用短虚线表示向左传播的波.设在 $t=0$ 时,两波相互重叠,合成波如图(a)中实线所示,这时各点的合位移最大.经过 1/8 周期后,即 $t=T/8$ 时,两波分别向右和向左移动 1/8 波长的距离,这时各点的合振动位移如图(b)所示.再经 1/8 周期后,即 $t=T/4$ 时,两波合成后相互抵消,如图(c)所示.接着出现图(d)和图(e)所示的合成的波形,图(e)中各点合位移又为最大,但位移方向和 $t=0$ 时情况相反,以后依次类推.由图可见,驻波被分成好几段,每段两端始终静止不动的点称为**波节**(wave node),图(f)中以" · "表示;两波节中间振幅最大的点称为**波腹**(wave loop),图(f)中以"×"表示;其他各点的振幅,则在零与最大值之间.驻波形成后,若用肉眼观察,看到的图像如图(f)所示.

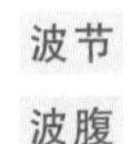

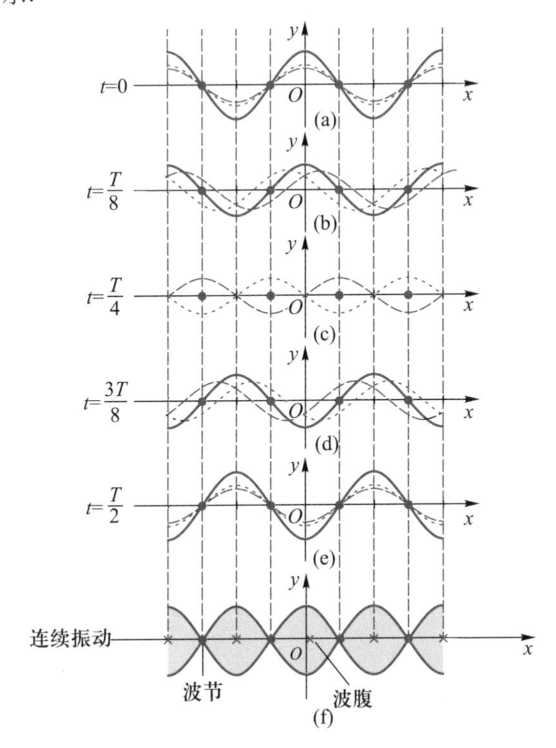

图 11.22　驻波的形成

11.6.2 驻波方程

下面我们应用波的叠加原理导出驻波方程,并对驻波进行定量讨论.

设两列频率相同、振幅相同、初相位均为零的简谐波，分别沿 x 轴正、负方向传播，它们的波动方程分别为

$$y_1=A\cos\left[2\pi\left(\frac{t}{T}-\frac{x}{\lambda}\right)\right]$$

$$y_2=A\cos\left[2\pi\left(\frac{t}{T}+\frac{x}{\lambda}\right)\right]$$

其合成波为

$$y=y_1+y_2=A\cos\left[2\pi\left(\frac{t}{T}-\frac{x}{\lambda}\right)\right]+A\cos\left[2\pi\left(\frac{t}{T}+\frac{x}{\lambda}\right)\right]$$

利用三角函数和差化积公式，上式可写作

$$y=2A\cos\left(\frac{2\pi}{\lambda}x\right)\cos\left(\frac{2\pi}{T}t\right) \qquad (11.35)$$

驻波方程

上式称为**驻波方程**.式中因子 $\cos\frac{2\pi}{T}t$ 是时间 t 的余弦函数，说明形成驻波后，介质中各质元都在作同周期的简谐振动；而 $\left|2A\cos\frac{2\pi x}{\lambda}\right|$ 为简谐振动的振幅，显然各质元的振幅与它们的位置 x 有关，而与时间 t 无关.下面我们对驻波方程作进一步讨论.

1. 驻波中的波节和波腹

由驻波方程式(11.35)可知，当 x 值满足 $\left|\cos 2\pi\frac{x}{\lambda}\right|=1$ 时，振幅最大，此时有

$$2\pi\frac{x}{\lambda}=\pm k\pi \quad (k=0,1,2,\cdots)$$

即波腹的位置为

$$x=\pm k\frac{\lambda}{2} \quad (k=0,1,2,\cdots) \qquad (11.36)$$

而当 x 值满足 $\left|\cos 2\pi\frac{x}{\lambda}\right|=0$ 时，振幅为零，此时有

$$2\pi\frac{x}{\lambda}=\pm(2k+1)\frac{\pi}{2} \quad (k=0,1,2,\cdots)$$

即波节的位置为

$$x=\pm(2k+1)\frac{\lambda}{4} \quad (k=0,1,2,\cdots) \qquad (11.37)$$

其他各质元的振幅则介于零与最大值之间，按 $\left|2A\cos\frac{2\pi x}{\lambda}\right|$ 的规律变化.

由式(11.36)和式(11.37)可知，两相邻波腹(或波节)之间的距离为半波长 $\lambda/2$，这为我们提供了一种测定行波波长的方

法,只要测出相邻两波腹(或波节)之间的距离就可确定波的波长.

需要说明,式(11.36)、式(11.37)两式给出的波腹、波节位置的结论是从特例(两列波的初相位均为零)中推出来的,不具有普遍性.

2. 驻波中各质元振动的相位关系

在驻波方程式(11.35)中,振动因子为 $\cos\frac{2\pi}{T}t$,但我们不能认为驻波中各点的振动相位也相同或像行波那样逐点不同.振动各点的相位与 $\cos 2\pi\frac{x}{\lambda}$ 的正负有关.如果把相邻波节之间的各质元视为一段,则由余弦函数的性质可知,$\cos 2\pi\frac{x}{\lambda}$ 的值对同一段内的各质元有相同的符号;对于分别在相邻两段内的两质元则符号相反.这表明在驻波中,同一段上的各质元振动相位相同,相邻两段中各质元振动相位相反.因此,驻波实际上就是分段振动现象.

3. 驻波的能量

因为形成驻波的两列相干波振幅相同,传播方向相反,所以它们的平均能流密度大小相等,方向相反,驻波的总平均能流密度为零.这表明驻波中没有能量的定向传播.

当驻波形成时,介质各点必定同时达到各自最大位移,又同时通过平衡位置.现分析这两个状态的情形:当介质中各质元的位移达到最大值时,其速度为零,即动能为零,但各质元都发生了不同程度的弹性形变,而且越靠近波节,形变越大,此时驻波能量以弹性势能的形式主要集中于波节附近.当介质中各质元通过平衡位置时,所有质元的形变为零,势能为零,但各质元速度和动能均达到各自的最大值,显然波腹处动能最大,此时驻波能量以动能的形式主要集中于波腹附近.由此可见,驻波中的动能和势能就在波腹和波节之间的小范围内转化.正是因为没有波形和能量的定向传播,我们才将这种特殊的合成波称为驻波.

11.6.3 半波损失

在如图 11.21 所示的驻波实验中,反射点 B 处绳是固定不动的,因而此处只能是波节.这意味着入射波与反射波在此处的相位正好相反,即反射波在 B 点处的相位比入射波在此处的相位跃

变了 π，相当于波在反射时损失（或增加）了半个波长的波程.我们把这种现象称为**半波损失**（half-wave loss）.若波在自由端发生反射，在反射点会形成波腹，即无半波损失.

半波损失

一般情况下，波在两种介质的分界面处发生反射时，反射波是否存在半波损失，与波的种类、两种介质的性质、入射角等因素有关.对机械波而言，当入射波垂直入射时，它由介质的密度 ρ 和波速 u 所决定.我们将 ρu 较大的介质称为**波密介质**，将 ρu 较小的介质称为**波疏介质**.当波从波疏介质垂直入射到波密介质，而在分界面处发生反射时，反射波有相位为 π 的跃变，即有半波损失，分界面处形成驻波的波节；反之，当波从波密介质垂直入射到波疏介质时，无半波损失，分界面处形成驻波的波腹.

波密介质

波疏介质

半波损失是一个很重要的概念，在研究声波、光波的反射问题时我们会经常涉及这个概念.

例 11.3

两列波在一很长的弦线上传播，设其波动方程为

$$y_1=0.06\cos\left[\frac{\pi}{2}(2.0x-8.0t)\right]$$

$$y_2=0.06\cos\left[\frac{\pi}{2}(2.0x+8.0t)\right]$$

求：(1) 驻波方程；(2) 波节、波腹的位置.

解 (1) 将两个波动方程按 $y=A\cos\left[2\pi\left(\frac{t}{T}\mp\frac{x}{\lambda}\right)\right]$ 的形式改写为

$$y_1=0.06\cos\left[2\pi\left(\frac{t}{0.5}-\frac{x}{2.0}\right)\right]$$

$$y_2=0.06\cos\left[2\pi\left(\frac{t}{0.5}+\frac{x}{2.0}\right)\right]$$

因两相干波振幅相同，在同一弦线上沿相反方向传播，所以合成波为驻波.由上式可知 $\lambda=2.0\ \mathrm{m}$，$T=0.5\ \mathrm{s}$，则驻波方程为

$$\begin{aligned}y&=y_1+y_2=2A\cos\left(\frac{2\pi}{\lambda}x\right)\cos\left(\frac{2\pi}{T}t\right)\\&=0.12\cos(\pi x)\cos(4\pi t)\end{aligned}$$

(2) 因两相干波初相位均为零，故波腹、波节的位置可分别由式 (11.36) 和式 (11.37) 求出，即波腹的位置为

$$x=\pm k\frac{\lambda}{2}=\pm k\times\frac{2.0}{2}=\pm k\quad(k=0,1,2,\cdots)$$

波节的位置为

$$\begin{aligned}x&=\pm(2k+1)\frac{\lambda}{4}=\pm(2k+1)\times\frac{2.0}{4}\\&=\pm\frac{1}{2}(2k+1)\quad(k=0,1,2,\cdots)\end{aligned}$$

本题中各量均采用 SI 单位.

*例 11.4

一平面简谐波沿 x 轴正方向传播，如图 11.23 所示，振幅为 A，角频率为 ω，波速为 u，O 点与一固定反射壁的距离为 $\frac{3}{4}\lambda$.

(1) $t=0$ 时，入射波在原点 O 处使质元由平衡位置向 x 轴正方向运动，写出入射波的波动方程；

(2) 经分界面反射的波的振幅与入射波振幅相同. 写出此反射波的波动方程及驻波方程；

(3) 求在轴上因入射波和反射波叠加而静止的质元的位置.

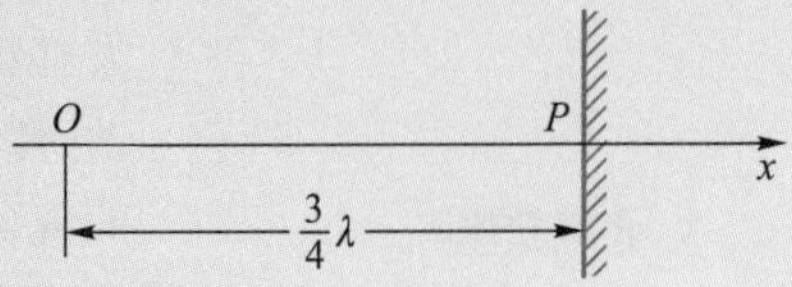

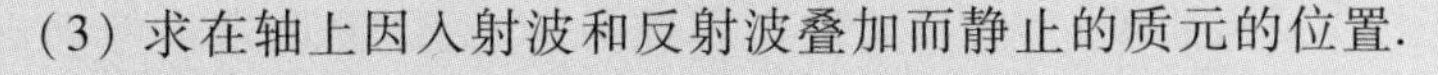

图 11.23　例 11.4 图

解　(1) 由已知条件可写出入射波在 O 点的振动方程为

$$y_{入O}=A\cos\left(\omega t-\frac{\pi}{2}\right)$$

则入射波的波动方程为

$$y_{入}=A\cos\left[\omega\left(t-\frac{x}{u}\right)-\frac{\pi}{2}\right] \quad ①$$

(2) 根据题意可设反射波的方程为

$$y_{反}=A\cos\left[\omega\left(t+\frac{x}{u}\right)+\varphi\right] \quad ②$$

根据式①、式②我们可分别写出入射波与反射波在 P 点的相位，为

$$\varphi_{入}=\omega t-\frac{2\pi}{\lambda}\times\frac{3}{4}\lambda-\frac{\pi}{2}$$

$$\varphi_{反}=\omega t+\frac{2\pi}{\lambda}\times\frac{3}{4}\lambda+\varphi$$

由于存在半波损失，$\varphi_{反}-\varphi_{入}=\pi$，即 $\varphi=-2\pi-\frac{\pi}{2}$，则反射波的方程为

$$y_{反}=A\cos\left[\omega\left(t+\frac{x}{u}\right)-2\pi-\frac{\pi}{2}\right]$$

$$=A\cos\left[\omega\left(t+\frac{x}{u}\right)-\frac{\pi}{2}\right]$$

驻波方程为

$$y=y_{入}+y_{反}=2A\cos\left(\frac{2\pi}{\lambda}x\right)\cos\left(\omega t-\frac{\pi}{2}\right)$$

(3) 令 $\cos\frac{2\pi}{\lambda}x=0$，即

$$\frac{2\pi}{\lambda}x=(2k+1)\frac{\pi}{2}$$

则波节坐标为

$$x=(2k+1)\frac{\lambda}{4}\quad(k=0,1,2,\cdots)$$

因为 $x\leqslant\frac{3}{4}\lambda$，所以波节位置为 $x=\frac{1}{4}\lambda$、$\frac{3}{4}\lambda$.

11.7　多普勒效应

在前几节的讨论中，我们实际上是假定了波源和观察者相对于介质都是静止的，所以波的频率、波源的振动频率以及观察者接收到的频率三者相同. 如果波源或观察者相对于介质运动，我们则会发现观察者接收到的频率与波源的振动频率不同.例如,当高速行驶的火车鸣笛而来时,我们听到的汽笛音调变高,当它鸣笛离去时,我们听到的汽笛音调变低,实际上,火车鸣笛的音调并未改变(即波源的振动频率未变),而火车接近和驶离我们时,人耳接收到的频率却不同.这种因波源或观察者相对于介质运动,使观察者接收到的波的频率与波源实际发出的振动频率不同的现象是多普勒发现的,故称为**多普勒效应**(Doppler effect).机械波或电磁波都会产生多普勒效应,本节着重讨论机械波的多普勒效应.

多普勒效应

为简单起见,我们将介质选为参考系,并假定波源和观察者在两者连线上运动.设波在介质中的传播速度为 u,用 v_s 表示波源相对于介质的运动速度,v_0 表示观察者相对于介质的运动速度.波源的振动频率、观察者的接收频率、波的频率分别用 ν、ν' 和 ν_b 表示.在此处应将三个频率的意义区别清楚:波源的振动频率 ν 是指波源在单位时间内振动的次数或在单位时间内发送的完整波的数目;观察者的接收频率 ν' 是指观察者在单位时间内接收到的振动次数或完整波的数目;而波的频率 ν_b 是指介质质元在单位时间内振动的次数或单位时间内通过介质中某点的完整波的数目,它满足 $\nu_b=\dfrac{u}{\lambda_b}$ 的关系,λ_b 为介质中的波长.显然,只有当波源和观察者都相对介质静止时,三者才是相等的.下面分三种情况进行讨论.

1. 波源静止,观察者以速度 v_0 相对于介质运动

若观察者向着波源运动,观察者在单位时间内接收到完整波的数目比他静止时接收到得多.如图 11.24 所示,单位时间内分布在 $(u+v_0)$ 距离内的波都能被观察者接收到,所以单位时间内观察者接收到的完整波的数目,即观察者测得的频率为

$$\nu'=\frac{u+v_0}{\lambda_b}=\frac{u+v_0}{u/\nu_b}=\frac{u+v_0}{u}\nu_b$$

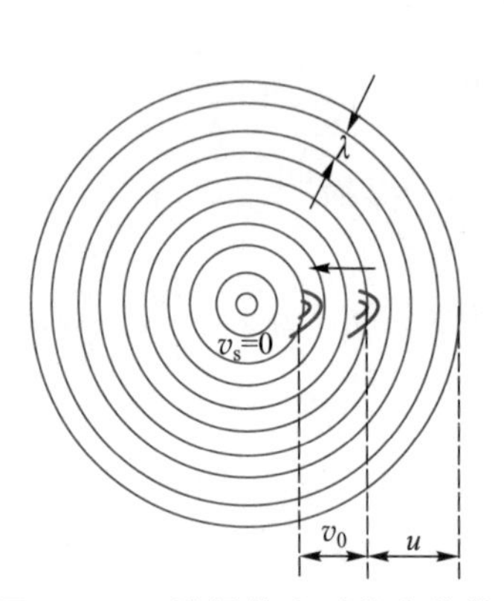

图 11.24 波源静止时的多普勒效应

因为波源相对介质静止,所以波的频率等于波源的振动频率,即 $\nu_b=\nu$,因而有

$$\nu'=\frac{u+v_0}{u}\nu \tag{11.38}$$

上式表明当观察者向着波源运动时,接收到的频率大于波源的实际频率.反之,若观察者远离波源运动,只要将式(11.38)中 v_0 取负值即可,这时观察者接收到的频率小于波源的实际频率.

2. 观察者静止,波源相对于介质以速度 v_s 运动

波源运动时,波的频率不再等于波源的振动频率.这是由于

当波源运动时,它所发出的相邻两个同相振动状态是在不同地点发出的,这两个地点相隔的距离为 $v_s T$,T 为波源的振动周期.若波源向着观察者运动,如图 11.25(a)所示,一个周期 T 内,波源位置由 S_1 移到 S_2,S_2 到前方最近的同相点之间的距离是现在介质中的波长.若波源静止时介质中的波长为 λ,则现在介质中的波长为

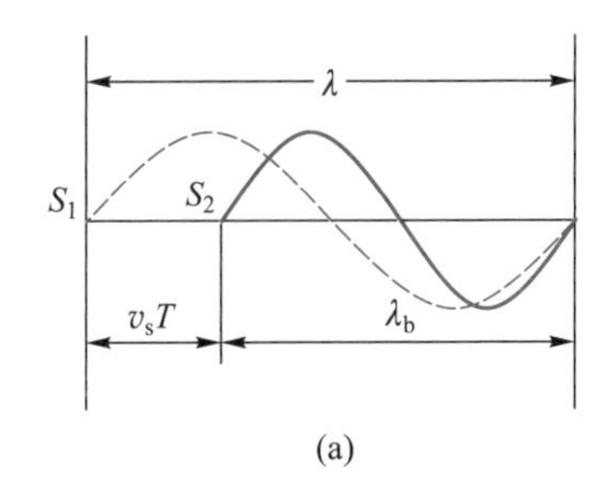

(a)

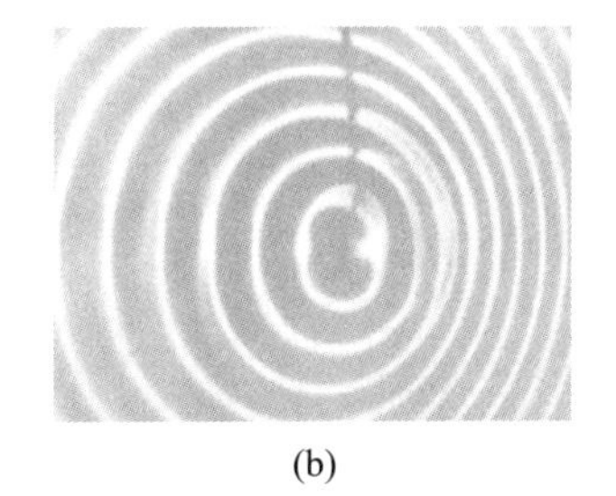
(b)

图 11.25　波源运动时的多普勒效应

$$\lambda_b=\lambda-v_sT=uT-v_sT=\frac{u-v_s}{\nu}$$

显然沿波源运动方向,波形被挤压,波长变短了,图 11.25(b)是波源在水中向右运动时所激起的水面波照片.

相应的介质中波的频率为

$$\nu_b=\frac{u}{\lambda_b}=\frac{u}{u-v_s}\nu$$

因为观察者静止,所以他接收到的频率就是介质中波的频率,即

$$\nu'=\frac{u}{u-v_s}\nu \tag{11.39}$$

上式表明波源向着观察者运动时,观察者接收到的频率大于波源的实际频率,因此快速列车驶向我们时汽笛声的音调变高;反之,当波源远离观察者运动时,只要将式(11.39)中 v_s 取负值即可,这时观察者接收到的频率小于波源的实际频率,火车离我们远去时汽笛声的音调变低.

3. 波源和观察者同时相对于介质运动

根据以上讨论,由于波源的运动,介质中波的频率为

$$\nu_b=\frac{u}{u-v_s}\nu$$

由于观察者的运动,观察者接收到的频率与波的频率之间的关系为

$$\nu'=\frac{u+v_0}{u}\nu_b$$

联立以上两式可得观察者接收到的频率为

$$\nu'=\frac{u+v_0}{u-v_s}\nu \tag{11.40}$$

式中观察者向着波源运动时,v_0 取正,观察者远离波源时 v_0 取负;波源向着观察者运动时,v_s 取正,波源远离观察者时 v_s 取负.

如果波源和观察者运动方向彼此垂直,不难推得 $\nu'=\nu$,即没有多普勒效应现象发生.若波源和观察者的运动是沿任意方向的,式(11.40)中 v_0、v_s 应为速度在二者连线上的分量.

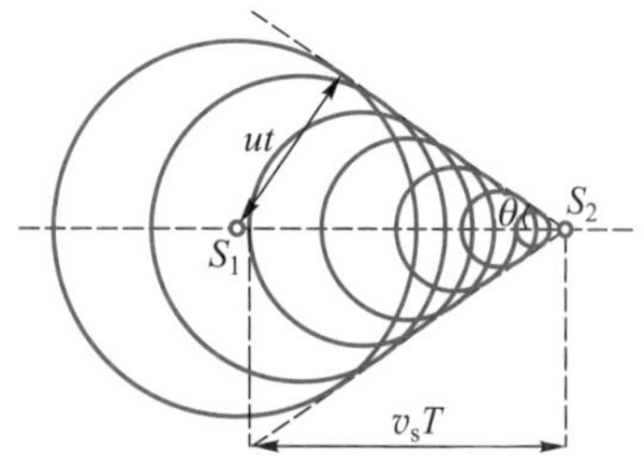

图 11.26 冲击波的产生

当波源的运动速度 v_s 大于波在介质中的传播速度 u 时,应用式(11.40)将失去意义.因为在这种情况下,任一时刻波源本身将超过它此前发出波的波前,在波源前方不可能有任何波动产生.如图 11.26 所示,位于 S_1 位置的波源发出的波,在 t 时刻的波面为半径等于 ut 的球面,但此时波源已前进了 $v_s t$ 的距离到达 S_2 位置.在整个 t 时间内,波源发出波的各波前的切面形成一个圆锥面,这个锥面的顶角满足

$$\sin\theta=\frac{ut}{v_s t}=\frac{u}{v_s} \tag{11.41}$$

随着时间的推移,各波前不断扩展,锥面也不断扩展,这种以点波源为顶点的圆锥形波称为**冲击波**(shock wave).v_s/u 通常称为马赫数,θ 称为马赫角.

冲击波

飞机、炮弹等在大气中以超声速飞行时会产生冲击波,核爆炸则会产生强度极大的冲击波,这些是很容易观察到的现象.

图 11.27 飞机接近声速飞行时的现象

超声速飞机在空中飞行时,由于冲击波的能量高度集中在圆锥面上,机头前方产生的冲击波会造成压强的突变,给飞机附加很大的阻力,消耗发动机的能量,甚至造成机毁人亡.在研究超声速飞机的历史上,这样的悲剧很多.对飞行员来说,声速区构成了一个“声障”,在飞机加速飞行时,必须尽快越过“声障”进入超声速区.图 11.27 表示的是飞机接近声速飞行时,周边的空气受到声波叠合而呈现非常高压的状态,在比较潮湿的天气,使得水汽凝结变成微小的水珠,肉眼看来就像是云雾.飞机在较低的空域中作超声速飞行时,过强的冲击波能使掠过区域的物体遭到破坏,地面上的人可以听见由压强的跃升引起的爆响,即所谓的“声爆”.

例 11.5

一警车以 25 m·s^{-1}的速度在静止的空气中行驶,假设车上警笛声波的频率为 800 Hz.

(1) 求静止站在路边的人听到警车驶近和离去时的警笛声波频率;

(2) 如果警车追赶一辆速度为 15 m·s^{-1}的客车,则客车上人听到的警笛声波频率是多少?(空气中声速为 u=330 m·s^{-1}.)

解 (1) 已知声源(警车)以速度 v_s = 25 m·s^{-1}运动,观察者静止,v_0 = 0. 当警车驶近观察者时,v_s>0,则观察者听到的警笛声波频率为

$$\nu'=\frac{u}{u-v_s}\nu=\frac{330}{330-25}\times 800\ \text{Hz}=865.6\ \text{Hz}$$

当警车远离观察者时,v_s<0,则观察者听到的警笛声波频率为

$$\nu''=\frac{u}{u-v_s}\nu=\frac{330}{330-(-25)}\times 800\ \text{Hz}=743.7\ \text{Hz}$$

(2) 警车与客车上的观察者作同向运动时,观察者收到的频率为

$$\nu'_2=\frac{u+v_0}{u-v_s}\nu$$

$$=\frac{330+(-15)}{330-25}\times 800\ \text{Hz}=826.2\ \text{Hz}$$

例 11.6

一固定波源向一行驶的汽车发出频率为 $\nu=100$ kHz 的超声波,汽车以速度 v 向波源行驶.与波源安装在一起的接收器接收到从汽车反射回来的波的频率为 $\nu''=120$ kHz.设声速为 340 $\text{m}\cdot\text{s}^{-1}$,求汽车的行驶速度.

解　向着波源运动的汽车接收到的频率为

$$\nu'=\frac{u+v}{u}\nu$$

汽车又作为"波源"反射出频率为 ν'的波.与波源安装在一起的接收器收到的此反射超声波的频率 ν''应表示为

$$\nu''=\frac{u}{u-v}\nu'$$

联立以上两式可得车的行驶速度为

$$v=\frac{\nu''-\nu}{\nu''+\nu}u=\frac{120-100}{120+100}\times 340\ \text{m}\cdot\text{s}^{-1}$$

$$=30.9\ \text{m}\cdot\text{s}^{-1}\approx 111\ \text{km}\cdot\text{h}^{-1}$$

本题是利用多普勒效应监测车速的一个实例,多普勒效应还广泛应用于其他领域.如在医学上利用超声波的多普勒效应可以测量血流速度,医生向人体内发射频率已知的超声波,超声波被血管中的血流反射后又被仪器接收,测出反射波的频率变化,就能知道血流的速度.这种方法俗称"彩超",可以检查心脏、大脑和眼底血管的病变.自然界中有很多动物,如蝙蝠和一些鸟能在黑暗的空中捕食昆虫,奥秘就在于它们在飞行时,会发出一定频率的超声脉冲,当脉冲遇到昆虫时,产生回声,它们探测到来自昆虫的回声,利用多普勒效应,就能确定昆虫与它们的距离及其飞行速度.

本章提要

1. 描述平面简谐波的物理量

(1) 波长 λ.

沿波传播方向上振动相位差为 2π 的相邻两点间的距离,称为波的波长.在空间中,波向前传播一个波长,介质中各质元的振

动状态重复一次.波长是波动过程所特有的物理量,体现了波动过程的空间周期性.

(2) 周期 T 和频率 ν.

波向前传播一个波长所需的时间称为波的周期.周期的倒数即为频率,它表示单位时间内波向前传播的距离中包含的完整波的个数.波的周期和频率等于振源的周期和频率,所以,波的周期和频率由振源的状况决定,与介质的性质无关.

(3) 波速 u.

振动相位(振动状态)在介质中传播的速度称为波速.波速完全由介质本身的特性决定.

(4) 波速 u 与波长 λ、周期 T(或频率 ν)的关系.

$$u=\frac{\lambda}{T}=\nu\lambda$$

2. 平面简谐波的波动方程

若坐标系原点处质元的振动方程为

$$y_O=A\cos(\omega t+\varphi)$$

则沿 x 轴传播的平面简谐波的波动方程为

$$y(x,t)=A\cos\left[\omega\left(t\mp\frac{x}{u}\right)+\varphi\right]$$

式中沿 x 轴正方向传播的波(右行波)取负号;沿 x 轴负方向传播的波(左行波)取正号.

应用关系式 $\omega=2\pi\nu=2\pi/T$, $u=\nu\lambda$,可以写出平面简谐波的波动方程的其他形式:

$$y(x,t)=A\cos\left[2\pi\left(\frac{t}{T}\mp\frac{x}{\lambda}\right)+\varphi\right]$$

$$y(x,t)=A\cos\left[2\pi\left(\nu t\mp\frac{x}{\lambda}\right)+\varphi\right]$$

$$y(x,t)=A\cos\left(\omega t\mp\frac{2\pi x}{\lambda}+\varphi\right)$$

3. 波的能量和强度

(1) 波的能量.

波动过程也是能量传播的过程.若波沿 x 轴正方向传播,在波传播的波线上,任一体积元 $\mathrm{d}V$ 所具有的动能、势能及总能量分别为

$$\mathrm{d}E_{\mathrm{k}}=\mathrm{d}E_{\mathrm{p}}=\frac{1}{2}(\rho\mathrm{d}V)A^2\omega^2\sin^2\left[\omega\left(t-\frac{x}{u}\right)+\varphi\right]$$

$$\mathrm{d}E=\mathrm{d}E_{\mathrm{k}}+\mathrm{d}E_{\mathrm{p}}=(\rho\mathrm{d}V)A^2\omega^2\sin^2\left[\omega\left(t-\frac{x}{u}\right)+\varphi\right]$$

式中 ρ 是介质的密度.从以上各式我们可以看出能量是时间 t 的函数,能量以波速 u 向前传播.体积元动能和势能的变化是同相位的,即二者同时到达最大值、同时为零.

(2) 波的能量密度.

单位体积中的能量称为能量密度,也是时间的函数,

$$w=\frac{\mathrm{d}E}{\mathrm{d}V}=\rho A^2\omega^2\sin^2\left[\omega\left(t-\frac{x}{u}\right)+\varphi\right]$$

能量密度在一个周期内的平均值,称为平均能量密度,其表达式为

$$\overline{w}=\frac{1}{T}\int_0^T w\mathrm{d}t=\frac{1}{2}\rho A^2\omega^2$$

(3) 能流密度(波的强度).

单位时间内垂直通过面积 S 的能量称为能流.能流在一个周期内的平均值,称为平均能流,其表达式为

$$\overline{P}=\overline{w}uS$$

垂直通过单位面积的平均能流,称为平均能流密度,也称为波的强度,其表达式为

$$I=\overline{w}u=\frac{1}{2}\rho u\omega^2A^2$$

4. 惠更斯原理

介质中波传播到的各点都可以视为发射子波的波源,而在其后的任一时刻,这些子波的包络就是新的波阵面.

5. 波的干涉

(1) 波的干涉现象.

若有两列波在空间相遇,相遇区域内的某些地方振动始终加强,而另一些地方振动始终减弱,形成稳定的、有规律的振动强弱分布,这种现象称为波的干涉.

(2) 相干条件.

能产生干涉现象的波源,称为相干波源.相干波的条件是:频率相同、振动方向相同、相位差相同或相位差恒定.

(3) 干涉加强、减弱的条件.

设两相干波分别为

$$y_1=A_1\cos\left[\omega\left(t-\frac{r_1}{u}\right)+\varphi_1\right]$$

$$y_2=A_2\cos\left[\omega\left(t-\frac{r_2}{u}\right)+\varphi_2\right]$$

它们的相位差为

$$\Delta\varphi=\varphi_2-\varphi_1-2\pi\frac{r_2-r_1}{\lambda}$$

当相位差满足

$\Delta\varphi=\pm 2k\pi(k=0,1,2,\cdots)$时,$A=A_1+A_2$,干涉相长

$\Delta\varphi=\pm(2k+1)\pi(k=0,1,2,\cdots)$时,$A=|A_1-A_2|$,干涉相消

式中$(\varphi_2-\varphi_1)$为两波源初相位之差,(r_2-r_1)为两列波的波程差.

6. 驻波

驻波是由振幅、频率、传播速度都相同的两列相干波,在同一直线上沿相反方向传播时叠加而成的一种特殊的干涉现象.

(1) 驻波方程.

设形成驻波的两列相干波的波动方程分别为

$$y_1=A\cos\left[2\pi\left(\frac{t}{T}-\frac{x}{\lambda}\right)\right]$$

$$y_2=A\cos\left[2\pi\left(\frac{t}{T}+\frac{x}{\lambda}\right)\right]$$

叠加后形成的驻波的方程为

$$y=y_1+y_2=2A\cos\left(\frac{2\pi}{\lambda}x\right)\cos\left(\frac{2\pi}{T}t\right)$$

驻波作为一种特殊的振动,其特殊性体现在其振幅和相位的分布上.

(2) 驻波的特点.

① 任一质元的振幅.

波线上 x 处的质元作振幅为$|2A\cos(2\pi x/\lambda)|$的简谐振动.

② 波腹和波节的位置.

满足$|2A\cos(2\pi x/\lambda)|=1$的质元振幅最大,振幅大小等于$2A$,这些点称为波腹.所以波腹的位置为

$$x=\pm k\frac{\lambda}{2}\quad(k=0,1,2,\cdots)$$

满足$|2A\cos(2\pi x/\lambda)|=0$的质元振幅为零,处于静止状态,这些点称为波节.所以波节的位置为

$$x=\pm(2k+1)\frac{\lambda}{4}\quad(k=0,1,2,\cdots)$$

所以相邻波腹(或波节)之间的距离为 $\lambda/2$.

7. 多普勒效应

因波源或观察者相对介质运动,而使观察者接收到的波的频率 ν'与波源的振动频率 ν 不一样,这种现象称为多普勒效应.

波源和观察者沿二者连线运动时,多普勒效应的公式为

$$\nu' = \frac{u+v_0}{u-v_s}\nu$$

式中 u 为波在介质中的传播速度，ν、ν' 分别是波源的振动频率和观察者接收到的频率，v_0 和 v_s 分别为观察者和波源相对介质的速度. 当观察者向着波源运动时，v_0 取正，观察者远离波源时 v_0 取负；波源向着观察者运动时，v_s 取正，波源远离观察者时 v_s 取负.

思考题

11.1　波动与振动有什么区别和联系？

11.2　以下关于波长概念的说法是否一致？

(1) 波长是指同一波线上，相位差为 2π 的两个振动质元之间的距离；(2) 波长是指同一波线上，相邻两个运动速度相同的点之间的距离；(3) 波长是指在一个周期内，波所传播的距离；(4) 波长是指两个相邻的波峰(或波谷)之间的距离或两个相邻密部(或疏部)对应点之间的距离.

11.3　根据波长、频率、波速的关系式 $u=\lambda\nu$，有人认为频率高的波传播速度大，你认为这种说法对吗？

11.4　波动方程 $y=A\cos\left[\omega\left(t-\frac{x}{u}\right)+\varphi\right]$ 中：

(1) φ 表示什么？

(2) $\frac{x}{u}$ 表示什么？

(3) 如果把它写成 $y=A\cos\left(\omega t-\frac{2\pi}{\lambda}x+\varphi\right)$，$\frac{2\pi}{\lambda}x$ 又表示什么？

11.5　试通过以下三个问题来理解波动方程的物理意义.

(1) x 一定时，波动方程表示什么？

(2) t 一定时，波动方程表示什么？

(3) x 和 t 一定时，波动方程表示什么？

11.6　在波的传播过程中，每个质元的能量随时间而变，这是否违反能量守恒定律？

11.7　两列波叠加产生干涉现象的条件是什么？在什么情况下两列波干涉加强？在什么情况下干涉减弱？

11.8　(1) 为什么有人认为驻波不是波？(2) 驻波中，两波节间各个质元均作同相位的简谐振动，那么，每个振动质元的能量是否保持不变？

11.9　设想有人在音乐会散场时以两倍于声速的速度离去，有人说他"就会听见音乐作品倒过来演奏". 这种说法对吗？

11.10　当声源向着观察者运动和观察者向着波源运动时，都会使观察者接收到的声波频率增加，这两种情况有何差别？如果两种情况下的运动速度相同，观察者接收到的声波频率会有不同吗？

习题

11.1　一平面简谐波波速为 $6.0\ \mathrm{m\cdot s^{-1}}$，振动周期为 0.1 s. 在波的传播方向上，有两质元的振动相位差为 $5\pi/6$，则两质元相距________.

11.2　图(a)所示为 $t=0$ 时的简谐波的波形曲线，波沿 x 轴正方向传播，图(b)为一质元的振动曲线. 则图(a)中所示的 $x=0$ 处质元振动的初相位与图(b)所示的振动的初相位分别为________.

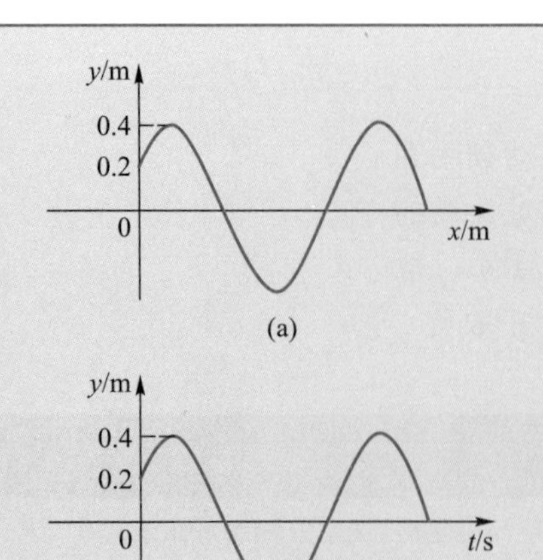

习题 11.2 图

11.3　一平面简谐波在弹性介质中传播，若 t 时刻一质元的势能为 10 J，则该质元在 $(t+T)$ 时刻（T 为波的周期）的总能量是____________.

11.4　如图所示，S_1 和 S_2 为同相位的两相干波源，相距为 L，P 点与 S_1 间距离为 r；波源 S_1 在 P 点引起的振动振幅为 A_1，波源 S_2 在 P 点引起的振动振幅为 A_2，两列波波长都是 λ，则 P 点的振幅 $A=$_________.

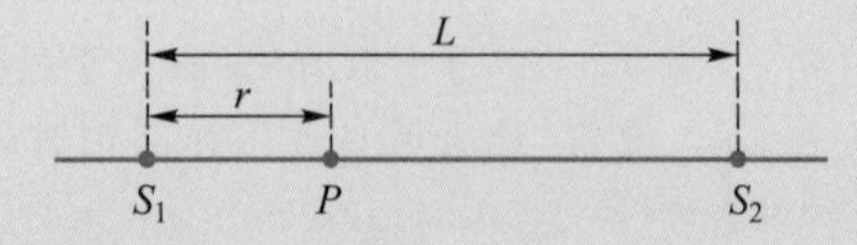

习题 11.4 图

11.5　如图所示，图中曲线可以是某时刻的驻波波形，也可以是某时刻的行波波形，图中 λ 为波长.若为驻波波形，a、b 两点间的相位差为____________；若为行波波形，a、b 两点间的相位差为____________.

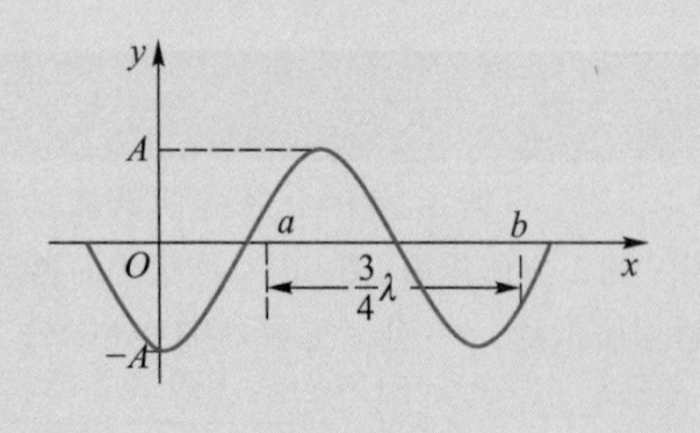

习题 11.5 图

11.6　一平面简谐波的波动方程为 $y=-0.05\sin\pi(t-2x)$　（式中各量均采用 SI 单位），则此波的频率、波速及各质元的振幅依次为（　　）.

（A）0.5 Hz、$0.5\ \mathrm{m\cdot s^{-1}}$、$-0.05$ m

（B）0.5 Hz，$0.5\ \mathrm{m\cdot s^{-1}}$，0.05 m

（C）0.5 Hz、$1\ \mathrm{m\cdot s^{-1}}$、$-0.05$ m

（D）2 Hz、$2\ \mathrm{m\cdot s^{-1}}$、0.05 m

11.7　当波动方程为 $y=20\cos\pi(2.5t+0.01x)$（式中 x、y 的单位为 m，t 的单位为 s）的平面波传到 $x=100$ cm 处时，该处质元的振动速度为（　　）.

（A）$50\sin(2.5\pi t)\ (\mathrm{cm\cdot s^{-1}})$

（B）$-50\sin(2.5\pi t)\ (\mathrm{cm\cdot s^{-1}})$

（C）$-50\pi\sin(2.5\pi t)\ (\mathrm{cm\cdot s^{-1}})$

（D）$50\pi\sin(2.5\pi t)\ (\mathrm{cm\cdot s^{-1}})$

11.8　一弦线上的驻波方程为 $y=12\times10^{-2}\cos\left(\dfrac{\pi}{2}x\right)\cos(20\pi t)$（式中各量均采用 SI 单位），波节的位置坐标为（　　）.其中 $k=0,1,2,\cdots$.

（A）$x=\pm(2k+1)$　　（B）$x=\pm2k$

（C）$x=\pm\dfrac{1}{2}(2k+1)$　　（D）$x=\pm\dfrac{2k+1}{4}$

11.9　警报器发射频率为 1 000 Hz 的声波，该警报器远离静止的观察者向一固定目的地运动，其速度为 $10\ \mathrm{m\cdot s^{-1}}$，已知空气中的声速为 $330\ \mathrm{m\cdot s^{-1}}$，则观察者听到的从目的地反射回来的声音频率与直接听到从警报器传来的声音频率之差（拍频）为（　　）.

（A）970 Hz　　（B）61 Hz

（C）1 000 Hz　　（D）80 Hz

11.10　一横波沿绳子传播时的波动方程为

$$y=0.05\cos(10\pi t-4\pi x)$$

式中 x、y 的单位为 m，t 的单位为 s.

（1）求此波的振幅、波速、频率和波长；

（2）求绳子上各质元振动的最大速度和最大加速度；

（3）求 $x=0.2$ m 处的质元在 $t=1$ s 时的相位，它是原点处质元在哪一时刻的相位？

11.11　波源作简谐振动，其振动方程为 $y=4.0\times10^{-3}\cos(240\pi t)$，式中 y 的单位为 m，t 的单位为 s，它所形成的波以 30 $m\cdot s^{-1}$ 的速度沿一直线传播.

(1) 求波的周期及波长；

(2) 写出波动方程.

11.12　已知一列沿 x 轴正向传播的平面余弦波在 $t=1/4$ s 时的波形，如图所示，且周期 $T=3$ s.

(1) 写出 O 点的振动方程；

(2) 写出该波的波动方程；

(3) 求 P 点与 O 点的距离.

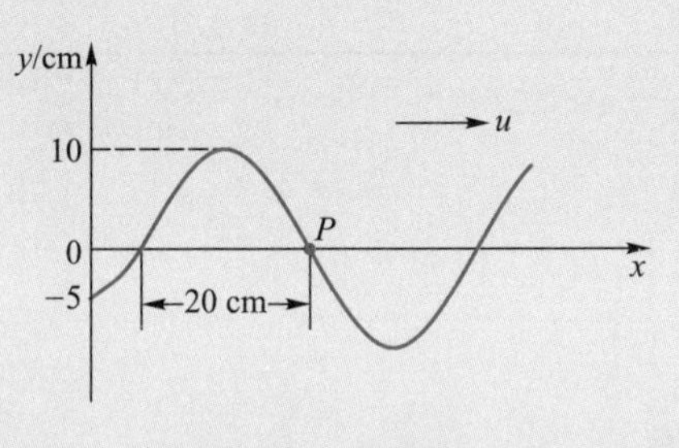

习题 11.12 图

11.13　如图所示为一平面简谐波在 $t=0$ 时刻的波形图，求：

(1) 该波的波动方程；

(2) P 点处质元的运动方程.

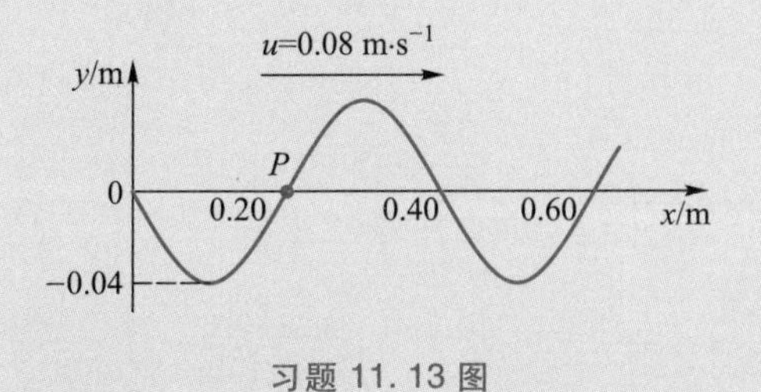

习题 11.13 图

11.14　平面简谐波在 $t=0$ 时刻的波形如图所示，设此简谐波的振幅为 0.1 m，频率为 250 Hz，且此时 P 点处质元的运动方向向下，求：

(1) 该波的波动方程；

(2) $x=2.5$ m 处的质元在任意时刻的振动速度.

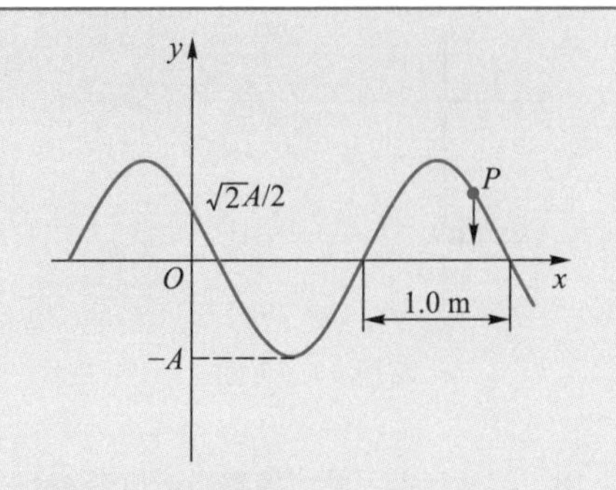

习题 11.14 图

11.15　沿 x 轴负向传播的平面简谐波的波长为 12 m.图中为 $x=1.0$ m 处质元的振动曲线，求此波的波动方程.

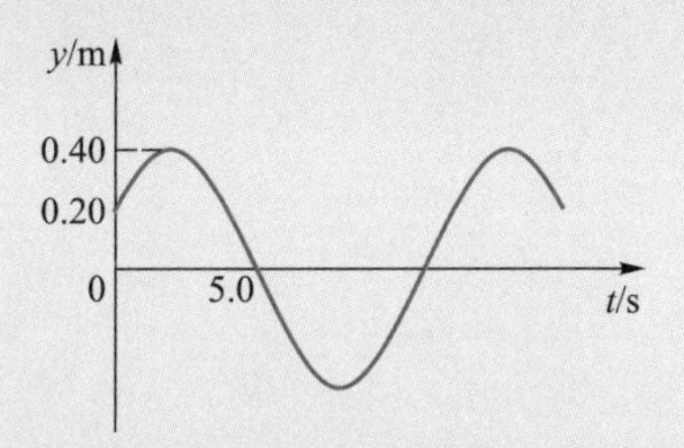

习题 11.15 图

11.16　图中曲线Ⅰ是 $t=0$ 时的波形图，曲线Ⅱ是 $t=0.1$ s 时的波形图.已知 $T>0.1$ s，求出波动方程.

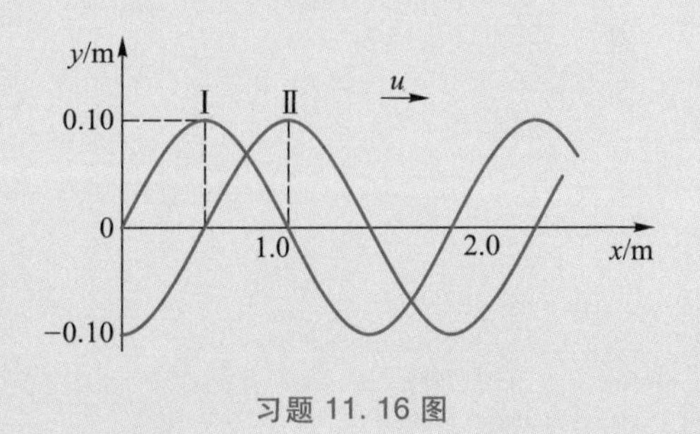

习题 11.16 图

11.17　如图所示，有一平面简谐波 $y=2\cos\left[600\pi\left(t-\dfrac{x}{300}\right)\right]$ 传到隔板上的两个小孔 A、B 处，式中 x、y 的单位为 m，t 的单位为 s.A、B 相距 1 m，$PA\perp AB$，若使 A、B 传出的子波到达 P 点时恰好相消，求 P 点到 A 点的距离.

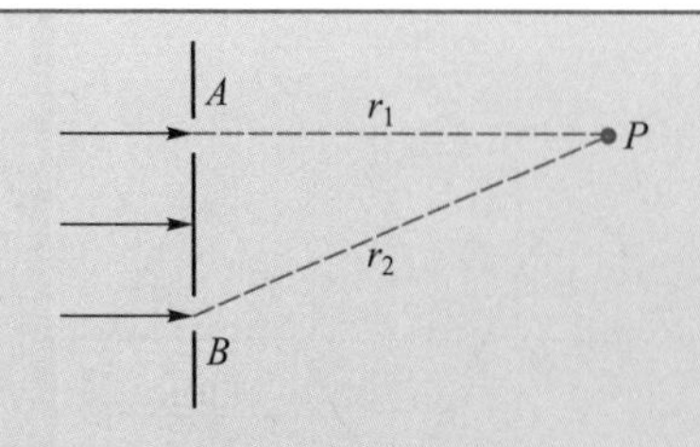

习题 11.17 图

11.18 有两列沿 x 轴传播的平面简谐波，它们的波动方程分别为

$$y_1 = 0.08\cos[\pi(6t-0.1x)]$$

$$y_2 = 0.08\cos[\pi(6t+0.1x)]$$

式中 x、y 的单位为 m，t 的单位为 s，试求合成波的波动方程，并讨论这两列波的叠加结果.哪些地方振幅最大？哪些地方振幅为零？

11.19 正在报警的警钟每隔 0.5 s 响一声，有一个人坐在以 60 km · h^{-1} 的速度驶向警钟的火车中，问这个人在 1 min 内听到几声钟声？

11.20 火车以 90 km · h^{-1} 的速度行驶，其汽笛的频率为 500 Hz，一个人站在铁轨旁.求当火车从他身边驶过时，他听到的汽笛声的频率变化量.设声速为 340 m · s^{-1}.

本章习题答案

第12章　光　　学

光学是物理学的一个重要组成部分.人类对光的研究可追溯到两千年以前,那时人们主要以光的直线传播、光的反射、光通过透明介质的折射规律为基础来研究光的成像问题.到了17世纪初,光的反射定律和折射定律的建立可以称为光学发展史上的转折点,奠定了几何光学的基础.李普希发明了第一架望远镜.斯涅耳在他的一篇文章中指出,入射角的余割和折射角的余割之比是常数.笛卡儿在《屈光学》中,给出了用正弦函数表述的折射定律.费马首先提出了光在介质中传播时所走路程取极值的原理,并根据这个原理推导出了光的反射定律和折射定律.到17世纪中期,**几何光学**的体系基本形成,可问题又出现了:一束单色光遇到一颗实心小球时,在其背后的屏幕上会出现如右图所示的衍射图样,无论在小球阴影内还是阴影外都存在明暗相间的条纹,尤其在实心小球背后阴影区域的几何中心将出现一亮斑,现有几何光学理论无法解释此现象.法国年轻的工程师菲涅耳从实验出发,在惠更斯的波动理论的基础上,解释了光的衍射现象,为波动光学理论的建立奠定了基础.

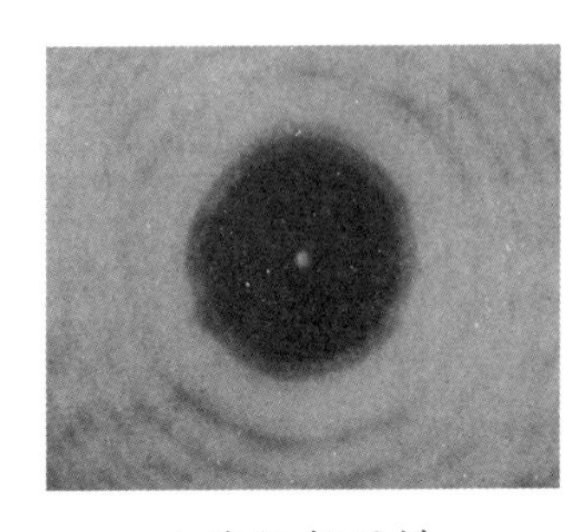

小球衍射图样.

几何光学

光究竟是什么？关于光的本性的认识和争论一直存在两种不同的学说.一是牛顿提出的微粒说,该学说认为光是一束从发光体发出的、以一定速度向空间传播的微观粒子流;二是与牛顿同时代的惠更斯提出的波动说,该学说认为光是机械振动在一种称为“以太”的特殊介质中的传播.当时牛顿的微粒说在相当长的时期一直占据统治地位.19世纪以来,随着实验技术的提高,光的干涉、衍射和偏振等实验结果证明,光具有波动性,并且光是横波,使光的波动说获得公认.19世纪后半叶,麦克斯韦提出了电磁波理论,该理论被赫兹的实验所证实,人们才认识到光不是机械波,而是一种电磁波,从此形成了以电磁波理论为基础的**波动光学**.

波动光学

19世纪末到20世纪初,当人们深入研究光与物质相互作用的问题时,发现很多现象无法用波动光学理论进行解释,如炽热黑体辐射中能量按波长分布的问题、光电效应问题等.1900年,普朗克提出了辐射的量子论,成功解释了灼热黑体辐射中能量按波长分布的规律.1905年,爱因斯坦运用光量子理论成功解释了光电效应的实验规律,至此人们才认清了光的本性.光同时具有波动性和粒子性，这称为光的波粒二象性.20 世纪 50 年代以来，人们开始把数学、电子技术和通信理论与光学结合起来，在光学中引入了频谱、空间滤波、载波、线性变换及相关运算等概念，光学从此进入**现代光学**阶段.

现代光学

本章中我们重点研究波动光学，通过对光的干涉、衍射、偏振等现象的研究和讨论，理解光的波动性.

12.1 电磁波

根据麦克斯韦电磁场理论，当空间某区域内存在一个变化的电场（或磁场）时，在邻近区域内将产生变化的磁场（或电场），这个变化的磁场（或电场）又在较远的区域内产生新的变化的电场（或磁场）……这种变化的电场和变化的磁场不断地交替产生、由近及远，以有限的速度在空间传播，形成**电磁波**（electromagnetic wave）.麦克斯韦预言电磁波的存在完全是凭借它的理论推断，当时并没有得到实验的支持.证实这一理论预言的第一个实验是由德国的物理学家赫兹完成的，他用实验产生并接收到了电磁波.电磁波在当今信息技术和人类生活的各方面已成为不可或缺的“工具”了，从电饭煲、微波炉、手机、广播、电视到卫星遥感、航天器的控制等都要用到电磁波.

电磁波

12.1.1 电磁波的产生与传播

由一个电感为 L 的线圈和一个电容为 C 的电容器组成的振荡电路原则上可以作为发射电磁波的波源：当已充电的电容器通过电感线圈放电时，由于线圈中有自感电动势产生，电路上的电流只能逐渐上升，电容器极板间的电场能量逐渐转化为线圈内的磁场能量.随着电容器上的电荷减少到零，线圈中的电流将达到最大值，电场能量也将全部转化为磁场能量.这时，虽然电容器上的电荷没有了，但电流并不立即消失，因为线圈中产生了与刚才方向相反的自感电动势，使电路中的电流按原来放电电流的方向继续流动，并对电容器反方向充电，从而在两极板间建立与先前方向相反的电场.当电容器极板上的电荷达到最大值时，电路中的电流减小到零，线圈中的磁场也相应消失，至此，线圈中的磁场能量又全部转化为电容器极板间的电场能量.之后上面的过程将重复，不过电路中的电流的方向与之前相反．这样的过程周而复始地进行下去，电路中就会产生周期性变化的电流．这种电荷和电流随时间作周期性变化的现象，称为电磁振荡．振荡电路的固有振荡频率为

$$\nu=\frac{1}{2\pi\sqrt{LC}} \tag{12.1}$$

在 LC 振荡电路中，自感线圈中的磁场和电容器两极板的电场随时间作周期性变化，因而 LC 振荡电路可以产生电磁波．但是在普通的 LC 振荡电路中，振荡的频率很低，而且电场和磁场绝大部分都集中在电容器和自感线圈内．为了把电场和磁场的变化向空间传播出去，必须改造电路使其尽可能开放；同时，因为电磁波在单位时间内辐射的能量与频率的四次方成正比，而且 $\nu\propto 1/\sqrt{LC}$，所以要把电磁能量发射出去必须尽量减小自感 L 和电容 C，以提高电磁振荡的频率．为此，我们设想把普通的 LC 振荡电路按图 12.1(a)—(d) 所示的顺序逐步加以改造，使电路越来越开放，L 和 C 越来越小．最后，电路演化成直线型振荡电路，成为一个有效的电磁波发射源，电流在其中往复振荡，两端出现正负交替的等量异种电荷，这样的电路称为振荡偶极子 (oscillating dipole)，如图 12.1(e) 所示．电视台或广播电台的发射天线就是以振荡偶极子为原理制成的．

振荡偶极子

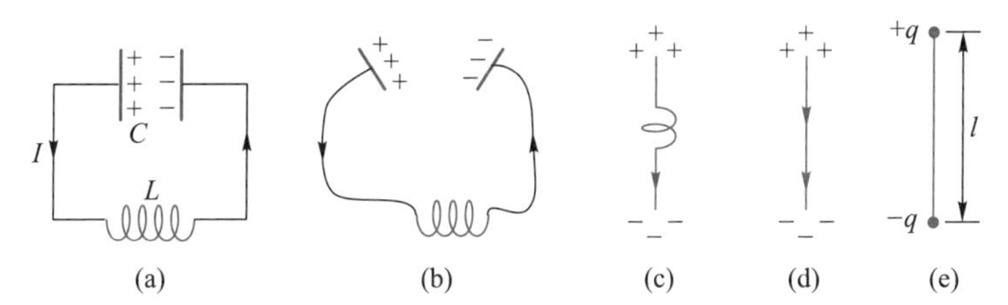

图 12.1　从 LC 振荡电路过渡到振荡偶极子

19 世纪 80 年代，赫兹应用上述类似的振荡偶极子的一系列实验，证实了电磁波的存在，为人类利用电磁波开辟了道路．如图 12.2 所示，A、B 是中间留有空隙的两铜杆，杆的端点上各焊有一对光滑的铜球．将铜杆分别接到感应线圈的两极上，感应线圈间歇性地在 A、B 之间产生很高的电势差．当铜球间隙的空气被击穿时，电流往复振荡通过间隙产生电火花，这就相当于一个振荡偶极子，激起高频振荡向外辐射电磁波．因为铜杆有电阻，振荡电流是衰减的，所以振荡偶极子发射的电磁波是间歇性的、减幅的．用一个不接感应线圈的相同结构的振荡偶极子 C、D 来接收，适当选择方向，调节两球间隙使它发生共振，即每当 A、B 之间的间隙有火花产生时，C、D 间也有火花跳过．赫兹利用这个装置首次在实验中观察到电磁波在空间的传播．

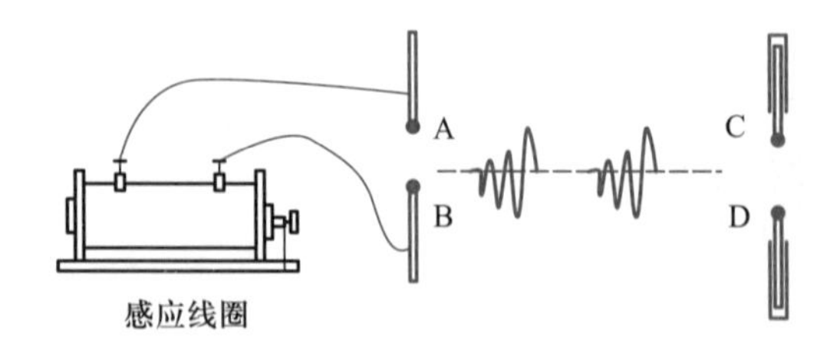

图 12.2　赫兹实验

振荡偶极子周围的电磁场可用麦克斯韦方程组严格计算.在这里我们只对结果作定性讨论,并假设振荡偶极子电矩的大小按余弦规律变化,即

$$p=p_0\cos\ \omega t \tag{12.2}$$

式中 p_0 为电矩的振幅,ω 为角频率.如图 12.3(a)所示,设 $t=0$ 时振荡偶极子的正负电荷都在中心,然后分别作简谐振动,于是起始于正电荷终止于负电荷的电场线的形状也随时间而变化.图 12.3(b)—(e)定性地给出了在振荡偶极子附近的一条电场线从出现到形成闭合圈,然后脱离电荷并向外扩张的过程.当然,在电场变化的同时也有磁场产生,磁感应线是以振荡偶极子为轴的疏密相间的同心圆.电场线和磁感应线互相套合,以一定的速度由近及远向外传播.

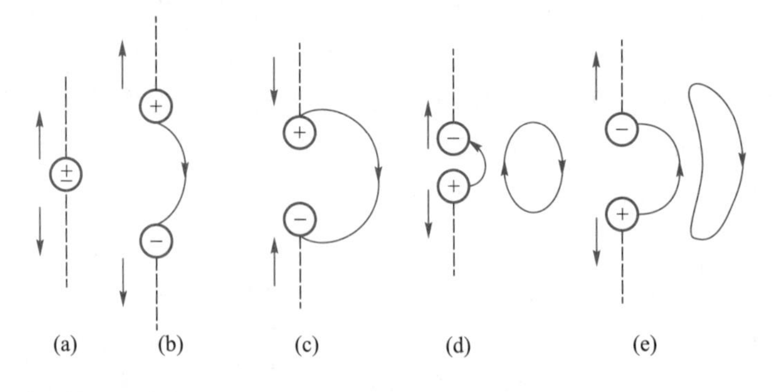

图 12.3　振荡电偶极子附近电场线的变化过程

振荡偶极子所激发的电场和磁场的波动方程,可由求解麦克斯韦方程组得到.如图 12.4 所示的极坐标中,以振荡偶极子所在处为坐标原点 O,令电矩 $\boldsymbol{p}$ 的方向沿图中极轴方向.在半径为 r 的球面上取任意一点 M,其位矢 $\boldsymbol{r}$ 沿着电磁波的传播方向并与极轴成 θ 角,则电场和磁场的波动方程可分别表示为

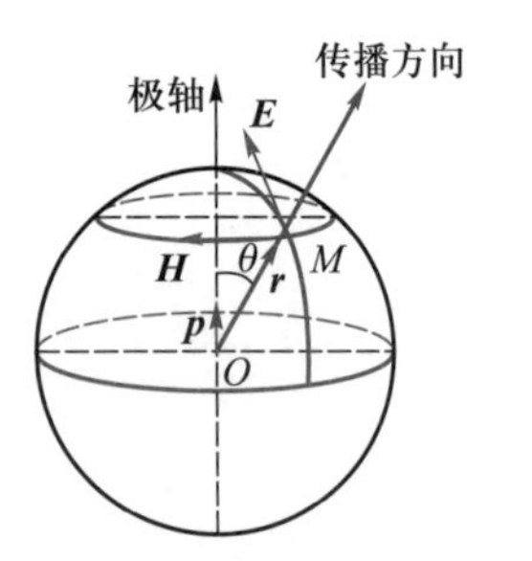

图 12.4　振荡偶极子的辐射

$$E(r,t)=\frac{\mu p_0\omega^2\sin\ \theta}{4\pi r}\cos\left[\omega\left(t-\frac{r}{u}\right)\right] \tag{12.3}$$

$$H(r,t)=\frac{\sqrt{\varepsilon\mu}\,p_0\omega^2\sin\ \theta}{4\pi r}\cos\left[\omega\left(t-\frac{r}{u}\right)\right] \tag{12.4}$$

式中 u 为电磁波的传播速度.M 点处的电场强度 $\boldsymbol{E}$ 和磁场强度 $\boldsymbol{H}$ 及波的传播速度 $\boldsymbol{u}$ 三个矢量互相垂直,并成右手螺旋关系.通过

求解麦克斯韦方程组,可以得出电磁波的传播速度为

$$u=\frac{1}{\sqrt{\varepsilon\mu}} \tag{12.5}$$

在真空中电磁波的传播速度为

$$c=\frac{1}{\sqrt{\varepsilon_0\mu_0}}=2.998\times10^8\ \mathrm{m\cdot s^{-1}}\approx3\times10^8\ \mathrm{m\cdot s^{-1}} \tag{12.6}$$

12.1.2 平面电磁波

在距离振荡偶极子很远的范围内,因 r 很大,在通常研究的范围内 θ 角变化很小,$\boldsymbol{E}$ 和 $\boldsymbol{H}$ 的振幅都可分别视为常量.于是在这一范围内,就可以把电磁波视为平面波,其波动方程可由式(12.3)和式(12.4)得出,即

$$E=E_0\cos\omega\left(t-\frac{x}{u}\right) \tag{12.7}$$

$$H=H_0\cos\omega\left(t-\frac{x}{u}\right) \tag{12.8}$$

我们可将自由空间中传播的平面电磁波(图 12.5)具有的主要性质归纳如下:

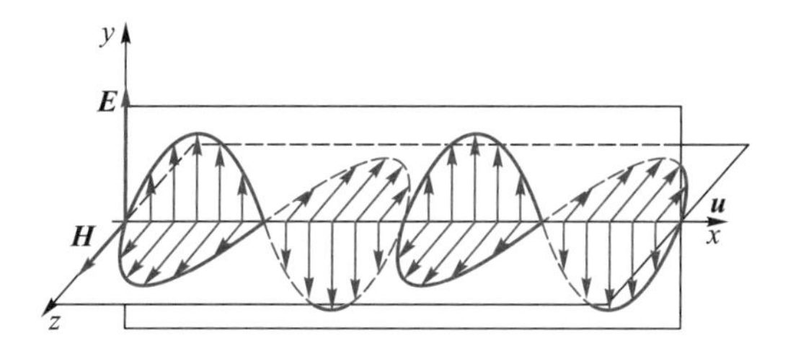

图 12.5　平面电磁波

(1) 电磁波是横波.电磁波中的电场强度 $\boldsymbol{E}$ 与磁场强度 $\boldsymbol{H}$ 都垂直于波的传播速度 $\boldsymbol{u}$,三者互相垂直,且成右手螺旋关系.

(2) 电磁波具有偏振性.沿给定方向传播的电磁波,$\boldsymbol{E}$ 和 $\boldsymbol{H}$ 分别在各自平面内振动,这一特性称为偏振性,这是横波特有的性质.

(3) $\boldsymbol{E}$ 和 $\boldsymbol{H}$ 都作周期性变化,且频率相同,相位相同.

(4) $\boldsymbol{E}$ 和 $\boldsymbol{H}$ 的大小成比例,有

$$\sqrt{\varepsilon}E=\sqrt{\mu}H \tag{12.9}$$

(5) 电磁波传播的速度为 $u=\dfrac{1}{\sqrt{\varepsilon\mu}}$,真空中电磁波的传播速度等于真空中的光速.

12.1.3 电磁波的能量

辐射能

电场和磁场都具有能量，电磁波的传播必然伴随着能量的传播.以电磁波形式传播出去的能量称为**辐射能**.我们知道，电场和磁场的能量密度分别为

$$w_e=\frac{1}{2}\varepsilon E^2,\quad w_m=\frac{1}{2}\mu H^2$$

式中 ε 和 μ 分别为介质的电容率和磁导率.所以电磁波的总能量密度为

$$w=w_e+w_m=\frac{1}{2}\varepsilon E^2+\frac{1}{2}\mu H^2 \tag{12.10}$$

因为上述能量是场量 E 和 H 的函数，所以辐射能的传播速度就是电磁波的传播速度，辐射能的传播方向就是电磁波的传播方向.在单位时间内通过垂直于传播方向的单位面积的辐射能，称为电磁波的能流密度，用 S 表示.参照波的能流密度定义可知其大小为

$$S=wu \tag{12.11}$$

将式(12.10)、式(12.5)和式(12.9)一并代入上式，化简可得

$$S=EH \tag{12.12}$$

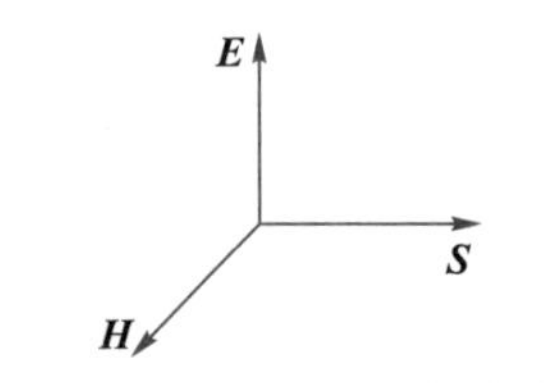

图 12.6 $\boldsymbol{E}$、$\boldsymbol{H}$ 与右手螺旋关系

因为电磁波中的 $\boldsymbol{E}$ 和 $\boldsymbol{H}$ 的方向与波的传播方向三者垂直，并成右手螺旋关系，如图 12.6 所示，所以通常式(12.12)可用矢量式表示，即

$$\boldsymbol{S}=\boldsymbol{E}\times\boldsymbol{H} \tag{12.13}$$

坡印廷矢量

式中电磁波的能流密度矢量又称为**坡印廷矢量**.在实际应用中常用平均能流密度(即波的强度)来表示电磁波传递的能量.不难证明，对于平面简谐波，平均能流密度为

$$\overline{S}=\frac{1}{2}E_0H_0 \tag{12.14}$$

式中 E_0 和 H_0 分别是电场强度与磁场强度的振幅.

将式(12.3)和式(12.4)代入式(12.12)，可得振荡偶极子辐射的电磁波的能流密度为

$$S=EH=\frac{\sqrt{\varepsilon}\sqrt{\mu^3}p_0^2\omega^4\sin^2\theta}{16\pi^2r^2}\cos^2\omega\left(t-\frac{r}{u}\right) \tag{12.15}$$

所以平均能流密度为

$$\overline{S}=\frac{\sqrt{\varepsilon}\sqrt{\mu^3}p_0^2\omega^4\sin^2\theta}{32\pi^2r^2} \tag{12.16}$$

上式表明振荡偶极子的辐射具有方向性，即沿着偶极子的极轴方向无能量流过，在垂直于极轴的方向上辐射最强.此外，平均能流密度与频率的四次方成正比，只有频率很高时，才有显著的辐射.

12.1.4 电磁波谱

在用电磁振荡方法产生电磁波，并证明它的性质和光波的性质完全相同之后，人们陆续发现，不仅光波是电磁波，X 射线、γ 射线等也都是电磁波. 电磁波的范围很广，而且所有这些电磁波在本质上完全相同，在真空中的传播速度都是 c，只是波长（或频率）有很大的差别. 由于波长不同，它们就有不同的特性，而且在产生机理、观察方法和应用上各有不同. 为了便于比较，**人们按照电磁波波长（或频率）大小依次排列成表，称为电磁波谱**（electromagnetic spectrum），如图 12.7 所示.

电磁波谱

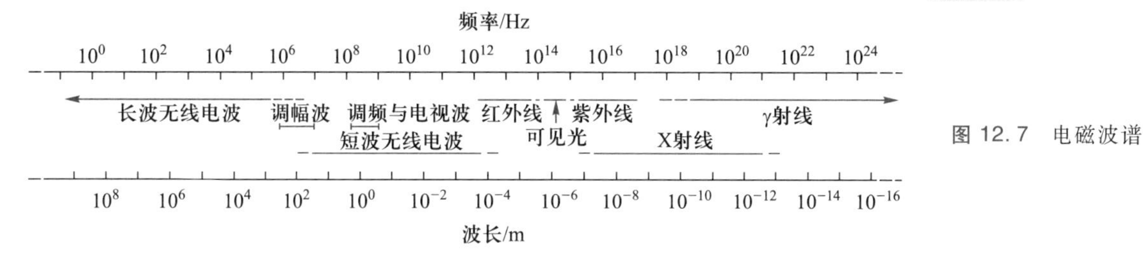

图 12.7　电磁波谱

电磁波谱中波长最长的一个波段是**无线电波**，其波长范围在 0.1 mm～30 km 之间（包括**微波**）. 无线电波是利用电磁振荡电路通过天线发射的. 用于通信的无线电波根据波长和频率，可分为长波、中波、中短波、短波、超短波、微波等波段. 各个波段的无线电波组成了一个无线电波家族，它们为人类通信作出了各自的贡献. 表 12.1 列出了各种无线电波的波段划分及主要用途.

无线电波

微波

表 12.1　各种无线电波的范围及主要用途

名称		波长/m	频率/kHz	主要用途
长波		3 000～30 000	$10 \sim 10^2$	长距离通信和导航
中波		200～3 000	$10^2 \sim 1.5\times10^3$	无线电广播
中短波		50～200	$1.5\times10^3 \sim 6\times10^3$	电报通信
短波		10～50	$6\times10^3 \sim 3\times10^4$	无线电广播和电报通信
超短波（米波）		1～10	$3\times10^4 \sim 3\times10^5$	无线电广播、电视和导航
微波	分米波	0.1～1	$3\times10^5 \sim 3\times10^6$	电视、雷达、无线电导航等
	厘米波	0.01～0.1	$3\times10^6 \sim 3\times10^7$	
	毫米波	0.001～0.01	$3\times10^7 \sim 3\times10^8$	

由炽热的物体、气体放电等过程中原子中外层电子的跃迁所发射的电磁波，其中波长范围在 760 nm～600 μm 之间的称为**红外线**. 红外线虽然看不见，但它的热效应特别显著. 任何物体都能辐射红外线，温度越高，红外辐射越强. 红外线常用于加热、理疗、

红外线

可见光

夜视、通信、导航、植物栽培和禽畜饲养等.波长范围在 400~760 nm 之间的称为**可见光**,它在整个电磁波谱中所占的波段最窄.波长范围在 5~400 nm 之间的称为紫外线,它比可见光的紫光波长更短,人眼也看不见,但容易产生强烈的化学效应和荧光效应,也有较强的杀菌本领.当高速电子流射到金属靶时,会引起原子中内层电子的跃迁而产生 X 射线,其波长范围在 0.04~5 nm 之间.X 射线具有很强的穿透能力,在医疗上用于透视和病理检查,在工业上用于金属探伤和晶体结构分析.电磁波谱中波长最短的电磁波是 γ 射线,它来自宇宙射线或由某些放射性元素在衰变过程中辐射出来,其波长在 0.04 nm 以下,γ 射线的穿透力比 X 射线更强,对生物的破坏力很大,除了用于金属探伤外,还可用于研究原子核的结构.

需要指出的是,电磁波谱中上述各波段主要是按照产生方式和探测方法的不同来划分的.随着科学技术的发展,各波段都已冲破界限,与其他相邻波段重叠起来,目前在电磁波谱中除了波长极短的一端外,不再留有任何未知的空白了.

例 12.1

真空中有一平面电磁波的电场强度表达式如下:

$$E_y=0.6\cos\left[2\pi\times10^8\left(t-\frac{x}{c}\right)\right]$$

求:(1)波长、频率;(2)该电磁波的传播方向;(3)磁场强度的表达式;(4)坡印廷矢量的表达式.

解 (1) 由电场强度表达式可知,角频率 $\omega=2\pi\times10^8\ \mathrm{s^{-1}}$,则波长、频率分别为

$$\lambda=cT=c\frac{2\pi}{\omega}=3\times10^8\times\frac{2\pi}{2\pi\times10^8}\ \mathrm{m}=3\ \mathrm{m}$$

$$\nu=\frac{1}{T}=\frac{\omega}{2\pi}=\frac{2\pi\times10^8}{2\pi}\ \mathrm{Hz}=10^8\ \mathrm{Hz}$$

(2) 由电场强度表达式可看出,电磁波沿 x 轴正方向传播,$\boldsymbol{E}$ 矢量在 Oxy 平面内偏振.

(3) 由电磁波性质可知,磁场强度 $\boldsymbol{H}$ 矢量在 Oxz 平面内偏振.振动角频率和相位与 $\boldsymbol{E}$ 矢量相同,振幅为

$$H_0=\sqrt{\frac{\varepsilon_0}{\mu_0}}E_0=1.6\times10^{-3}\ \mathrm{A\cdot m^{-1}}$$

所以磁场强度的表达式为

$$H_z=1.6\times10^{-3}\cos\left[2\pi\times10^8\left(t-\frac{x}{c}\right)\right]$$

(4) 坡印廷矢量的表达式为

$$\begin{aligned}\boldsymbol{S}&=\boldsymbol{E}\times\boldsymbol{H}\\&=0.6\cos\left[2\pi\times10^8\left(t-\frac{x}{c}\right)\right]\boldsymbol{j}\times\\&\quad 1.6\times10^{-3}\cos\left[2\pi\times10^8\left(t-\frac{x}{c}\right)\right]\boldsymbol{k}\\&=9.6\times10^{-4}\cos^2\left[2\pi\times10^8\left(t-\frac{x}{c}\right)\right]\boldsymbol{i}\end{aligned}$$

本题中各量均采用 SI 单位.

12.2 光的干涉

通过上节的学习,我们知道了可见光的实质就是电磁波,其频率为 10^{14} Hz 数量级、波长范围在 400~760 nm 之间.可见光的传播(光波)就是电磁波的电场强度 $\boldsymbol{E}$ 和磁场强度 $\boldsymbol{H}$ 在真空或介质中的传播.之所以我们能看到光,是因为光波中的电场强度 $\boldsymbol{E}$ 能引起人眼的视觉反应并能使胶片感光,而磁场强度 $\boldsymbol{H}$ 不具有这样的特性,因此在以后对光波方程的描述中,我们通常用 $\boldsymbol{E}$ 矢量来表示光振动,$\boldsymbol{E}$ 矢量又称为**光矢量**.可见光就是指能够引起人眼视觉的电磁波,不同频率或波长的可见光引起的人眼色觉神经的反应是不同的,所以我们看到的可见光是不同颜色的.

光矢量

12.2.1 光的相干性

之前我们学习了机械波.波的干涉和波的衍射是波动的特征.频率相同、振动方向相同、有恒定的相位差的两列波称为相干波,在其交叠的区域内会产生稳定的振动强弱分布,这种现象称为波的干涉现象.对于机械波这类由宏观波源发出、连续不断、波长较大的可见波,我们比较容易观察到波的干涉现象.如在平静如镜的湖面上,两列频率相同的水波在交叠区域内,可以清晰地看到有的地方始终振动增强、有的地方始终振动减弱的水波干涉现象.但光波的情况与水波不同,因为其频率高、波长短,光波的波动性是人眼无法观察到的,所以在现实生活中,我们观察不到两束光相遇、叠加而产生干涉条纹现象.即便是将两个发光频率完全相同、单色性较好的钠光灯光源,甚至是同一钠光灯上两个发光点发出的光进行叠加,我们也观察不到干涉条纹.大量日常生活中的事实表明两个独立的普通光源或从同一普通光源的不同部分发出的光是非相干光.光波的这一特性是由普通光源的发光机理决定的.

1. 普通光源

光源就是发射光波的物体,例如太阳、白炽灯和激光器等,普通光源的发光机理是构成光源的大量原子或分子发生跃迁,因释放能量而发光.通常情况下,光源中的原子或分子的能量只能取一系列分立值 $E_1, E_2, E_3, \cdots, E_n$,它们被称为能级.如图 12.8 所示为氢原子分立能级、跃迁发光示意图.能量最低的状态为基态,其他能量较高的状态称为激发态.由于外界的激励(如碰撞或受热、

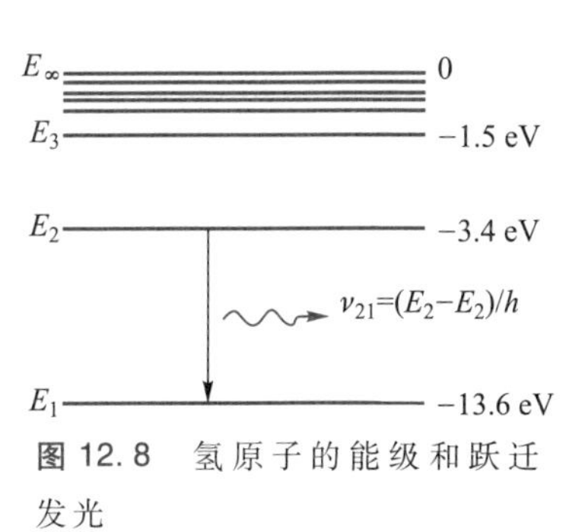

图 12.8　氢原子的能级和跃迁发光

光扰动),原子或分子获得能量,可以跃迁到激发态,处于激发态的原子或分子是不稳定的,一般会自动跃迁到低能级或基态,这一从高能级向低能级跃迁的微观过程,称为**自发辐射**.伴随着向下跃迁,原子或分子就会释放出能量为相应能级能量差的光子或光波,其频率满足 $h\nu_{21}=E_2-E_1$,式中 h 为普朗克常量.

自发辐射

实验表明:一个原子或分子每次跃迁发光的时间很短,为 $10^{-10}\sim10^{-8}$ s,用 Δt 表示.一个原子跃迁发光一次,只能发出一列频率一定、振动方向一定、长度有限的光波,称为**光波列**(light wave train).在真空中一个光波列的长度大约为 $l=c\cdot\Delta t$,如图 12.9 所示.

光波列

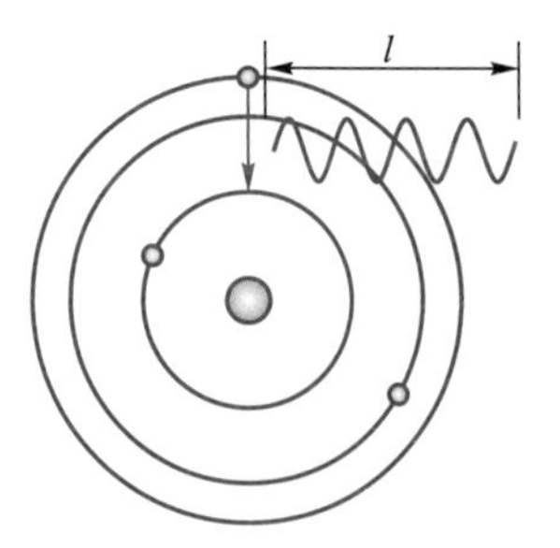

图 12.9 原子自发辐射发出的光波列

跃迁回到低能级或基态的原子或分子又会受到外界的激励而向上跃迁到激发态,再次自发辐射发光,这称为原子或分子发光的间歇性.且再次发出的光波列与上次发出的光波列相比,频率、光的振动方向和相位不会都相同,这一性质称光波列的独立性.

以自发辐射的方式发光的光源称为普通光源,例如太阳、白炽灯、钠光灯等.可见,普通光源中大量原子是各自独立地发出一个个光波列的,每个原子先后发出的光波列和其他原子先后发出的光波列之间是相互独立、互不相关的.从整体来看,普通光源所发出的光是由无数多个频率、振动方向和相位都不同的光波列混合而成的,因此两个普通光源或者同一光源不同部分发出的光不能满足相干条件.

某些特殊材料的原子或分子处于激发态时是稳定的,不发生自发辐射,只有受到满足一定条件的光子或光波扰动时,原子和分子才会发生向下跃迁,跃迁过程中发出的光子或光波与扰动的光子或光波的性质完全相同,即频率、光的振动方向和相位都相同,这种辐射称为**受激辐射**.20 世纪 60 年代人们制造出了激光器,其原理就是原子或分子的受激辐射,因为各个原子或分子跃迁发出的光波列的频率、光的振动方向、相位都相同,众多原子发出的光波列叠加,形成光强大,光束集中,单色性、偏振性好的激光.激光光源是非常好的相干光源,常用于光的干涉、衍射实验.

受激辐射

2. 光的相干性

设空间中有两列分别由同频率的单色光源 S_1 和 S_2 发出的光波,在空间任一点 P 处的光矢量 $\boldsymbol{E}_1$ 和 $\boldsymbol{E}_2$ 的振动方程分别为

$$E_1=E_{10}\cos\left(\omega t-\frac{2\pi}{\lambda}r_1+\varphi_{10}\right)$$

$$E_2=E_{20}\cos\left(\omega t-\frac{2\pi}{\lambda}r_2+\varphi_{20}\right)$$

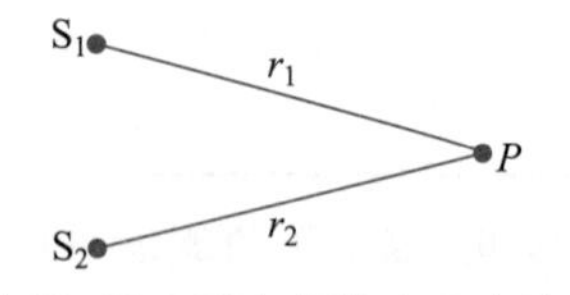

图 12.10 两束光波在 P 点叠加

如图 12.10 所示,由波的叠加原理,可得两列光波在空间任一点

P 处相遇时,合振动的振幅 E_0 为

$$E_0^2=E_{10}^2+E_{20}^2+2E_{10}E_{20}\cos\left[\varphi_{20}-\varphi_{10}-\frac{2\pi}{\lambda}(r_2-r_1)\right] \tag{12.17}$$

由机械波理论可知,波的强度(对于光波,则称光强)正比于振幅的平方,即 $I\propto E_0^2$,所以,两列光波在空间任一点 P 处相遇时,合振动的光强为

$$I=I_1+I_2+2\sqrt{I_1I_2}\cos\left[\varphi_{20}-\varphi_{10}-\frac{2\pi}{\lambda}(r_2-r_1)\right] \tag{12.18}$$

而我们的眼睛对光的反应时间为 $\Delta t_1\approx 0.1$ s,感光胶片对光的反应时间为 $\Delta t_2\approx 10^{-3}$ s,所以我们观察到 P 点处的光强应为

$$\bar{I}=I_1+I_2+2\sqrt{I_1I_2}\frac{1}{\overline{\Delta t}}\int_{\overline{\Delta t}}\cos\left[\varphi_{20}-\varphi_{10}-\frac{2\pi}{\lambda}(r_2-r_1)\right]\mathrm{d}t \tag{12.19}$$

式中,$\overline{\Delta t}=(\Delta t_1+\Delta t_2)/2$.

如果光源 S_1 和 S_2 是两个独立的普通光源,由于光源中原子发光的随机性和间歇性,初相位差中 $(\varphi_{20}-\varphi_{10})$ 的数值不恒定,初相位差 $\Delta\varphi=\varphi_{20}-\varphi_{10}-\frac{2\pi}{\lambda}(r_2-r_1)$ 在 $0\sim 2\pi$ 内随机变化,则在 $\overline{\Delta t}$ 时间内,上式第三项积分为零,在 P 点处观察到的平均光强为两光强之和,即 $\bar{I}=I_1+I_2$,这两束光为非相干光.

如果光源 S_1 和 S_2 是来自普通光源的同一点,相当于一点光源发出的光被分成两束光,尽管点光源处所有原子发出的光是随机和间歇的,但被分成的两束光中的光波列的初相位差 $\varphi_{20}-\varphi_{10}=0$,式(12.19)第三项积分余弦项相位差 $\Delta\varphi$ 只是波程差 (r_2-r_1) 的函数,在有些位置取极大值、在有些位置取极小值,即平均光强随 P 点位置的变化而变化,光强按照空间分布产生干涉现象.由此可见,由光源上同一点分出来的两束光是相干光.如果 $I_1=I_2=I_0$,则满足 $\Delta\varphi=2k\pi\quad(k=0,\pm1,\pm2,\cdots)$ 的点干涉加强,光强最大,为 $I_{\max}=4I_0$;满足 $\Delta\varphi=(2k+1)\pi\quad(k=0,\pm1,\pm2,\cdots)$ 的点干涉减弱,光强最小,为 $I_{\min}=0$.

如何利用普通光源实现光的干涉实验?由以上分析可知,我们可以将普通光源上的某一点发出的光束,想办法分成两束光,然后使它们经过不同的路径再相遇、叠加.从同一普通光源获得相干光的具体方法有两种:**分波阵面法**和**分振幅法**.前者是从同一波阵面上分出两束次级子光束(相干光),如下面要讲的杨氏双缝实验;后者是利用光在透明介质薄膜表面的反射和折射,将同一光束分割成振幅较小的两束相干光,如后面要讲的薄膜干涉.

分波阵面法 **分振幅法**

12.2.2 双缝干涉

1. 杨氏双缝实验

将一束光分成两束从而产生干涉现象的巧妙构思，最早是由年轻的英国物理学家托马斯·杨(T.Young,1773—1829)提出并实现的.杨氏双缝实验为光的波动学说的建立奠定了实验基础.如图12.11所示，一束平行单色光入射到狭缝S上，在S前面放置两个与其等距离且相距很近的平行狭缝S_1和S_2.根据惠更斯原理，狭缝S发出的子波将在同一时刻到达S_1和S_2，处于同一波振面上的S_1和S_2构成相干光源.这样，S_1和S_2发出的光在空间相遇叠加时产生干涉现象.于是，在双缝前方的屏幕上会出现明暗相间的干涉条纹.

动画：杨氏双缝干涉

托马斯·杨(T.Young,1773—1829)

托马斯·杨，医生、物理学家.他天资聪慧，少年时就表现出惊人的才华，1796年获哥廷根大学医学博士.1800年他开始在伦敦行医，第二年接受了皇家学院自然哲学教授职务.他首次设计出双缝干涉实验装置，最早利用单一普通光源形成相干光，从而观察到了光的干涉现象，并应用光的波动性解释了这一现象，为19世纪光的波动理论的建立奠定了基础.他在光学和力学上的成果见他的著作《自然哲学和机械工艺讲义》(1807)，该书至今仍具有极高的价值.

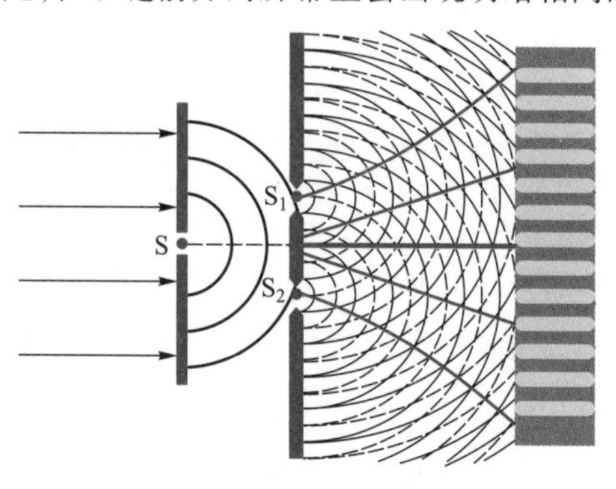

图12.11 杨氏双缝实验示意图

下面我们定量分析屏幕上干涉条纹的位置.如图12.12所示，设两狭缝S_1和S_2之间的距离为d，双缝到屏幕的距离为D.若O_1为S_1和S_2的中点，屏幕上的O点与O_1点正对，今在屏幕E上任取一点P，它到屏幕中心O点的距离为x，S_1和S_2到P点的距离分别为r_1和r_2，$\angle PO_1O=\theta$.在实验中，一般$D\gg d$，即θ很小，所以S_1和S_2发出的光到达P点处的波程差可近似表示为

$$\Delta r=r_2-r_1\approx d\sin\theta\approx d\tan\theta=d\frac{x}{D}\qquad(12.20)$$

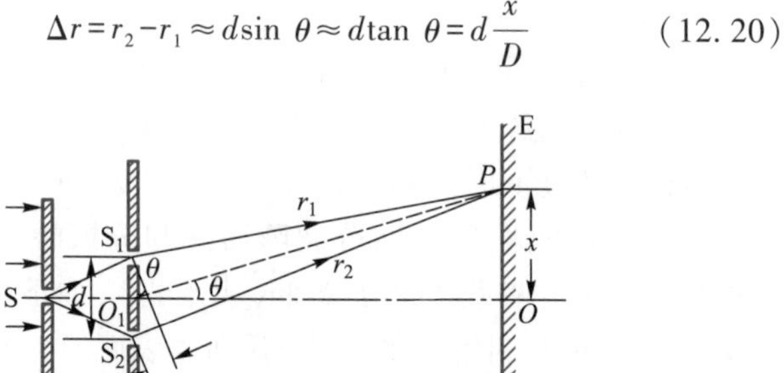

图12.12 杨氏双缝实验的计算

由波的干涉条件可知,若波程差 $\Delta r=d\dfrac{x}{D}=\pm k\lambda$,则干涉加强,即 P 点处出现明条纹.各级明条纹中心到屏幕中心 O 点的距离为

$$x=\pm k\frac{D\lambda}{d}\quad(k=0,1,2,\cdots)\tag{12.21}$$

中央明条纹

式中 k 为条纹的级数.$k=0$ 对应于零级明条纹或**中央明条纹**,$k=1,k=2,\cdots$则分别对应的是第一级、第二级……明条纹,式中正负号表示各级明条纹对称分布于中央明条纹的两侧.

若波程差 $\Delta r=d\dfrac{x}{D}=\pm(2k+1)\dfrac{\lambda}{2}$,则干涉减弱,即 P 点处出现暗条纹,各级暗条纹中心到屏幕中心 O 点的距离为

$$x=\pm(2k+1)\frac{D\lambda}{2d}\quad(k=0,1,2,\cdots)\tag{12.22}$$

由式(12.21)或式(12.22)可求出两相邻明(暗)条纹间的距离为

$$\Delta x=\frac{D\lambda}{d}\tag{12.23}$$

从以上讨论中我们可以看出:相邻明(暗)条纹的间距与干涉级次 k 无关,即干涉条纹等间距地分布于中央明条纹的两侧.在双缝间距和缝与屏间距确定的情况下,条纹在屏上的位置和间距取决于入射光的波长;因此若用白光入射,屏幕上除中央明条纹因各单色光重合而显示为白色外,其他各级明条纹在中央明条纹两侧呈现出由紫到红的彩色条纹.

2. 劳埃德镜实验

劳埃德提出了一种更简单的用于观察干涉现象的实验装置.如图 12.13 所示,由狭缝光源 S 发出的光一部分直接射到屏幕 E 上,另一部分以接近 90°的入射角入射到平面镜 MN 上,经反射后到达屏幕 E,这两部分光构成相干光.也可以这样理解,从镜面反射的光可视为由虚光源 S′发出的,S 和 S′构成一对相干光源,犹如杨氏双缝实验中的双缝.当两光相遇时,在空间重叠区域(图中阴影部分)中放一屏幕 E,就能显示出干涉条纹.对劳埃德镜干涉条纹的分析与对杨氏双缝实验条纹的相同.

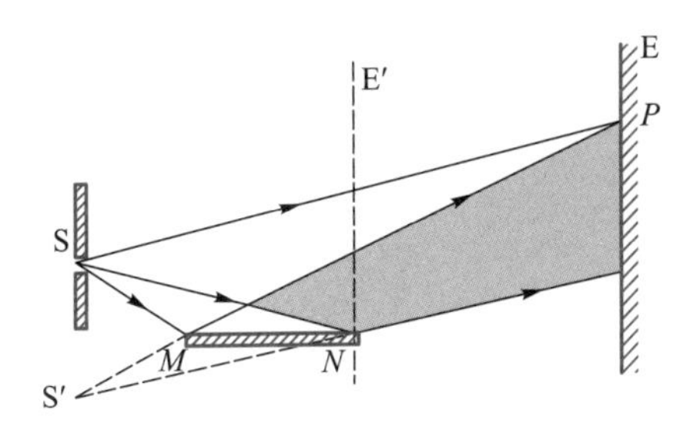

图 12.13　劳埃德镜实验

实验中，若将屏幕移动到紧靠平面镜 N 端的 E′时，因直接射到 N 处的光与 N 处反射光的波程相等，似乎在 N 处应出现明条纹.然而实验表明，在接触处为暗条纹.这表明，直接射到屏幕上的光与经过平面镜反射出来的光在 N 处相位相反，即相位差为 π.因为入射光不可能有相位变化，所以只能是光从空气射向镜片、在 N 处反射时发生了相位为 π 的突变.

半波损失

实验和理论研究表明，当光由光疏介质射向光密介质时，在掠入射（入射角 $i\approx 90°$）或正入射（$i\approx 0°$）的两种情况下，都将在反射中产生数值为 π 的相位突变，这一变化导致了反射光的波程在反射过程中附加了半个波长，所以通常称为**半波损失**.但光从光密介质射向光疏介质时，在反射中不产生半波损失.应指出的是，在任何情况下折射光均没有半波损失.

例 12.2

在杨氏双缝干涉实验中，用单色光垂直照射相距 0.3 mm 的双缝，双缝与屏幕间的距离为 1.2 m.

（1）第一级明条纹与同侧第六级明条纹间的距离为 11.7 mm，求此单色光的波长；

（2）中央明条纹中心与第三级暗条纹中心的距离是多少？

解 （1）将 $k=1$、$k=6$ 分别代入双缝干涉明条纹条件公式（12.21），可得

$$x_6-x_1=(6-1)\frac{D\lambda}{d}$$

则单色光的波长为

$$\begin{aligned}\lambda&=\frac{(x_6-x_1)d}{5D}\\&=\frac{11.7\times10^{-3}\times0.3\times10^{-3}}{5\times1.2}\ \text{m}\\&=5.85\times10^{-7}\ \text{m}=585\ \text{nm}\end{aligned}$$

单色光波长也可用相邻明条纹间距公式 $\Delta x=\frac{D}{d}\lambda$ 求得，由题意知第一级明条纹到同侧第六级明条纹之间所包含的相邻间隔条纹数为 5，即 $\Delta x=\frac{11.7\times10^{-3}}{5}\ \text{m}=2.34\times10^{-3}\ \text{m}$，所以此单色光波长为

$$\begin{aligned}\lambda&=\frac{\Delta x d}{D}\\&=\frac{2.34\times10^{-3}\times0.3\times10^{-3}}{1.2}\times10^{9}\ \text{nm}\\&=585\ \text{nm}\end{aligned}$$

（2）中央明条纹中心距第三级暗条纹中心的距离为两相邻明条纹中心间距 Δx 的 2.5 倍，即

$$\begin{aligned}x_3&=2.5\Delta x\\&=2.5\frac{D}{d}\lambda\\&=2.5\times\frac{1.2}{0.3\times10^{-3}}\times585\times10^{-9}\ \text{m}\\&=5.85\ \text{mm}\end{aligned}$$

12.2.3 光程与光程差

根据波动理论我们知道，两束光的相位差决定了干涉现象中的条纹分布.在上面讨论的杨氏双缝实验中，两束相干光在空气($n\approx1$)中传播，它们在相遇处的相位差，仅取决于两束光之间的几何路程之差(波程差).许多实际问题会涉及光在不同介质中的传播，因为同一频率的光在不同介质中的传播速度不同，所以波长不同，那么其相位差就不能仅根据它们的几何路程差来计算了.为此，必须要引入光程的概念.

设频率为 ν 的单色光，在真空中的波长为 λ，传播速度为 c.当它在折射率为 n 的介质中传播时，传播速度变为 $v=c/n$，此时介质中的波长变为

$$\lambda_n=\frac{v}{\nu}=\frac{c}{n\nu}=\frac{\lambda}{n} \tag{12.24}$$

上式表明，光在折射率为 n 的介质中传播时，其波长只是真空中波长的 $1/n$.

光波行进一个波长的距离，相位变化量为 2π，若光波在介质中传播的几何路程为 r，则相应的相位变化量为

$$\Delta\varphi=2\pi\frac{r}{\lambda_n}=2\pi\frac{nr}{\lambda} \tag{12.25}$$

由此可见，光在折射率为 n 的介质中通过几何路程 r 所引起的相位变化，相当于光在真空中传播路程 nr 时所引起的相位变化.我们将光在介质中所传播的几何路程 r 与该介质的折射率 n 的乘积 nr 定义为**光程**(optical path).

光程

在均匀介质中，$nr=\frac{c}{v}r=ct$，因此光程可认为是在相同时间内，光在真空中通过的路程.引入光程的概念后，我们就可将光在介质中所通过的路程折算为光在真空中的路程，这样便可统一用真空中的波长 λ 来比较两束光经过不同介质时所引起的相位变化.

如图 12.14 所示，设从同相位的相干光源 S_1 和 S_2 发出的两束相干光，分别在折射率为 n_1 和 n_2 的介质中传播，相遇点 P 与光源 S_1 和 S_2 的距离分别为 r_1 和 r_2，则两束光到达 P 点的相位差为

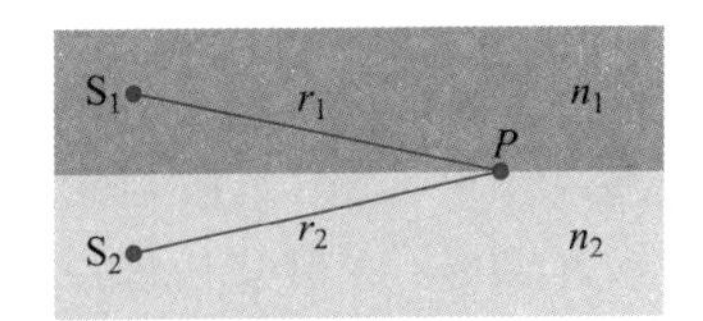

图 12.14　两相干光在不同介质中传播

$$\Delta\varphi=2\pi\frac{r_2}{\lambda_{n_2}}-2\pi\frac{r_1}{\lambda_{n_1}}=\frac{2\pi}{\lambda}(n_2r_2-n_1r_1)$$

若用 $\delta=n_2r_2-n_1r_1$ 表示两束光到达 P 点的**光程差**(optical path difference)，则

光程差

$$\Delta\varphi = \frac{2\pi}{\lambda}\delta \tag{12.26}$$

上式是考虑光的干涉问题时常用的一个基本关系式.应注意,引进光程后,不论光在什么介质中传播,上式中的 λ 都是光在真空中的波长.

引入光程差后,光的干涉条件一般可表示为

$$\delta = n_2r_2 - n_1r_1 = \pm k\lambda \quad (k=0,1,2,\cdots) \quad \text{干涉加强} \tag{12.27}$$

$$\delta = n_2r_2 - n_1r_1 = \pm(2k+1)\frac{\lambda}{2} \quad (k=0,1,2,\cdots) \quad \text{干涉减弱} \tag{12.28}$$

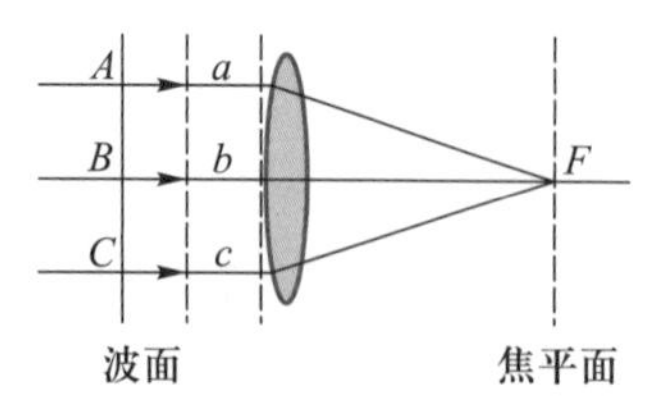

(a) 平行于透镜主光轴的光线

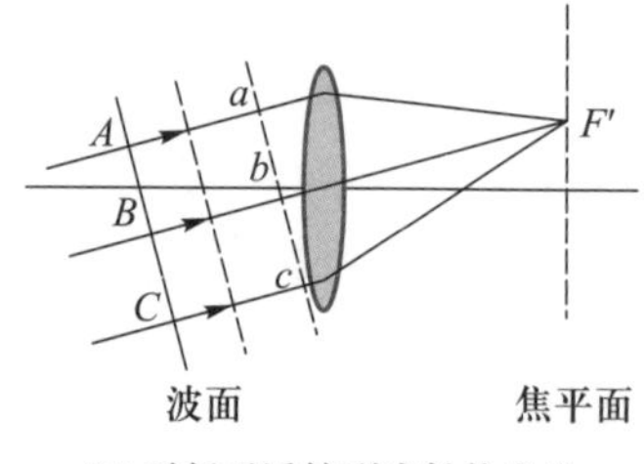

(b) 平行于透镜副光轴的光线

图 12.15 透镜的等光程性

应当指出,在观察干涉、衍射现象时,经常要用到透镜.下面我们简单分析通过透镜各光线的等光程性.

如图 12.15(a)所示,当平行于透镜主光轴的平行光通过透镜后,由几何光学可知,各条光线将会聚于焦平面上的焦点 F 处,形成亮点.这说明,在焦点处各光线是同相位的. 平行光在进入透镜之前,其波面与入射光线垂直,同一波面上各点的相位相同[如图 12.15(a)中的 A、B、C 点],所以从波面算起,直到会聚的焦点,各光线经过的光程都是相等的.对于这一等光程性我们可作如下解释:虽然光线 AaF、CcF 在空气中传播的路径比光线 BbF 的长,但它们在透镜中传播的路径要比 BbF 的短,因为透镜的折射率大于空气的折射率,所以折算成光程后,各光线光程将相等.这就是说透镜可以改变光线的传播方向,但不会引起附加光程差.以上分析同样适用于平行于透镜各副光轴的光线通过透镜的情况,如图 12.15(b)所示,要注意,相位相同的点在垂直于副光轴的同一波面上.

例 12.3

在杨氏双缝实验中,用折射率为 1.58、厚度为 d 的薄云母片覆盖缝 S_1,若入射光的波长为 580 nm.

(1) 问屏幕上原来的中央明条纹将如何移动?

(2) 若观测到中央明条纹移至原来的第六级明条纹处,云母片的厚度 d 为多少?

解 (1) 如图 12.16 所示,原来中央明条纹位于 O 点,若覆盖云母片后,从 S_1 和 S_2 到观测点 P 的光程差为

$$\delta = r_2 - (r_1 - d + nd)$$

中央明条纹对应的光程差为 $\delta=0$,则其位置应满足

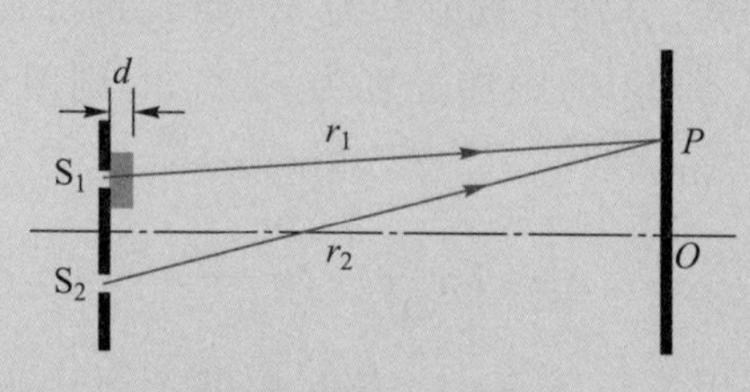

图 12.16 例 12.3 图

$$r_2-r_1=(n-1)d>0 \quad ①$$

将式①与原来中央明条纹位置（O点）所满足的$r_2-r_1=0$相比可知，在S_1被云母片覆盖后，中央明条纹应该上移.

（2）在S_1没被云母片覆盖时，第六级明条纹的位置满足

$$r_2-r_1=6\lambda \quad ②$$

按题意，观测到的中央明条纹上移到了原来的第六级明条纹处，即式①和式②必须同时得到满足，由此可解得

$$d=\frac{6\lambda}{n-1}=\frac{6\times580}{1.58-1}\text{ nm}=6\ 000\text{ nm}$$

12.2.4 薄膜干涉

在日常生活中我们常看到，马路上积水表面的油膜、肥皂泡以及许多昆虫（蝴蝶、蜻蜓等）的翅膀，在太阳光的照射下呈现许多绚丽的彩色条纹，这是另外一种干涉现象. 当光波入射到透明薄膜时，由于上、下两表面对入射光的相继反射，而将入射光的振幅“分割”成若干部分，这些部分的光满足相干条件，它们在空间相遇时就会产生干涉现象，我们称这种干涉为**薄膜干涉**（thin-film interference）. 一般薄膜干涉比较复杂，这里仅讨论比较简单又具有实用价值的两种薄膜干涉，即等倾干涉和等厚干涉.

薄膜干涉

1. 等倾干涉

如图12.17所示，在折射率为n_1的均匀介质中，有一厚度为d、折射率为$n_2(n_2>n_1)$的均匀薄膜. 设单色扩展光源S上的某一点发出的光线1，以入射角i入射到薄膜的上表面，在入射点A处光线1被分为两部分，一部分被薄膜的上表面反射形成反射光线2，另一部分折射进入薄膜，沿AB方向在膜的下表面又分为反射光和折射光两部分. 折射光成为透射光线4而射出膜外，反射光沿BC方向又回到上表面C处. 其中一部分折射出薄膜成光线3，另一部分在膜内经C处反射到E，折射出薄膜成为透射光线5. 显然光线2与光线3（为简单起见，光线2和光线3都称为反射光线，而光线4和光线5则称为透射光线）是两束平行的相干光，通过透镜L可会聚于屏幕上，会聚点P的明暗取决于两束反射光线的光程差. 扩展光源S上不同点发出的光线，经薄膜反射后都会在屏幕上形成干涉点，这些干涉点的组合形成干涉条纹.

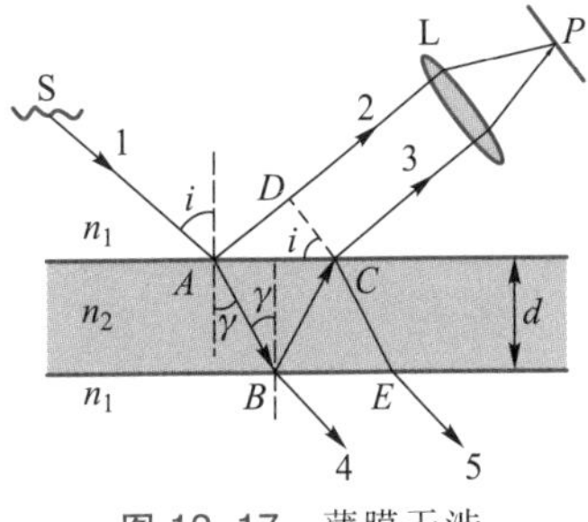

图12.17 薄膜干涉

下面我们先讨论两束反射光的干涉. 在图12.17中，过C点作$CD\perp AD$，显然CP和DP的光程相等. 光线2和光线3的光程差产生于从入射点A到波面CD之间. 从图示的光路图可知，两束

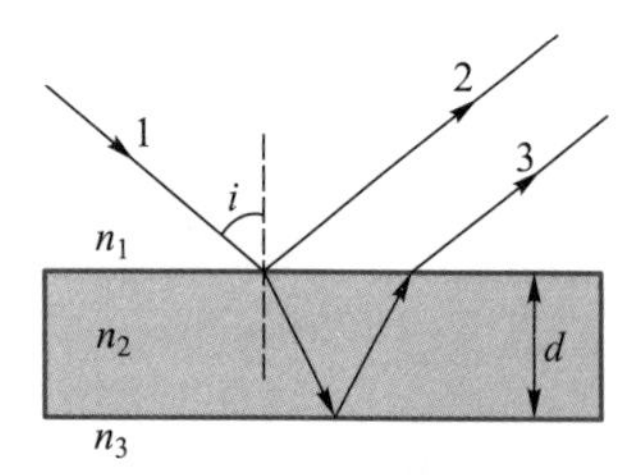

图 12.18　薄膜两界面反射光的附加光程差

反射光的光程差为

$$\delta=n_2(|AB|+|BC|)-n_1|AD|+\delta'$$

式中 δ' 是薄膜干涉中半波损失引起的附加光程差. 在图 12.18 中, 根据菲涅耳公式[①]有以下结果.

(1) 若 $n_1<n_2<n_3$ 或 $n_1>n_2>n_3$(即两束光都是从光疏介质到光密介质的反射或都是从光密介质到光疏介质的反射), 光线 2 与光线 3 之间不存在附加光程差, 即 $\delta'=0$.

(2) 若 $n_1<n_2$ 且 $n_3<n_2$ 或 $n_1>n_2$ 且 $n_3>n_2$(即一束光是从光疏介质到光密介质的反射, 而另一束光是从光密介质到光疏介质的反射), 光线 2 与光线 3 之间存在附加光程差, 即 $\delta'=\dfrac{\lambda}{2}$.

应注意, 只要薄膜处于同一介质中, 薄膜上表面光线 2 与光线 3 之间就一定存在附加光程差. 以下对薄膜干涉的讨论均以薄膜处于同一介质中为例.

考虑到附加光程差的存在, 对于图 12.17 所示的情况, 光线 2 与光线 3 的光程差为

$$\delta=n_2(|AB|+|BC|)-n_1|AD|+\frac{\lambda}{2} \tag{12.29}$$

由图 12.17 可见, $|AB|=|BC|=\dfrac{d}{\cos\gamma}$, $|AD|=|AC|\cdot\sin i=2d\tan\gamma\cdot\sin i$, 将 $|AB|$、$|BC|$、$|AD|$ 代入式(12.29)可得

$$\begin{aligned}\delta&=\frac{2n_2d}{\cos\gamma}-2dn_1\tan\gamma\sin i+\frac{\lambda}{2}\\&=\frac{2d}{\cos\gamma}(n_2-n_1\sin\gamma\cdot\sin i)+\frac{\lambda}{2}\end{aligned}$$

根据折射定律 $n_1\sin i=n_2\sin\gamma$ 和关系式 $\cos\gamma=\sqrt{1-\sin^2\gamma}$, 上式可整理为

$$\delta=\frac{2n_2d}{\cos\gamma}(1-\sin^2\gamma)+\frac{\lambda}{2}=2d\sqrt{n_2^2-n_2^2\sin^2\gamma}+\frac{\lambda}{2}$$

用入射角表示光线 2 和光线 3 的光程差, 上式可写为

$$\delta=2d\sqrt{n_2^2-n_1^2\sin^2 i}+\frac{\lambda}{2} \tag{12.30}$$

于是可知薄膜干涉中反射光的干涉加强条件为

$$\delta=2d\sqrt{n_2^2-n_1^2\sin^2 i}+\frac{\lambda}{2}=k\lambda\quad(k=1,2,\cdots) \tag{12.31}$$

---

① 在薄膜干涉中, 谈某一束光波的半波损失是没有意义的, 附加光程差要通过比较从薄膜不同表面反射的两束光的相位突变而得出, 这一点可从菲涅耳公式分析得出, 已超出我们的研究范围.

薄膜干涉中反射光的干涉减弱条件为

$$\delta=2d\sqrt{n_2^2-n_1^2\sin^2 i}+\frac{\lambda}{2}=(2k+1)\frac{\lambda}{2}\quad(k=0,1,2,\cdots)\tag{12.32}$$

由式(12.31)和式(12.32)可知,如果薄膜厚度均匀(d 处处相等),则光程差仅由入射角 i 决定,而一个入射角对应于某一个确定的条纹级次 k,因此从光源上所有点发出的光线中,具有相同入射角(倾角)的光线经薄膜的上下表面反射后,产生的相干光束都有相同的光程差,对应于干涉图样中的同一级条纹,不同入射角的光线构成了不同的干涉条纹,我们把这种干涉称为**等倾干涉**(equal inclination interference).

等倾干涉

在实验上获得等倾干涉条纹的装置如图12.19所示.从面光源S发出的光入射到半透半反射的平面镜M上,被平面镜M反射的部分光射向薄膜,再经薄膜上下两个表面反射后,透过平面镜M和透镜L会聚到观察屏上.从光源S上发出的沿不同方向传播的光,只要以相同倾角 i 入射到薄膜上,干涉点应该都在同一圆锥面上,它们的反射光在屏幕上会聚在同一个圆周上.因此,整个干涉图样由一些明暗相间的同心圆环组成,如图12.20所示.

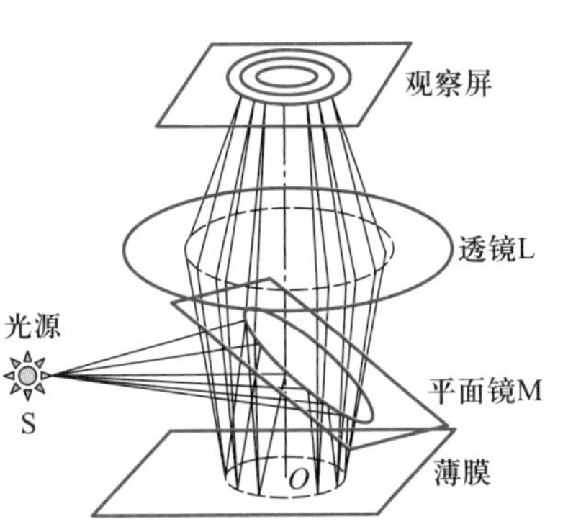

图12.19 观察等倾干涉的装置

图12.20 等倾干涉条纹

除了薄膜的反射光有干涉现象,透射光也同样可以产生干涉.在图12.17中,薄膜处于同一介质,薄膜的两透射光线4与5之间不存在附加光程差,同样可求出透射光线4和5的光程差为

$$\delta=2d\sqrt{n_2^2-n_1^2\sin^2 i}\tag{12.33}$$

将上式与式(12.30)相比较,反射光与透射光的光程差相差 $\lambda/2$,即薄膜对某波长的反射光干涉加强时,同一薄膜对该波长的透射光恰好干涉减弱;反之,透射光干涉加强时,反射光必干涉减弱.两者是互补的,这是能量守恒定律在光的干涉中的必然体现.

以上原理的一个重要应用就是光学镀膜,利用薄膜干涉效应可改变反射光和透射光光强的分配.

光入射到任何一个光学零件的表面上时都要发生反射和折射,不同的光学系统对反射率和透射率有不同的要求.对于透射成像的光学系统,反射不仅降低了透过光学系统的能量,而且造成杂散光,降低了系统成像的清晰度.例如,一个由六个透镜组成的高级照相机,因光的反射而损失的能量约占50%.因此在现代光学仪器中,为了减少光能在光学元件玻璃表面上的反射损失,人们常在镜面上镀一层均匀的氟化镁(MgF_2)透明薄膜,以增强光的透射率.这种能使透射光增强的薄膜称为**增透膜**(antireflecting

增透膜

film).照相机镜头呈现蓝紫色,并且略带一点红,就是在镜头上镀了增透膜的结果.对于另外一些光学元件,有时人们又希望光能全部被反射,几乎没有透射.例如,氦氖激光器中的谐振腔反射镜应对某种波长的单色光反射率达99%以上,为了增加反射能量,同样也可采用镀膜的方法,在光学元件表面镀一层高反射率的透明薄膜,这种能使反射光因干涉而加强的薄膜称为**增反膜**(high reflection film).

增反膜

例 12.4

为使对照相机底片和视觉最敏感的黄绿光(波长为550 nm)透射率最大,人们常在照相机和光学仪器的透镜表面镀一层氟化镁(n_2 = 1.38)薄膜作为增透膜,如图12.21所示.设光线垂直入射,则膜至少应镀多厚?

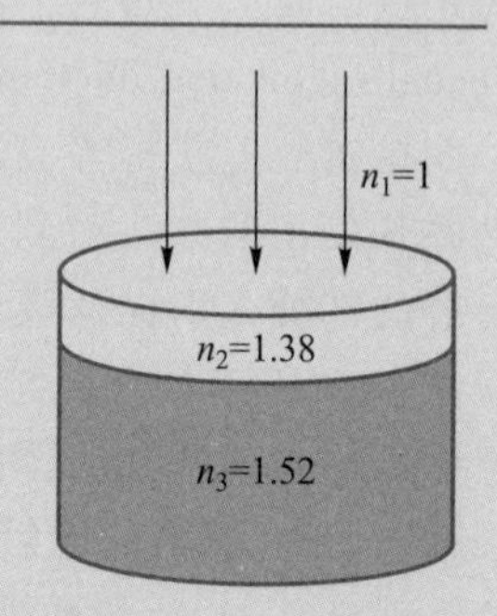

图 12.21 例 12.4 图

解 方法1:利用反射光的干涉相消求解.设膜的厚度为 d,由于 $n_1<n_2<n_3$,氟化镁薄膜的上下表面的反射光不存在附加光程差.当光垂直入射($i=0$)时,要求透射光最强即反射光最弱,则两束反射光光程差应满足

$$2n_2d=(2k+1)\frac{\lambda}{2}$$

由此可得膜的厚度

$$d=(2k+1)\frac{\lambda}{4n_2}$$

最小厚度应对应 $k=0$,此时膜的厚度为

$$d_{\min}=\frac{\lambda}{4n_2}=\frac{550}{4\times1.38}\text{ nm}=99.6\text{ nm}$$

方法2:利用透射光的干涉相长求解.薄膜上下表面的透射光存在附加光程差.要求透射光最强则两束透射光光程差应满足

$$2n_2d+\frac{\lambda}{2}=k\lambda$$

k 取1时膜的厚度最小,同样可求出 $d_{\min}$ = 99.6 nm.

例 12.5

一油轮漏出的油(折射率 n_1 = 1.20)污染了某海域,在海水(n_2 = 1.30)表面形成一层薄薄的油污.

(1) 如果太阳正位于海域上空,一直升机的驾驶员从机上向正下方观察,他所正对的油层厚度为460 nm,则他将观察到油层呈什么颜色?

(2) 如果一潜水员潜入该区域水下,并向正上方观察,又将看到油层呈什么颜色?

解 (1) 因空气、油层和海水的折射率依次增加，所以反射光中不存在附加光程差.设波长为 λ 的光波在油膜的上下表面反射加强，有

$$\delta = 2n_1 d = k\lambda$$

得

$$\lambda = \frac{2n_1 d}{k} \quad (k=1,2,3,\cdots)$$

在可见光范围内，反射加强的光波波长对应于 $k=2$，则

$$\lambda = n_1 d = 552 \text{ nm}$$

飞机驾驶员将看到油膜呈绿色.

(2) 依题意，透射光中存在附加光程差，若要透射光加强，则有

$$\delta = 2n_1 d + \frac{\lambda}{2} = k\lambda$$

得

$$\lambda = \frac{4n_1 d}{2k-1} \quad (k=1,2,3,\cdots)$$

在可见光范围内，透射加强的光波波长对应 $k=2$、$k=3$，则

$k=2$ 时， $\lambda = 736$ nm

$k=3$ 时， $\lambda = 441.6$ nm

潜水员将看到油膜呈紫红色.

2. 等厚干涉

当平行光垂直入射到厚度不均匀的薄膜上时，从薄膜上下表面反射的光的光程差仅与薄膜的厚度有关.凡是厚度相同的地方，光程差相同，干涉条纹的级数也相同，不同的薄膜厚度对应不同级次的干涉条纹，我们把这种干涉称为**等厚干涉**(equal thickness interference).下面介绍两种典型的等厚干涉，它们分别是劈尖干涉和牛顿环.

等厚干涉

(1) 劈尖干涉.

有两块平板玻璃，将它们一端互相叠合，另一端垫入一细丝，如图 12.22 所示(为便于说明问题，对图中细丝的直径予以放大)，两玻璃之间充以折射率为 n 的透明介质，这样就形成了一层劈形状的薄膜，产生了**劈尖干涉**. 若两玻璃之间是空气，则该劈尖为**空气劈尖**. 两玻璃的交线称为棱边，其夹角 θ 称为劈尖角，在平行于棱边直线上的各点，劈尖的厚度是相同的. 当平行光垂直照射在劈尖上时，光线分别在劈尖的上下两个表面发生反射，反射光相互干涉，可以在劈尖表面形成一系列平行于棱边的明暗相间的直条纹，如图 12.23 所示.

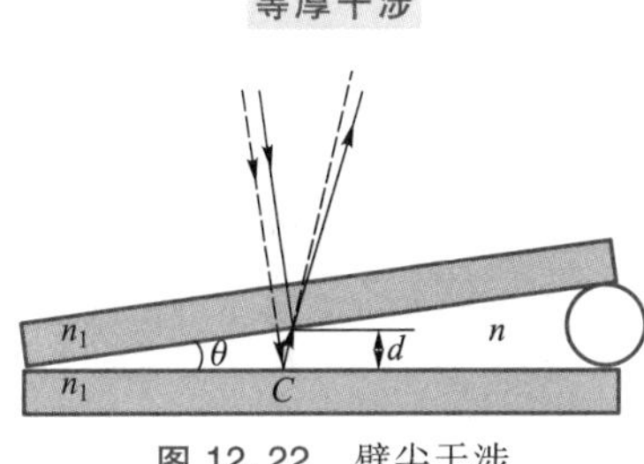

图 12.22 劈尖干涉

劈尖干涉

空气劈尖

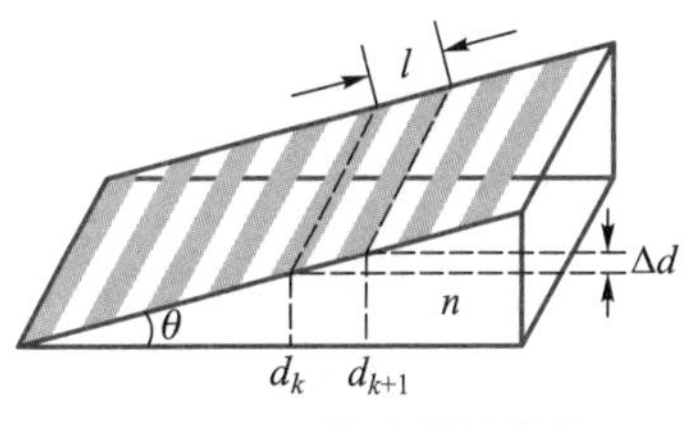

图 12.23 劈尖干涉条纹

下面我们分析劈尖干涉条纹形成的规律. 一束平行光垂直照射在劈尖上(因 θ 角很小，我们可以近似认为光线与劈尖的上下表面均垂直).设图 12.22 中劈尖在 C 点处的厚度为 d，考虑到薄膜处于同一种介质中，应存在附加光程差，所以两反射光之间的光程差为

$$\delta = 2nd + \frac{\lambda}{2}$$

动画:劈尖干涉

根据干涉条件可知产生明条纹、暗条纹的条件分别为

$$2nd+\frac{\lambda}{2}=k\lambda \quad (k=1,2,3,\cdots) \quad \text{明条纹} \tag{12.34}$$

$$2nd+\frac{\lambda}{2}=(2k+1)\frac{\lambda}{2} \quad (k=0,1,2,\cdots) \quad \text{暗条纹} \tag{12.35}$$

由以上两式可以看出,对于一定的级次 k,无论是明条纹还是暗条纹都对应着一定的薄膜厚度 d,即在膜厚相同的地方条纹级次相同.因为劈尖膜厚度相等的各点在平行于棱边的同一直线上,所以劈尖干涉条纹是平行于棱边的直条纹.在棱边处,$d=0$,$\delta=\lambda/2$,故棱边出现零级暗条纹,事实正是如此.随着厚度 d 的增加,各级明暗条纹的级数依次增加.

如图 12.23 所示,若相邻两暗条纹对应的劈尖厚度分别为 d_k 和 d_{k+1},则由式(12.34)或式(12.35)可求出两相邻明条纹或暗条纹所对应的厚度之差,即

$$\Delta d=d_{k+1}-d_k=\frac{\lambda}{2n} \tag{12.36}$$

相邻两明条纹或暗条纹的间距为

$$l=\frac{\Delta d}{\sin\theta}=\frac{\lambda}{2n\sin\theta}\approx\frac{\lambda}{2n\theta} \tag{12.37}$$

上式表明,对于一定波长的入射光,干涉条纹的间距与厚度无关,即劈尖干涉的直条纹是等间距分布的.在 n、λ 一定时,条纹间距与劈尖角 θ 成反比,即 θ 越小,条纹分布越疏;反之,θ 越大,则条纹分布越密. 如果 θ 角过大,条纹间距将密集得无法看清,因此劈尖干涉只能在 θ 角很小时才能看到.

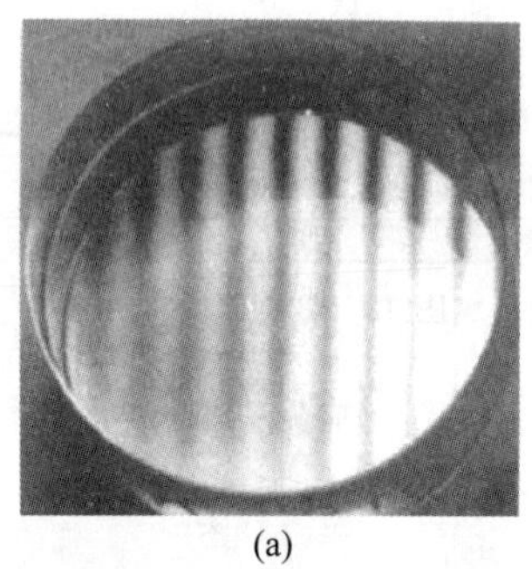

(a)

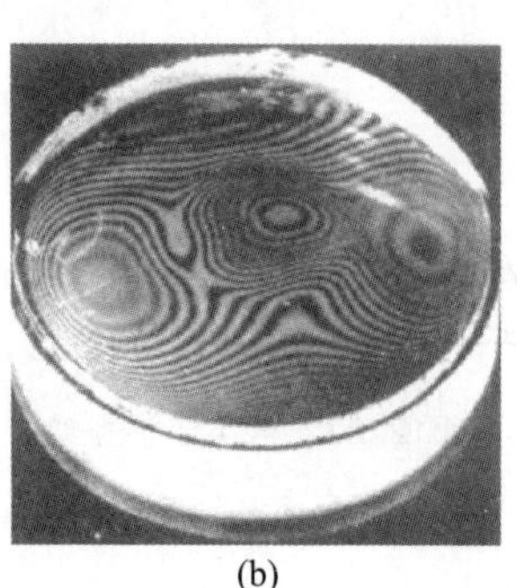

(b)

图 12.24 检测工件的平整度

对于空气劈尖,我们在上述讨论的劈尖干涉规律中取 $n=1$ 即可. 由式(12.36)可知,空气劈尖中,两相邻明(暗)条纹之间所对应的厚度之差为 $\lambda/2$. 所以,在某处空气劈尖厚度改变 $\lambda/2$ 的过程中,我们将观察到该处干涉条纹发生明—暗—明(或暗—明—暗)的变化,好像干涉条纹移动了一条似的. 若观察到干涉条纹移动了 N 条,则该处空气劈尖厚度将改变 $N\frac{\lambda}{2}$. 测量固体线膨胀系数的干涉膨胀仪就是根据这一原理制成的. 利用劈尖的等厚干涉原理我们还可以检测物体表面的平整度. 首先将待检测工件(玻璃片或者金属磨光面)放在一块光学平板玻璃(标准件)上,然后用单色光垂直照射,如果观测到的干涉条纹是一组平行于棱边的平行线,则说明工件表面是非常平整的,如图 12.24(a)所示. 如果工件表面不平整(肉眼可能无法看出),则干涉条纹就应该是随着工件表面凹凸的分布而出现的一组形状各异的曲线,

如图 12.24(b)所示.

例 12.6

将相同材质的两块平板玻璃一端接触,形成一个劈尖,放入折射率为 1.32 的液体中.用波长为 660 nm 的单色光垂直照射劈尖,测得两相邻明条纹之间的距离 $l=0.25$ cm,则劈尖角 θ 为多少?若将劈尖放入另一种折射率为 1.47 的液体中,则两相邻明条纹间的距离变化了多少?

解　根据式(12.37)可得劈尖干涉相邻明条纹的间距为

$$l=\frac{\lambda}{2n\theta}$$

则劈尖的顶角为

$$\theta=\frac{\lambda}{2nl}=\frac{660\times10^{-7}}{2\times1.32\times0.25}\ \text{rad}=10^{-4}\ \text{rad}$$

对于折射率为 1.47 的液体,两相邻明条纹之间的距离为

$$l'=\frac{\lambda}{2n'\theta}=\frac{660\times10^{-7}}{2\times1.47\times10^{-4}}\ \text{cm}=0.224\ \text{cm}$$

所以当折射率增大时,相邻明条纹之间的间距缩小,即

$$\Delta l=l-l'=0.25\ \text{cm}-0.224\ \text{cm}=0.026\ \text{cm}$$

例 12.7

制造半导体元件时,人们常需要精确测定硅片上的二氧化硅(SiO_2)薄膜的厚度.通常人们可把二氧化硅薄膜的一部分腐蚀掉,加工成劈尖状,如图 12.25 所示,利用等厚干涉条纹测出其厚度.已知 SiO_2的折射率 $n_2=1.46$,Si 的折射率 $n_3=3.42$. 以波长为 632.8 nm 的氦氖激光垂直照射,在反射光中观察到在腐蚀区域内共出现 10 条暗条纹,且在端点 M 处有一条暗条纹.求 SiO_2薄膜的厚度.

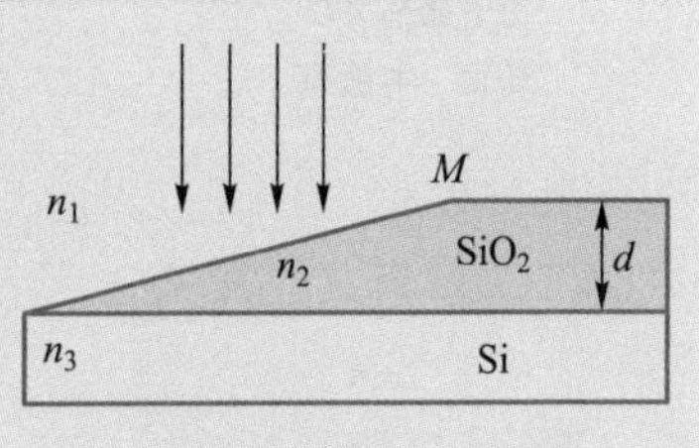

图 12.25　例 12.7 图

解　因 $n_1<n_2<n_3$,所以两束反射光之间无附加光程差,即棱边处为明条纹.劈尖薄膜中产生暗条纹的条件为

$$2n_2d=(2k+1)\frac{\lambda}{2}\quad(k=0,1,2,\cdots)$$

第 10 条暗条纹在薄膜端点 M 处,它对应于 k 的级次 9,将 $k=9$ 代入上式可得 SiO_2薄膜的厚度为

$$d=(2k+1)\frac{\lambda}{4n_2}$$

$$=(2\times9+1)\times\frac{632.8}{4\times1.46}\ \text{nm}=2\ 059\ \text{nm}$$

本题也可以利用相邻暗条纹的间距求得,请同学们自行思考.

（2）牛顿环.

将一个曲率半径为 R（很大）的平凸透镜放在一块光学平板玻璃上，如图 12.26(a)所示，则在透镜与平板玻璃之间会形成一个上表面为球面、下表面为平面的空气薄膜.当单色平行光垂直照射在透镜上时，因为空气薄膜上下表面两反射光发生干涉，所以我们可以在透镜表面观察到一组以接触点 O 为圆心的明暗相间的环形等厚干涉条纹，如图 12.26(b)所示.这些环形干涉条纹称为牛顿环，是牛顿首先观察到并对其加以描述的.

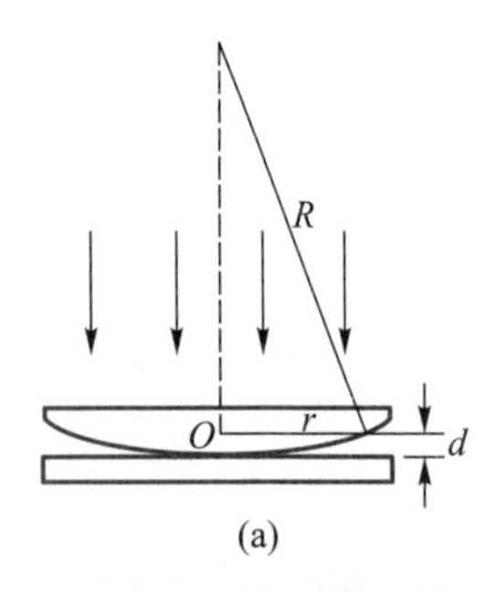

(a)

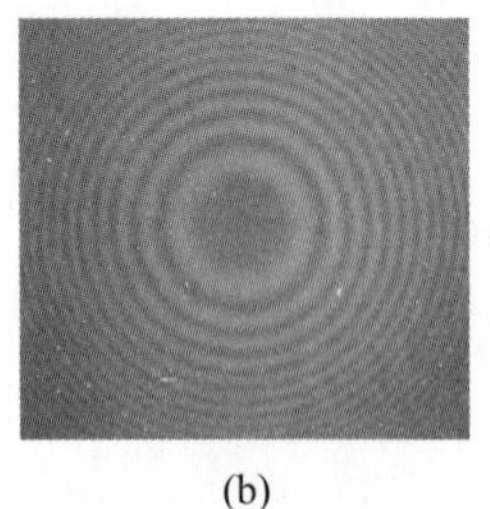
(b)

图 12.26 牛顿环

动画：牛顿环

下面我们分析牛顿环干涉条纹的特点. 设第 k 级条纹所在处空气薄膜的厚度为 d，则空气薄膜上下表面反射光的光程差为

$$\delta=2d+\frac{\lambda}{2}$$

根据干涉条件可知产生明条纹、暗条纹的条件分别为

$$2d+\frac{\lambda}{2}=k\lambda \quad (k=1,2,3,\cdots) \quad 明条纹 \tag{12.38}$$

$$2d+\frac{\lambda}{2}=(2k+1)\frac{\lambda}{2} \quad (k=0,1,2,\cdots) \quad 暗条纹 \tag{12.39}$$

在中心接触点 O 处，空气膜的厚度为零，光程差为 $\lambda/2$，因此牛顿环的中心是一个暗斑.

由图 12.26(a)可看出，牛顿环干涉条纹的半径 r 与透镜的曲率半径 R 的几何关系为

$$r^2=R^2-(R-d)^2=2Rd-d^2$$

因 $R\gg d$，所以可以略去高阶小量 d^2，于是

$$d=\frac{r^2}{2R} \tag{12.40}$$

上式表明，空气薄膜的厚度 d 与 r 的平方成正比. 离中心越远，光程差增加越快，所以牛顿环的干涉条纹呈现内疏外密的分布.

将式(12.40)代入式(12.38)和式(12.39)，可知明环和暗环的半径分别为

$$r=\sqrt{\frac{(2k-1)R\lambda}{2}} \quad (k=1,2,3,\cdots) \quad 明环 \tag{12.41}$$

$$r=\sqrt{kR\lambda} \quad (k=0,1,2,\cdots) \quad 暗环 \tag{12.42}$$

随着级数 k 的增大，干涉条纹变密.对于第 k 级和第 $(k+m)$ 级的暗环，有

$$r_k^2=kR\lambda$$

$$r_{k+m}^2=(k+m)R\lambda$$

将以上两式相减，整理可得平凸透镜的曲率半径为

$$R=\frac{r_{k+m}^2-r_k^2}{m\lambda} \tag{12.43}$$

在实验中,我们测量不同级次的牛顿环的直径,用直径的平方差而不是直径的平方求平凸透镜的曲率半径,这样可以消除平凸透镜与平板玻璃的不良接触所带来的误差.利用牛顿环,我们可精确地检验光学元件表面的质量.当透镜和平板玻璃间的压力改变时,其间空气层的厚度也会发生微小变化,条纹也将随之移动,由此可以确定压力或长度的微小变化.

*12.2.5 迈克耳孙干涉仪

利用光的干涉原理制成的各种干涉仪已广泛应用于光学工程中.特别是在光谱学、精密计量及检测仪器中,干涉仪具有重要的实际应用.本节介绍在科学发展史上以及在近代物理中都起着重要作用的迈克耳孙干涉仪,其实物照片如图 12.27(a)所示.

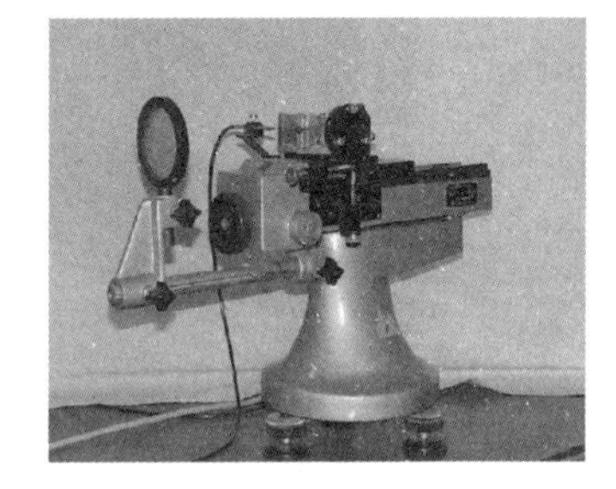

(a) 仪器实物图

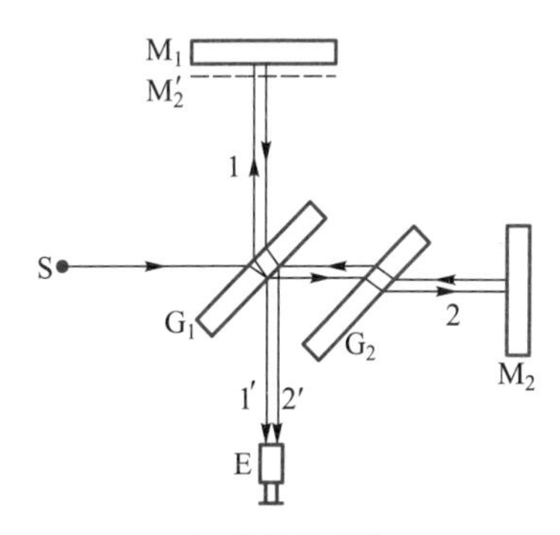

(b) 光路示意图

图 12.27　迈克耳孙干涉仪

迈克耳孙干涉仪是利用分振幅法产生双光束干涉的干涉仪.利用迈克耳孙干涉仪我们可观察等倾干涉条纹和等厚干涉条纹.图 12.27(b)是迈克耳孙干涉仪的光路示意图.图中 M_1 与 M_2 是两片精密磨光的平面反射镜,分别置于相互垂直的两臂上,M_2 固定不动,M_1 可通过调节螺旋手柄使其沿臂的方向作微小的移动. G_1 与 G_2 是两块完全相同的平板玻璃,与 M_1 和 M_2 成 45°角放置.在 G_1(称为分光板)的一个面上镀有一层半反射膜,使入射到 G_1 上的光一半被反射,一半透射.由光源 S 发出的光通过 G_1 分成反射光 1 和透射光 2,分别垂直入射到平面反射镜 M_1 和 M_2 上,再反射回 G_1.光线 1 透过镀膜部分成为光线 1′,光线 2 从镀膜反射后成为光线 2′.显然光线 1′和光线 2′是相干光,在光探测器 E 处相遇产生干涉条纹.仪器中的平板玻璃 G_2 是补偿板,起补偿光程的作用,使光线 2 也和光线 1 一样三次通过厚度相等的平板玻璃,以避免光线 1 和 2 所经过的路径不同而引起较大的光程差.

设想平面镜 M_2 经半反射膜反射所形成的虚像为 M_2',对 E 处的观察者来说,光线自 M_2 处反射的光可以视为从虚像 M_2' 发出的,于是在 M_1 和 M_2' 之间形成了一层"空气薄膜".从薄膜的两个表面 M_1 和 M_2' 反射的光线 1′和 2′的干涉,就可当作薄膜干涉处理.如果 M_1 和 M_2 相互严格垂直,相应地 M_1 和 M_2' 严格地相互平行,因此 M_1 和 M_2' 之间将形成一层厚度均匀的空气薄膜,这时可以观察到圆环形的等倾干涉条纹,移动 M_1,即改变空气薄膜的厚度,环形条纹也随之变动;当 M_1 和 M_2 相互不严格垂直时,M_1 和 M_2' 之间就会有微小夹角而形成空气劈尖,这时可以观察到等厚干涉条纹.图 12.28 是迈克耳孙干涉仪所产生的各种类型的干涉图样,其中上排是等倾干涉图样,下排为等厚干涉图样.

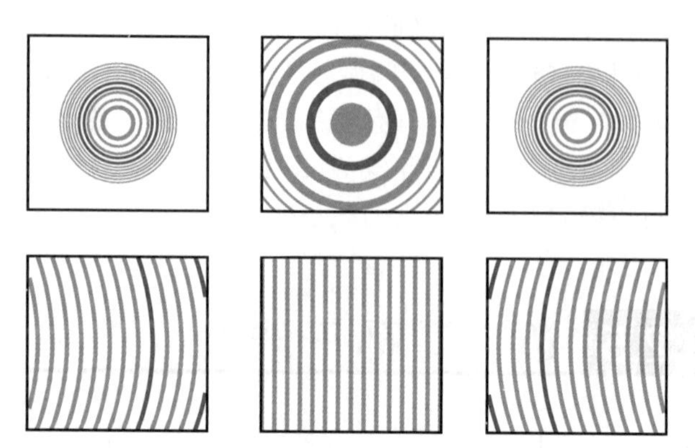

图 12.28　迈克耳孙干涉仪产生的各类干涉图样

迈克耳孙干涉仪的应用范围很广.由于干涉仪可将两束相干光完全分开,它们之间的光程差可以根据要求作各种变化,同时人们还可以很方便地在光路中安置测量样品,用于精密测量长度、折射率、光谱线的波长及相干长度等.干涉仪的测量结果可以精确到与波长同数量级.由于干涉条纹的位置取决于光程差,只要光程差有微小的变化,干涉条纹就将发生可分辨的移动.每当 M_1 移动 $\lambda/2$ 的距离时,视场中就有一条明条纹通过(如果是等倾干涉,视场中心会冒出或缩进一个环形条纹;如果是等厚干涉,则有一条条纹在视场中移过),所以数出视场中条纹变化的数目 N,就可以算出平面镜 M_1 移动的距离,

$$d=N\frac{\lambda}{2} \tag{12.44}$$

上式表明,用已知波长的光源可以测量微小长度,也可以用已知的长度来测定波长.

迈克耳孙在 1892 年用他的干涉仪最先以光的波长为单位测定了国际标准米尺的长度.因为光的波长是物质的基本特性之一,是永久不变的,这样就能把长度的标准建立于一个永久不变的基础上.他用镉的蒸气在放电管中发出红色谱线时的波长来量度米尺的长度,在温度为 15℃、压强为 10 132 472 Pa 的干燥空气中,测得 1 m=1 553 164.13 倍红色镉光波长,或认为红色镉光波长 λ_0=643.846 96 nm.1960 年第十一届国际计量大会规定用相对原子质量为 86 的氪同位素(^{86}Kr)的一条橙色谱线在真空中的波长 λ_{Kr} 为长度的新标准,即 1 m=1 650 763.73λ_{Kr}.迈克耳孙因发明干涉仪及其在精密测量和实验方面的杰出成就获得 1907 年诺贝尔物理学奖.

12.3 光的衍射

12.3.1 光的衍射现象

衍射是波动的另一个主要基本特征.光的衍射现象是指光在传播过程中遇到障碍物后,会偏离原来的直线方向继续向前传播,并在绕过障碍物后形成明暗相间的衍射图样的现象.日常生活中人们对水波和声波的衍射比较熟悉,但光的衍射现象不易被人们所察觉,这是因为衍射现象出现与否,主要取决于障碍物线度和波长大小的对比,只有在障碍物的线度和波长可以相比拟时,衍射现象才明显地表现出来.图12.29分别是光经过狭缝、圆孔和矩形孔后形成的衍射图样.

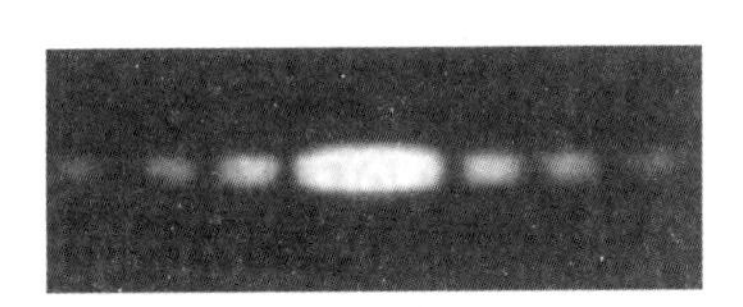
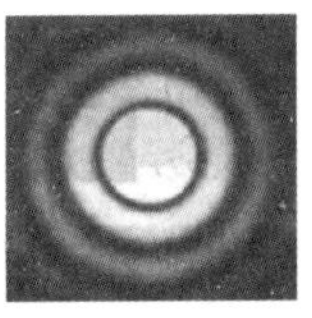
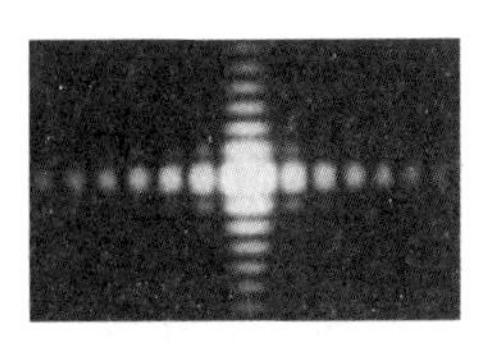

图12.29 光的衍射图样

光的衍射通常分为两种类型:一类是光源或观察屏相对于障碍物在有限远处时所形成的衍射现象,如图12.30(a)所示,称为**菲涅耳衍射**(Fresnel diffraction);另一类是光源和观察屏相对障碍物都在足够远处时所形成的衍射现象,即认为入射光和出射光相对于障碍物都是平行光,这类衍射称为**夫琅禾费衍射**(Fraunhofer diffraction),如图12.30(b)所示.在实验室中,我们可以利用两个会聚透镜来实现夫琅禾费衍射,如图12.31所示.由于夫琅禾费衍射的分析和计算比较简单,而且在实际应用和理论上都十分重要,因此本书只讨论夫琅禾费衍射.

菲涅耳衍射

夫琅禾费衍射

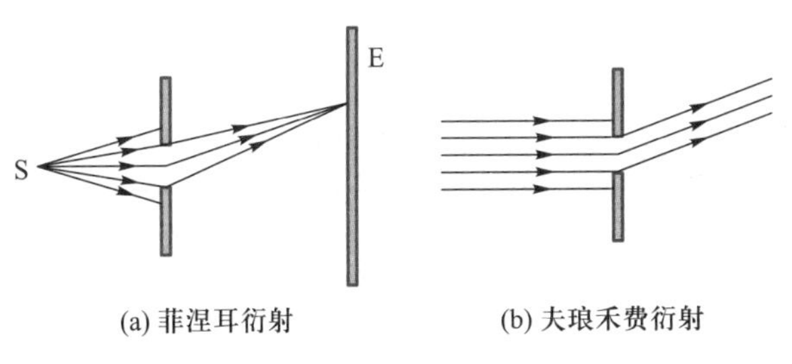

图12.30 两类衍射

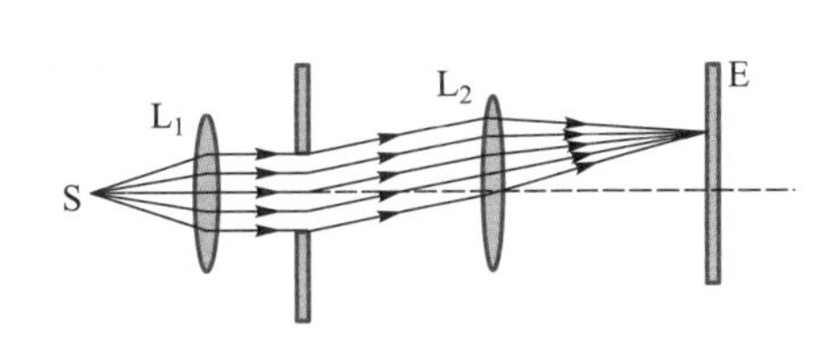

图12.31 实验室中实现夫琅禾费衍射的方法

12.3.2 惠更斯-菲涅耳原理

惠更斯原理可以定性地解释波的衍射现象,但不能说明光的衍射图样中为什么会出现光强明暗相间的分布.菲涅耳根据波的叠加和干涉原理,提出了"子波相干叠加"的思想,进一步发展了惠更斯原理.菲涅耳认为:从同一波面上各点发出的子波,在传播过程中相遇时,也能相干叠加而产生干涉现象,空间各点波的强度,由各子波在该点的相干叠加所决定,经补充后的惠更斯原理称为**惠更斯-菲涅耳原理**(Huygens-Fresnel principle).

惠更斯-菲涅耳原理

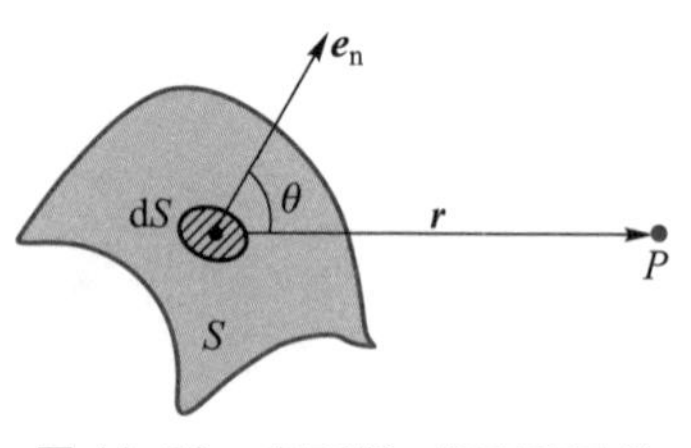

图 12.32 惠更斯-菲涅耳原理

根据惠更斯-菲涅耳原理,如果已知光波在某时刻的波阵面 S,如图 12.32 所示,则空间中某点 P 的光振动可由波面 S 上各面元 dS 发出的子波在该点叠加后的合振动来表示.菲涅耳指出:从面元 dS 发出的子波在 P 点处引起的光振动振幅与 dS 的面积成正比,与 dS 到 P 点的距离 r 成反比;还与 $\boldsymbol{r}$ 和 dS 的法向单位矢量 $\boldsymbol{e}_n$ 之间的夹角 θ 有关,θ 越大,在 P 点处的振幅越小,当 $\theta \geqslant \frac{\pi}{2}$ 时,振幅为零;子波在 P 点处的振动相位取决于 dS 到点 P 的光程 r.若取 $t=0$ 时波阵面 S 上各点相位为零,则面元 dS 在 P 点处引起的光振动可表示为

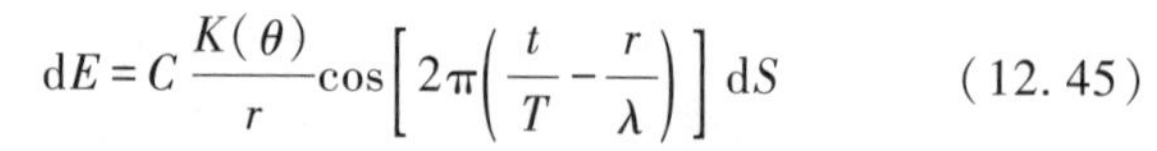

$$dE = C\frac{K(\theta)}{r}\cos\left[2\pi\left(\frac{t}{T}-\frac{r}{\lambda}\right)\right]dS \tag{12.45}$$

式中 C 为比例系数,$K(\theta)$ 为随 θ 增加而减小的**倾斜因子**.

倾斜因子

波阵面上所有面元 dS 发出的子波在 P 点处引起的光振动为

$$E = \int_S C\frac{K(\theta)}{r}\cos\left[2\pi\left(\frac{t}{T}-\frac{r}{\lambda}\right)\right]dS \tag{12.46}$$

上式称为惠更斯-菲涅耳原理的数学表达式.利用惠更斯-菲涅耳原理我们原则上可以计算衍射图样中的光强分布,不过这种计算一般比较复杂,只有在少数特殊情况下才有解析解.下面我们采用菲涅耳半波带法讨论单缝的夫琅禾费衍射.

12.3.3 单缝的夫琅禾费衍射

如图 12.33 所示,光源 S 放在透镜 L_1 的焦平面上,从 L_1 射出的平行光束垂直照射宽度可与光的波长相比拟的水平狭缝 K 时,衍射光经透镜 L_2 会聚到焦平面处的光屏 E 上,形成一组沿竖直方向展开的明暗相间的平行直条纹.中央明条纹较宽而且比较明亮,两侧条纹相对强度明显减弱.一般来说,狭缝越窄,整个衍射图样展开得越宽.下面我们运用**菲涅耳半波带法**(Fresnel half-wave zone construction)来研究单缝的夫琅禾费衍射图样.

菲涅耳半波带法

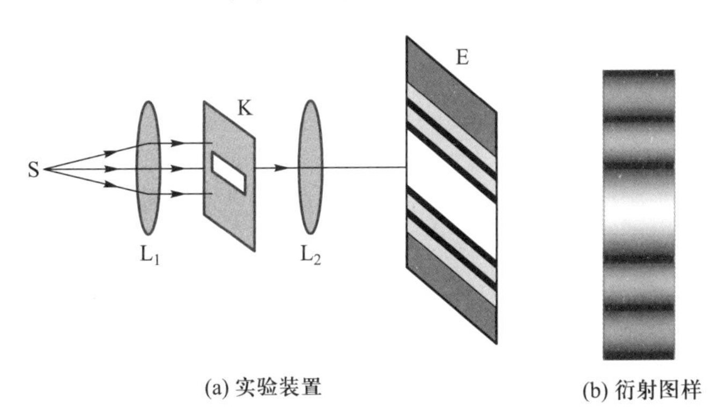

图 12.33　单缝的夫琅禾费衍射

如图 12.34 所示,设平行单色光垂直入射到宽度为 a 的单缝上,根据惠更斯原理,位于单缝所在处的波面 AB 上各点发出的子波沿各个方向传播,这些沿各个方向传播的光线称为衍射光线.某一方向的衍射光线与入射光方向所成的夹角 θ 称为**衍射角**(diffraction angle).衍射角不同的各平行光线经过透镜后,会聚于焦平面 E 上的不同位置处. 因为各平行光线间存在干涉作用,所以在光屏上形成明暗相间的条纹.

衍射角

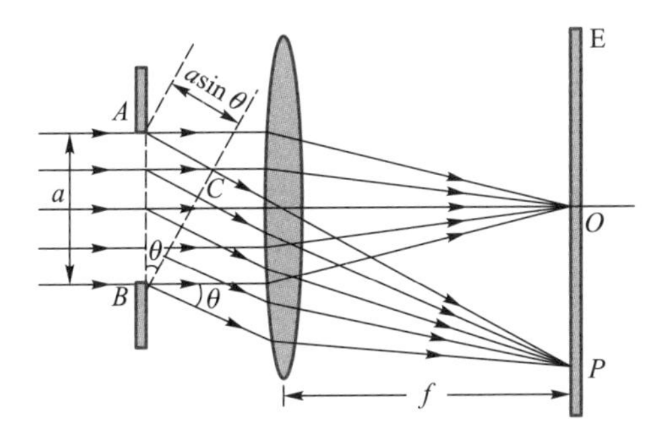

图 12.34　单缝的夫琅禾费衍射条纹

首先考虑沿入射光方向($\theta=0$)传播的各衍射光线,它们经透镜后将会聚于光屏上正对狭缝中心的 O 点处.由于 AB 是同相面,而透镜又不引起附加光程差,因而通过透镜到达 O 点处的各光线光程相等,即达到 O 点处时相位仍然相同,这样,光屏中心 O 点处出现一平行于狭缝的明条纹,称为**中央明条纹**,而衍射角为 θ 的各衍射光线经透镜后将会聚于光屏上的 P 点处.在图 12.34 中,过 B 点作 $BC\perp AC$,则从 BC 面上各点到 P 点处的光程都相等,因而这组衍射角为 θ 的平行光在 P 点处的光程差取决于它们从缝面 AB 上各点达到 BC 面时的光程差.这组平行光的最大光程差等于单缝边缘两条衍射光线的光程差,即

中央明条纹

$$\delta=|AC|=a\sin\theta$$

设想作一组间距为 $\lambda/2$ 的平面与 BC 面平行，如图 12.35 所示，这些平面将单缝 AB 的波面沿缝宽方向分成 AA_1、A_1A_2、A_2A_3……一系列面积相等的条状带，两相邻条状带上任何两个对应点所发出衍射光线的光程差均为 $\lambda/2$，这些条状带称为**半波带**(half-wave zone).显然，对同一单缝装置，半波带的个数与衍射角 θ 有关.衍射角 θ 越大，半波带个数越多.

半波带

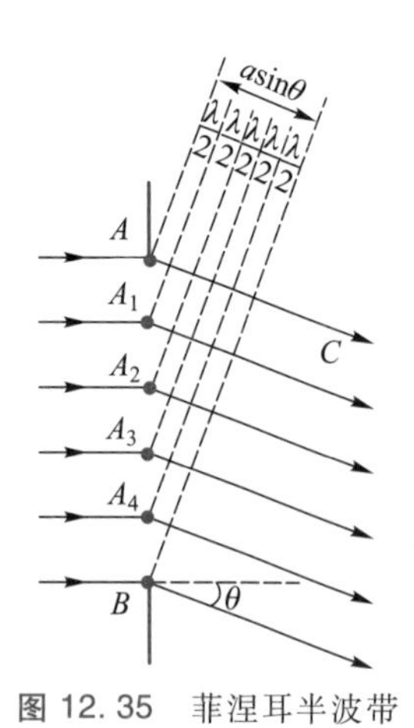

图 12.35　菲涅耳半波带

如果在某个衍射角 θ 方向的衍射光线将波面 AB 正好分割为偶数 $2k$ 个半波带，即

$$a\sin\theta=\pm2k\frac{\lambda}{2}\quad(k=1,2,3,\cdots)\tag{12.47}$$

这时，相邻半波带发出的衍射光线的光程差均为 $\lambda/2$，它们到达光屏上 P 点处时正好相位相反，因此各波带发出的衍射光线两两相互抵消，光屏上的 P 点处出现暗条纹(中心).图 12.36(a)表示波面 AB 分成两个半波带时的情形. 对应于式(12.47)中 $k=1$，$2,3,\cdots$ 分别称为第一级暗条纹、第二级暗条纹、第三级暗条纹……式中正、负号表示条纹对称分布于中央明条纹两侧.

如果在某个衍射角 θ 方向的衍射光线将波面 AB 正好分割为奇数 $(2k+1)$ 个半波带，即

$$a\sin\theta=\pm(2k+1)\frac{\lambda}{2}\quad(k=1,2,3,\cdots)\tag{12.48}$$

这时，偶数个半波带两两相互抵消，还剩余一个波带发出的衍射光照射在光屏上，光屏上的 P 点处将出现明条纹(中心).图 12.36(b)表示波面 AB 被分成三个半波带时的情形.式(12.48)中

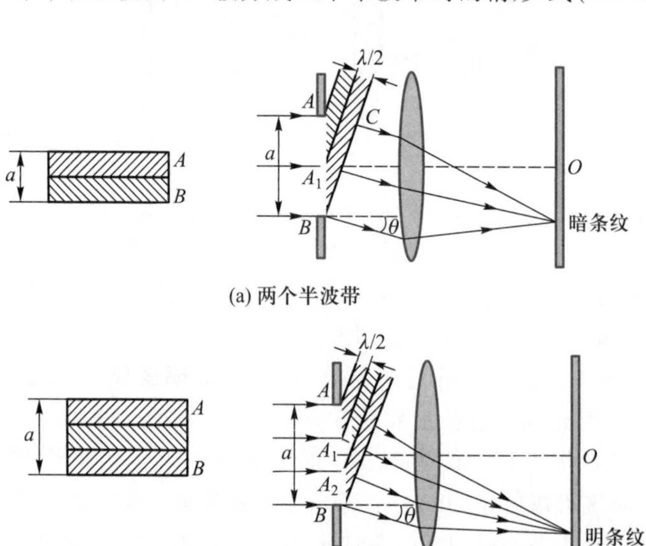

图 12.36　偶数、奇数个半波带

$k=1,2,3,\cdots$分别为第一级明条纹、第二级明条纹、第三级明条纹……

应注意，式(12.47)和式(12.48)中的 k 都不能取零，因为在式(12.47)中，$k=0$ 对应于中央明条纹的衍射条件，而在式(12.48)中，若 $k=0$，虽然对应于一个半波带形成的明条纹，但仍是中央明条纹的一部分，不能呈现出单独的明条纹.

如果对应于某一衍射角 θ，波面 AB 不能恰好被分成整数个半波带，则在光屏上对应处的光强将介于最明和最暗之间.

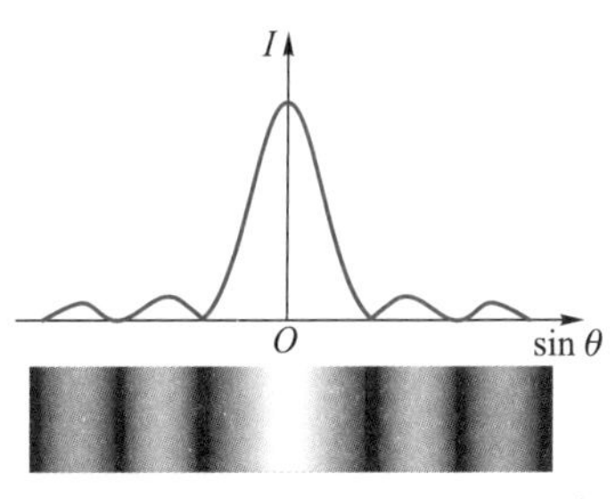

图 12.37　单缝的夫琅禾费衍射的光强分布

在单缝衍射条纹中，光强分布是不均匀的，如图 12.37 所示. 中央明条纹最亮，约占总出射光强的 85%，其他明条纹的强度随条纹级次 k 的增大而迅速减小，明暗条纹的区别越来越不明显. 这是由于随着衍射角 θ 的增大，波面上划分出的半波带数增加，每条半波带的面积减小，因此当各相邻子波叠加两两相消后，剩余一个未被抵消的半波带发出的光强就很小了，从而导致光强的迅速下降.

利用衍射的明、暗纹条件可以求出各级衍射条纹的宽度. 定义两个第一级暗条纹中心($k=\pm1$)之间的距离为中央明条纹的宽度. 由式(12.47)可知，第一级暗条纹对应的衍射角为

$$\theta_1 \approx \sin\theta_1 = \frac{\lambda}{a} \tag{12.49}$$

显然，中央明条纹的角宽度 θ_0 为 θ_1 的两倍，即

$$\theta_0 = 2\theta_1 = 2\frac{\lambda}{a}$$

通常将 θ_1 称为中央明条纹的**半角宽度**(half angular width).

半角宽度

由图 12.38 可看出，第一级暗条纹与中心的距离为

$$x_1 = f\tan\theta_1 \approx f\sin\theta_1 = f\frac{\lambda}{a}$$

因此在光屏上中央明条纹的线宽度为

$$\Delta x_0 = 2x_1 = 2f\cdot\frac{\lambda}{a} \tag{12.50}$$

其他明条纹的宽度为

$$\Delta x = f(\tan\theta_{k+1} - \tan\theta_k) = f\left[\frac{(k+1)\lambda}{a} - \frac{k\lambda}{a}\right] = f\frac{\lambda}{a} \tag{12.51}$$

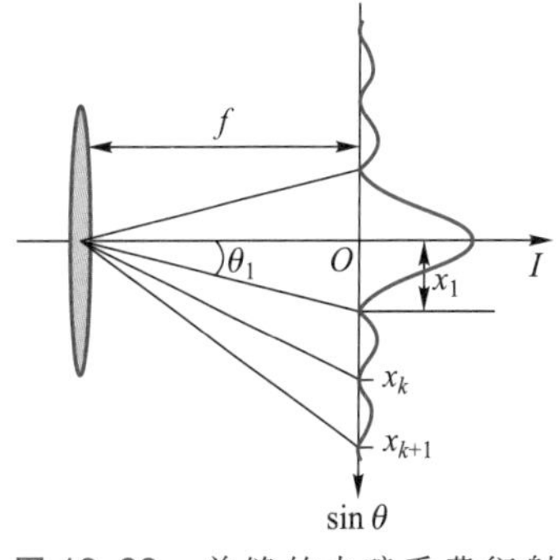

图 12.38　单缝的夫琅禾费衍射的角宽度和线宽度

由以上分析可知，中央明条纹的线宽度为其他明条纹线宽度的两倍.

由式(12.50)可知，入射光波长 λ 一定时，缝宽 a 越小，中央明条纹越宽，衍射越显著；反之，随着 a 的增大，各级条纹将逐渐向中央靠近，衍射效应将不明显. 当 $a \gg \lambda$ 时，各级衍射条纹连成一片，形成单一的很窄的亮线而不能分辨. 实际上这条亮线就是线光源 S 通过透镜所成的几何光学的像，这个像相应于从单缝射

出的平行光束.由此可见,以光的直线传播为基础理论的几何光学,是波动光学在 $a\gg\lambda$ 时的极限情形.对于透镜成像来讲,仅当衍射不显著时才能形成物的几何像,如果衍射不能忽略,则透镜所成的像将是一个衍射图样.当缝宽 a 一定时,如果用白光作光源,对于同一级条纹 k,不同的波长 λ 有不同衍射角 θ,除中央明条纹因各单色光重叠在一起,仍为白光外,其他各级明条纹都由紫色到红色向两侧对称排列,形成彩色图样.

例 12.8

有一宽度为 0.2 mm 的单缝,在缝后放一焦距为 50 cm 的凸透镜,用波长为 546 nm 的平行光垂直照射单缝,求位于透镜焦平面处的光屏上中央明条纹的宽度和第三级明条纹中心的位置. 若将单缝沿上下方向作微小移动,屏上衍射条纹有变化吗?

解 利用公式(12.50)可得中央明条纹的宽度为

$$\Delta x_0=2f\cdot\frac{\lambda}{a}$$

$$=2\times0.50\times\frac{546\times10^{-9}}{0.2\times10^{-3}}\ \text{m}=2.73\times10^{-3}\ \text{m}$$

由式(12.48)可知,第三级明条纹中心满足关系式

$$\theta_3\approx\sin\theta_3=\pm\frac{7\lambda}{2a}$$

第三级明条纹在屏上原点两侧的坐标位置为

$$x_3=\pm f\tan\theta_3\approx\pm f\sin\theta_3=\pm f\frac{7\lambda}{2a}$$

$$=\pm0.5\times\frac{7\times546\times10^{-9}}{2\times0.2\times10^{-3}}\ \text{m}$$

$$=\pm4.78\times10^{-3}\ \text{m}$$

若将单缝位置沿上下方向作微小移动,因衍射角相同的平行光照射在透镜上时,总是会聚在透镜焦平面上的固定点,透镜位置不变(光轴位置不变),故屏上衍射条纹的位置和形状均没有变化.

例 12.9

一单色平行光垂直入射到一单缝上,若其第二级明条纹位置与波长为 540 nm 的单色光入射时的第三级暗条纹位置重合,试计算前一种单色光的波长.

解 两种波长产生的条纹位置重合,表明它们的衍射角相等.设前一种单色光的波长为 λ_0,由明条纹衍射条件 $a\sin\theta=\pm(2k+1)\dfrac{\lambda}{2}$ 及暗条纹衍射条件 $a\sin\theta=\pm2k\dfrac{\lambda}{2}$ 可得

$$(2\times2+1)\frac{\lambda_0}{2}=(2\times3)\frac{\lambda}{2}$$

计算可得前一种单色光的波长为

$$\lambda_0=\frac{6}{5}\lambda=\frac{6}{5}\times540\ \text{nm}=648\ \text{nm}$$

12.3.4 圆孔的夫琅禾费衍射　光学仪器的分辨本领

1. 圆孔的夫琅禾费衍射

上节我们讨论了光通过狭缝时的衍射现象，事实上在单缝的夫琅禾费衍射装置中，若用一小圆孔代替狭缝，也会产生衍射现象，这种衍射称为**圆孔的夫琅禾费衍射**.研究圆孔衍射更具有实际意义.由于大多数光学仪器的通光孔（如透镜）的边缘都是圆形的，因此在光学仪器成像质量问题上都会不可避免地涉及圆孔衍射.

圆孔的夫琅禾费衍射

如图12.39(a)所示，当平行单色光垂直照射到小圆孔时，在透镜L焦平面处的光屏上出现的不是一个亮点而是一个亮斑，在其外围是一组明暗相间的圆环，显然这是因光的衍射形成的.中央亮斑称为**艾里斑**（Airy disk），艾里斑集中了约84%的衍射光能量，而周围圆环的强度相对很弱，如图12.39(b)所示.

艾里斑

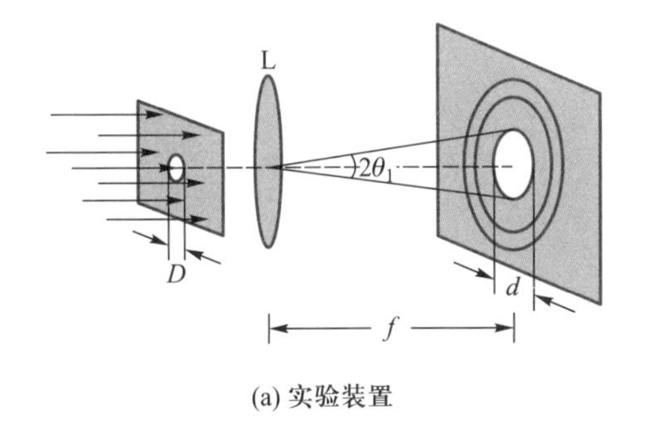

(a) 实验装置

(b) 衍射图样

图12.39　圆孔的夫琅禾费衍射

设艾里斑的直径为 d，小圆孔的直径为 D，入射光的波长为 λ，透镜的焦距为 f，可以证明艾里斑对透镜光心的张角 $2\theta_1$［图12.39(a)］为

$$2\theta_1=\frac{d}{f}=2.44\,\frac{\lambda}{D} \tag{12.52}$$

由上式可看出，在 λ、f 一定的情况下，圆孔的直径 D 越小，艾里斑越大，即圆孔的衍射现象越显著.

2. 光学仪器的分辨本领

按照几何光学的观点，物体通过透镜成像时，每个物点都有一个对应的像点.只要适当选择透镜的焦距，总能把任何微小的物体放大到清晰可见的程度，但实际并非如此.从波动光学来看，组成各种光学仪器中的透镜等部件，相当于一个透光的圆孔，由于圆孔的衍射效应，经透镜所成的像一定不是一个清晰的几何像，而是一个衍射图样.粗略地讲，一个点光源的像是一个具有一定大小的亮斑（艾里斑）.如果两个物点距离很近，其相应的两个艾里斑就很可能部分重叠而不易分辨，以至被看成是一个像点.也就是说，光的衍射效应限制了光学仪器的分辨能力，下面我们以透镜为例讨论光学仪器的分辨能力.

用透镜观察两个物点 S_1 和 S_2 时，从 S_1 和 S_2 发出的光，经透镜成像将形成两个艾里斑.两个艾里斑的重叠程度大致有三种情况：图 12.40(a)表示 S_1、S_2 相距较远，两个艾里斑中心距离大于艾里斑半径，此时能够分辨出两个物点的像.图 12.40(c)表示 S_1、S_2 相距较近，两个艾里斑中心距离小于艾里斑半径，即两个艾里斑大部分相互重叠，此时将无法分辨出两个物点的像.图 12.40(b)表示 S_1、S_2 的距离恰好使**两个艾里斑中心的距离等于艾里斑的半径，即一个艾里斑的中心刚好与另一个艾里斑的边缘（第一级暗条纹）相重叠**，在这种情形下两物点恰好能被光学仪器所分辨，符合恰能分辨的上述条件称为**瑞利判据**（Rayleigh's criterion）.满足瑞利判据的两物点对透镜光心的张角 θ 称为**光学仪器的最小分辨角**，显然 θ 等于艾里斑半径对于透镜光心的张角 θ_1[图 12.40(b)所示].由式(12.52)可得

瑞利判据

光学仪器的最小分辨角

$$\theta = 1.22\frac{\lambda}{D} \tag{12.53}$$

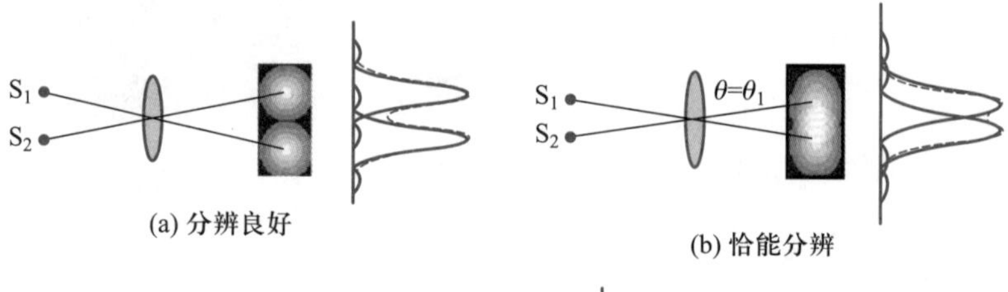

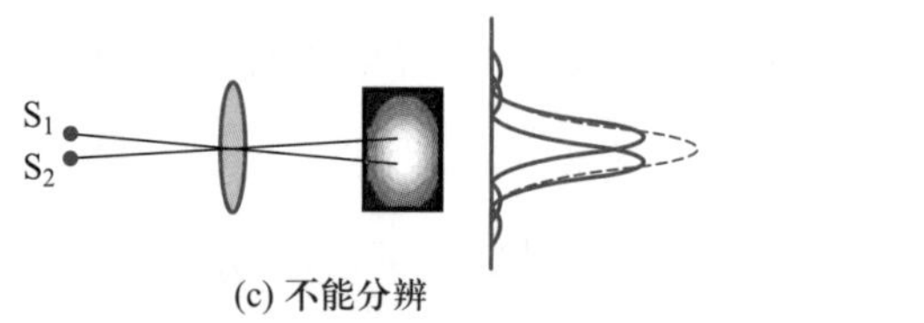

图 12.40 光学仪器的分辨本领

光学仪器的分辨本领

分辨率

我们把最小分辨角的倒数称为**光学仪器的分辨本领**，也称分辨率，用 R 表示，即

$$R = \frac{1}{\theta} = \frac{D}{1.22\lambda} \tag{12.54}$$

上式表明，光学仪器的分辨本领与仪器的孔径 D 成正比，与所用入射光的波长 λ 成反比.为了提高望远镜的分辨本领，在天文观测中必须采用大口径的物镜.1990 年发射的哈勃太空望远镜的凹

面物镜直径达到 2.4 m,在大气层外约 600 km 的高空绕地球飞行,它可观察 130 亿光年远的太空深处,发现了约 500 亿个星系.而对于显微镜,人们为了提高分辨本领,则尽量采用波长较短的入射光.20 世纪 20 年代,人们发现电子具有波动性,而且其波长约为可见光波长的万分之一,利用电子的波动性质制成的电子显微镜,其分辨本领比光学显微镜高数千倍.

例 12.10

在正常亮度下,人眼的瞳孔直径约为 3 mm,对可见光中波长为 550 nm 的黄绿光最敏感.

(1) 人眼的最小分辨角是多少?

(2) 若有一物体放在距人眼 25 cm(明视距离)处,人眼恰能分辨该物体,则该物体的长度为多少?

解 (1) 根据式(12.53),可得人眼的最小分辨角为

$$\theta = 1.22\frac{\lambda}{D} = \frac{1.22\times5.5\times10^{-7}}{3\times10^{-3}}\ \text{rad} = 2.2\times10^{-4}\ \text{rad}$$

(2) 设物体的长度为 d,当人眼与物体的距离为 $l=25$ cm 时,该物体恰能被人眼分辨,则此时物体对人眼的张角就是人眼的最小分辨角,所以恰能分辨时的物体长度为

$$d \approx l\theta = 25\times2.2\times10^{-4}\ \text{cm} = 5.5\times10^{-3}\ \text{cm}$$

12.3.5 光栅衍射

光栅是现代科技中常用的一种精密光学元件,可用于精确测量光的波长和进行光谱分析等.

1. 光栅

光栅

由大量等宽、等间距的平行狭缝构成的光学元件称为**光栅**(grating).常用的光栅是通过在光学玻璃片上刻出大量平行刻痕而制成的,两刻痕间的光滑部分可以透光,透光部分相当于狭缝,这种利用透射光衍射的光栅称为透射光栅. 若在镀有高反射率金属层的表面上刻出许多平行刻痕,这种利用反射光衍射的光栅称为反射光栅.从广义上讲,任何具有空间周期性的衍射屏都可称为光栅.下面我们以透射光栅为例介绍光栅的衍射现象.

将单缝夫琅禾费衍射实验中的单缝换成光栅,即为光栅衍射的实验装置,如图 12.41 所示.设光栅的透光部分宽度(狭缝的宽

度)为 a,不透光部分宽度为 b,将两者之和 $d(d=a+b)$ 称为**光栅常量**.光栅常量是表征光栅性能的一个重要参量,通常光栅常量很小,一般在 1 cm 宽度内可有几百乃至上万条刻痕.光栅常量与单位长度的刻痕数(或缝数)成倒数关系,如在 1 cm 宽度内有 2 000 条刻痕,则光栅常量为

光栅常量

$$d=\frac{1.0\times10^{-2}}{2\ 000}\ \text{m}=5.0\times10^{-6}\ \text{m}$$

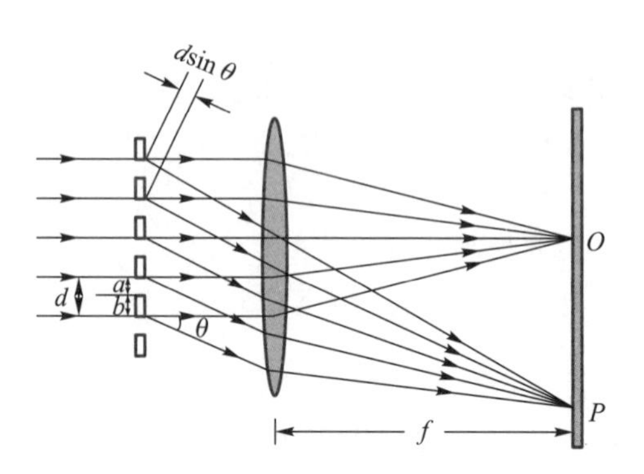

图 12.41 光栅衍射

当平行光垂直入射到透射光栅上,不同衍射角的平行光将会聚于透射焦平面上的不同点(如图 12.41 中的 O 点、P 点),在光屏上形成明暗相间的衍射条纹,如图 12.42 所示.光栅衍射条纹是在几乎全黑的背景上呈现的一系列又细又亮的明条纹,这与单缝衍射条纹有着明显的差别.

图 12.42 光栅衍射图样

2. 光栅衍射规律

动画:多光束干涉

当单色平行光垂直入射到光栅上时,光栅的每条狭缝都将产生单缝衍射,而且它们在透镜焦平面上产生的衍射图样位置完全相同并互相重叠在一起.另外,各条单缝发出的衍射光又是相干光,这些单缝衍射图样重叠时会产生干涉现象.所以,光栅的衍射图样是单缝衍射和多光束干涉的总效果.

(1) 光栅方程.

当平行光垂直入射到光栅时,每条缝均向各方向发出衍射光,由各缝发出的具有相同衍射角 θ 的一组平行光都会聚于屏上同一点,如图 12.41 中所示的 P 点,这些光波相互叠加、产生干涉,所以光栅衍射又称**多光束干涉**. 从图 12.42 中可以看出,由于光栅上的狭缝是等宽且等间距的,因此从任意相邻两缝射出的衍射角为 θ 的光线,到达 P 点的光程差都相等,均为 $d\sin\theta$.当 θ 满足

多光束干涉

$$d\sin\theta = \pm k\lambda \quad (k=0,1,2,\cdots) \qquad (12.55)$$

时所有缝发出的光到达 P 点时干涉加强,形成明条纹. 上式称为**光栅方程**(grating equation).满足光栅方程的明条纹又称为**主明纹**(或主极大).式中 $k=0$ 对应的条纹称为中央明条纹(图 12.41 中的 O 点处),$k=1,2,\cdots$所对应的条纹分别称为第一级明条纹、第二级明条纹……正负号表示各级明条纹对称分布在中央明条纹两侧.

光栅方程

主明纹

从光栅方程可以看出,在波长一定的单色光垂直照射下,光栅常量 d 越小,各级主明纹的 θ 角越大,相邻明条纹分得越开.对给定长度的光栅,总缝数越多,主明纹越亮、越细. 主明纹的位置与狭缝数无关.可以证明,对一个具有 N 条狭缝的光栅来说,在衍射图样的相邻两主明纹之间有$(N-1)$条暗条纹和$(N-2)$条光强很弱的次明纹.当 N 很大时,光栅衍射的暗条纹和次明纹已连成一片,两者几乎无法分辨,实际上在相邻的主明纹之间形成一片暗区,从而清晰地衬托出一系列分得很开的细窄亮线,其情况正如图 12.42 所示.

(2) 光栅衍射的光强分布.

以上讨论多光束干涉时,我们并没有考虑光通过每一条狭缝时产生的衍射效应对干涉条纹的影响. 事实上,由于单缝衍射的作用,在不同的衍射角方向光的强度不同,所以光栅衍射在不同位置的明条纹来源于不同光强的衍射光的干涉加强,即多光束干涉的各明条纹要受到单缝衍射的调制. 图 12.43 为光栅衍射图样

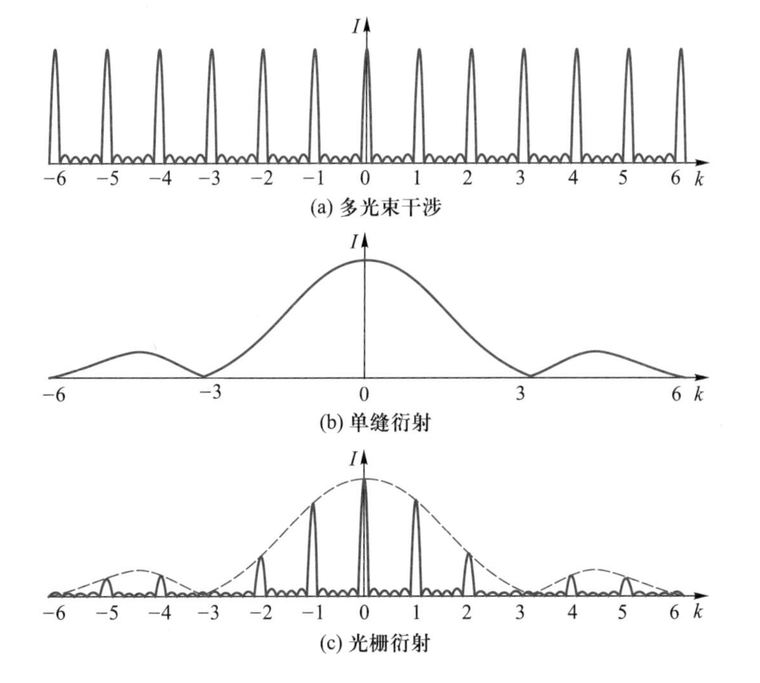

图 12.43　光栅衍射的光强分布

的光强分布图.其中图 12.43(a)是只考虑多光束干涉的光强分布曲线,图 12.43(b)是各单缝衍射的光强分布曲线,由多光束干涉和单缝衍射共同决定的光栅衍射的总光强分布曲线如图 12.43(c)所示.

(3) 缺级现象.

由于光栅衍射条纹是单缝衍射和多光束干涉的总效果,所以当衍射光线的衍射角 θ 既满足光栅衍射主明纹的条件,也满足单缝衍射暗条纹条件时,即

$$d\sin\ \theta=\pm k\lambda$$

$$a\sin\ \theta=\pm k'\lambda$$

缺级现象

这时按光栅方程本应出现的主明纹将消失,这种现象称为**缺级现象**.根据以上两式可得缺级级数为

$$k=\pm\frac{d}{a}k' \quad (k'=1,2,3,\cdots) \tag{12.56}$$

即当光栅常量 d 与缝宽 a 成整数比时,就会发生缺级现象.例如,当 $d=3a$ 时,则有 $k=\pm3,\pm6,\cdots$ 对应的主明纹缺级,图 12.43(c)所示就是这种情况.

3. 光栅光谱

光栅光谱

若用白光照射到光栅上,由光栅方程式(12.55)可知,除中央明条纹由各单色光混合、仍为白色外,不同波长同一级谱线的衍射角 θ 是不同的,同一级不同波长的明条纹将按波长顺序(由紫光到红光)自中央向外侧依次排列形成一组谱线,级次较高的光谱中有部分谱线彼此重叠.光栅衍射产生的这种按波长排列谱线称为**光栅光谱**,如图 12.44 所示.

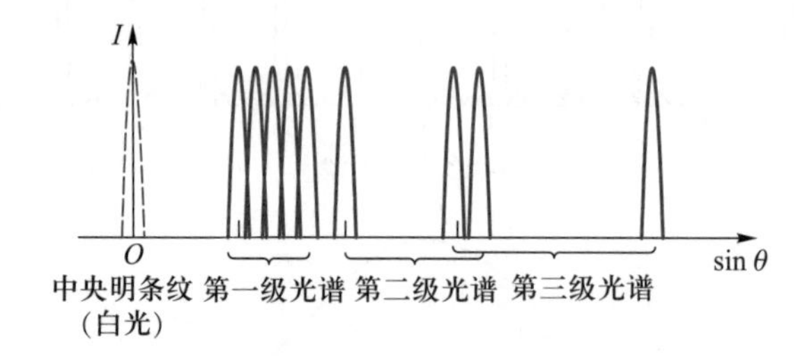

图 12.44 光栅光谱

光谱分析

各种元素或化合物都具有各自特定的光谱,通过光谱中各谱线的波长,我们可以分析出发光物质的成分,还可以从谱线的强度定量地分析出元素的含量,这种分析方法称为**光谱分析**(spectrum analysis).光谱分析是现代物理学研究的重要手段,在科学研究和工程技术上也有广泛的应用.

例 12.11

波长为 480 nm 的单色光垂直照射到每毫米内有 400 条狭缝的光栅上，光栅常量为狭缝宽度的 2 倍.

（1）求第一级谱线的衍射角；

（2）在光屏上最多能观察到第几级光谱线？实际上能观察到几条光谱线？

解　（1）依题意可知光栅常量为

$$d=\frac{1}{400}\times10^{-3}\ \mathrm{m}=2.5\times10^{-6}\ \mathrm{m}$$

由光栅方程 $d\sin\theta=k\lambda$，可知

$$\sin\theta=\frac{k\lambda}{d}=\frac{1\times480\times10^{-9}}{2.5\times10^{-6}}=0.192$$

所以第一级谱线的衍射角 $\theta=11.07°$.

（2）在光屏上能看到的全部谱线的级数应满足 $-\frac{\pi}{2}<\theta<\frac{\pi}{2}$. 当 $\theta=\pi/2$ 时，由光栅方程得屏上能观察到的最大级数为

$$k_{\max}=\frac{d\sin\theta}{\lambda}=\frac{2.5\times10^{-6}\times1}{480\times10^{-9}}=5.2$$

由于 k 值只能是整数，所以应有 $k_{\max}=5$，即在光屏上最多能观察到第 5 级光谱线.

根据缺级条件，缺级级数为

$$k=\pm\frac{d}{a}k'=\pm2k'\quad(k'=1,2,3,\cdots)$$

即在光屏上可能观察到 5 级光谱线中 $k=\pm2$，±4 缺级，所以加上中央明条纹，实际上能观察到的谱线级数为 $k=0,\pm1,\pm3,\pm5$，共 7 条.

例 12.12

白光垂直照射到每厘米内刻有 4 000 条缝的光栅上，问可以产生多少个完整的光谱？哪一级光谱中哪个波长的光开始与其他谱线重叠？

解　白光通过光栅产生的光谱衍射，每一级谱线都是按从紫光（波长为 400 nm）到红光（波长为 760 nm）的顺序从中央向两侧排列的.若要产生完整的光谱，则要求第 $(k+1)$ 级紫光条纹在第 k 级红光条纹之后，即在屏幕上的角位置满足 $\theta_{紫(k+1)}>\theta_{红k}$ 的关系.

由光栅方程可得

$$d\sin\theta_{红k}=k\lambda_{红}$$

$$d\sin\theta_{紫(k+1)}=(k+1)\lambda_{紫}$$

要产生完整的光谱即要满足

$$(k+1)\lambda_{紫}>k\lambda_{红}$$

代入波长有

$$400(k+1)>760k$$

只有 $k=1$ 满足以上不等式，所以只能产生一个完整的可见光谱，第二级与第三级光谱即有重叠现象出现.

设第二级光谱中波长为 λ 的光与第三级的光谱开始重叠，即与第三级的紫光重叠，利用光栅方程可得

$$\sin\theta=\frac{2\lambda}{d}=\frac{(2+1)\lambda_{紫}}{d}$$

即

$$2\lambda=(2+1)\lambda_{紫}$$

则第二级光谱中与第三级开始重叠的光的波长为

$$\lambda=\frac{3}{2}\lambda_{紫}=600\ \mathrm{nm}$$

*12.3.6 X 射线的衍射

1895 年德国物理学家伦琴(W. K.Röntgen, 1845—1923)用高速电子流轰击固体靶时发现,会有一种新的射线从固体上发射出来,这种人眼看不见的射线具有使许多固体发出可见的荧光、使照相底片感光以及使空气电离等能力.它还具有很强的穿透力,能透过许多对可见光不透明的物质,如黑纸、木材等.因为这种射线是前所未知的,伦琴也无法解释产生它的原因是什么,于是把它称为 **X 射线**(X-ray).为了纪念伦琴,后人也曾称这种射线为伦琴射线. 伦琴因为发现 X 射线于 1901 年获得诺贝尔物理学奖.

X 射线

X 射线是一种波长很短(数量级为 0.1 nm)的电磁波,在医学上人们可利用它很强的穿透能力进行人体生理结构上的病变检查,这是 X 射线最早的应用之一.图 12.45 是产生 X 射线的 X 射线管结构示意图,在抽真空的玻璃管 G 中密封着两个电极,阴极 K 由钨丝制成,呈螺旋状,并由低压电源加热.阳极靶 A 是由钼、钨或铜等金属制成的.在阴极和阳极之间加上几万伏或几十万伏的直流高压,使阴极发射出的热电子流被强电场加速,以很大的速度轰击到阳极靶上,于是便得到了 X 射线.电子流的动能立即转化为 X 射线波段的电磁辐射能.

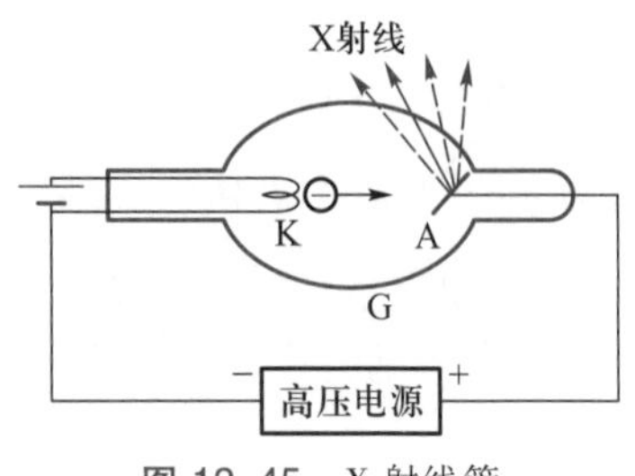

图 12.45　X 射线管

既然 X 射线与可见光一样是一种波动,也应该有干涉和衍射现象,但发现之初 X 射线的衍射与干涉并没有被实验验证,因为用普通光栅观察不到波长很短的 X 射线的衍射现象,而且也无法用机械方法制造出光栅常量与 X 射线波长相近的光栅.直到 1912 年德国物理学家劳厄在慕尼黑大学首次用一块晶体中的点阵作为衍射光栅,经它透射后,直接在屏上观察到了 X 射线的衍射图样,这才证实了 X 射线确实具有波动性,同时也说明了 X 射线的波长和晶体点阵间距的数量级(约为 0.1 nm)相同.劳厄于 1914 年获得诺贝尔物理学奖.劳厄实验装置示意图如图 12.46 所示.图中 PP' 为铅板,上有一小孔,X 射线由小孔通过,C 为晶体,E 为感光底片.晶体内的原子是规则排列的,天然晶体实际上就是光栅常量很小的天然三维光栅.让一束 X 射线穿过铅板上的小孔射向晶体薄片,结果在晶体薄片后面的感光底片上出现了按一定规则分布的 X 射线衍射斑点,如图 12.47 所示,这些斑点称为**劳厄斑点**(Laue spot).

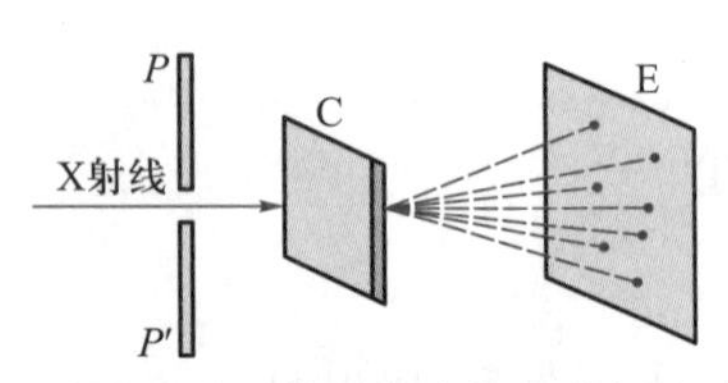

图 12.46　劳厄实验装置示意图

图 12.47　劳厄斑点

劳厄斑点

1913 年,英国物理学家布拉格父子提出了另一种研究 X 射线衍射的方法,并作了定量计算.他们将晶体视为由一系列彼此平行的原子层(称为晶面)所组成,如图 12.48 所示.晶面间距离 d 称为**晶格常量**.当一束平行相干的 X 射线以掠射角 θ 入射到晶体上时,根据惠更斯原理,晶体中每一个原子(图中黑点)均作为一个子波源向各个方向发出散射波.显然,相邻两晶面间的反射线之间的光程差为 $2d\sin\theta$,当满足条件

$$2d\sin\theta=k\lambda\quad(k=1,2,3,\cdots)\tag{12.57}$$

时,各层的反射线干涉加强,形成亮点.以上方程所反映的规律称为**布拉格方程**(Bragg's equation).因为 X 射线进入晶体内部,在各个晶面都会有反射叠加,所以衍射图样清晰明锐.

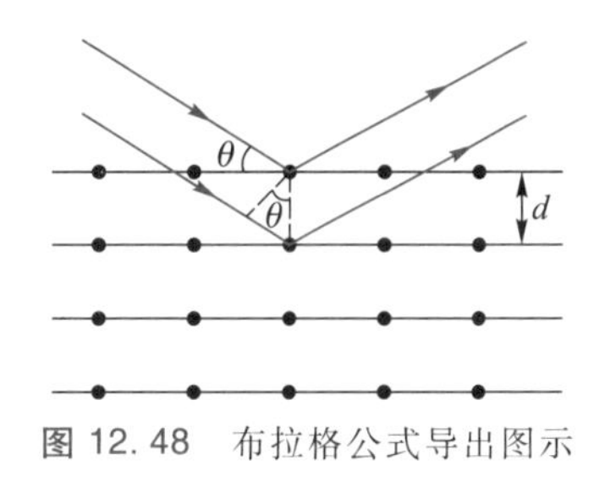

图 12.48　布拉格公式导出图示

晶格常量

布拉格方程

由布拉格方程可知,如果用晶格常量已知的晶体作光栅,则可通过测定角 θ 计算出 X 射线的波长. 同样,对原子发射的 X 射线光谱进行分析,还可以研究原子内部的结构. 如果 X 射线的波长 λ 已知,我们就可以通过测定它在晶体上的衍射角,确定晶格常量,研究、分析晶体的结构. 这种研究已经成为物理学的一个分支——X 射线结构分析.例如,分子生物学家威尔金斯拍摄到的生物分子 DNA 的 X 射线衍射图与物理学家克里克及遗传学家沃森提出的 DNA 三维结构模型完全一致,从而确定了 DNA 分子的双螺旋结构.

12.4　光的偏振

光的干涉和衍射现象表明光是一种波动,但不能由此确定光是横波还是纵波.本节要介绍的光的偏振现象清楚地显示出了光的横波性,这一点和光的电磁理论是完全一致的,或者说,这是光的电磁理论的一个有力证明.

12.4.1　光的偏振态

1. 线偏振光

我们知道,波的振动方向和传播方向相同的波称为纵波,波的振动方向和传播方向相互垂直的波称为横波.在波为纵波的情况下,通过波的传播方向的所有平面内的运动情况都相同,没有哪个平面显示出比其他任何平面更特殊,这称为波的振动对传播方向具有对称性.对横波而言,通过波的传播方向且包含振动矢量的那个平面显然和其他不包含振动矢量的平面有区别,即波的

动画:光的各种偏振态

偏振

振动方向对传播方向没有对称性,这种**波的振动方向相对于传播方向的不对称性称为偏振**(polarization),它是横波区别于纵波的一个最明显的标志,只有横波才有偏振现象.

线偏振光

在与传播方向垂直的平面内,光矢量可能存在各种不同的振动方向.如果光在传播过程中光矢量只限于某一确定平面内,则这种光称为平面偏振光.由于平面偏振光的光矢量在与传播方向垂直的平面上的投影为一条直线,故又称为**线偏振光**或完全偏振光.为简单起见,常用图 12.49 中的形式表示线偏振光.图 12.49(a)中的实点表示光矢量振动方向垂直于纸面;图 12.49(b)中的短线表示光矢量振动方向平行于纸面.

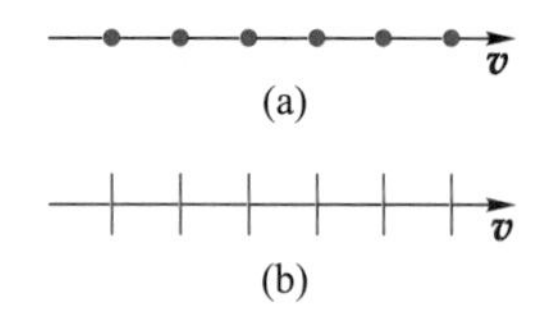

图 12.49　线偏振光的表示法

2. 自然光

自然光

普通光源发出的光一般不能直接显示偏振现象,这一点是由普通光源的发光机制决定的.一个原子(或分子)每次发光所发出的波列可以认为是线偏振光,它的光矢量具有一定的方向.但是,普通光源所发出的光是由大量原子发出的、持续时间很短的波列组成,这些波列的振动方向和相位是无规则的,所以在与光的传播方向垂直的平面上看,几乎各个方向都有大小相等、前后参差不齐而变化很快的光矢量振动.按统计平均来说,无论哪一个方向的振动都不比其他方向更占优势,即光矢量的振动在各方向上的分布是对称的,振幅可视为完全相等,如图 12.50(a)所示,这种光称为**自然光**,它是非偏振的,普通光源发出的光都是自然光.

在自然光中,任意取向的一个光矢量 $\boldsymbol{E}$ 都可以分解为两个相互垂直的方向上的分量.我们可以将每个波列的光矢量都沿任意选定的两个相互垂直的方向分解,然后分别将两个方向上的分量叠加起来得到总光波光矢量的两个分量,如图 12.50(b)所示.由于各波列的振动方向和相位是无规则分布的,所以这两个分量之间没有恒定的相位关系.这样的分解也就将自然光分解为两束相互独立、等振幅、振动方向相互垂直的线偏振光.这两个线偏振光的光强均等于自然光光强的一半.自然光可用图 12.50(c)所示的方法表示.图中的点、线交替均匀画出,表示光矢量对称且均匀分布.

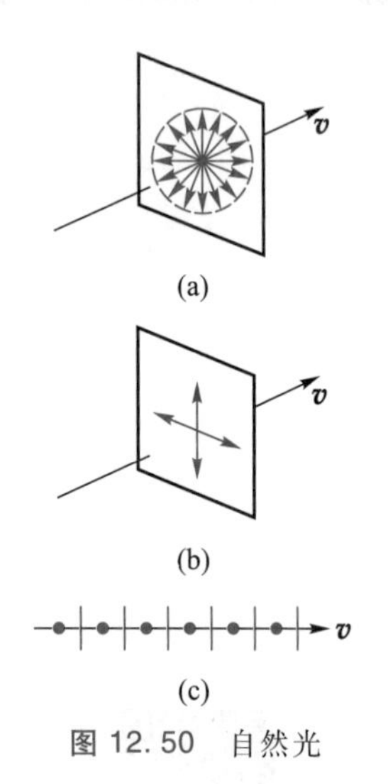

图 12.50　自然光

3. 部分偏振光

部分偏振光

在线偏振光和自然光之间还有一种偏振光,这种光在与光的传播方向垂直的平面内,各方向振动都有,若同样分解为相互垂直的两个分振动,其振幅不再相等,某一方向上的振幅最大,而在与之垂直的方向上振幅最小.这种光称为**部分偏振光**,如图 12.51 所示是部分偏振光的表示法.图 12.51(a)表示垂直于纸面的光振动较强；图 12.51(b)表示平行于纸面的光振动较强.

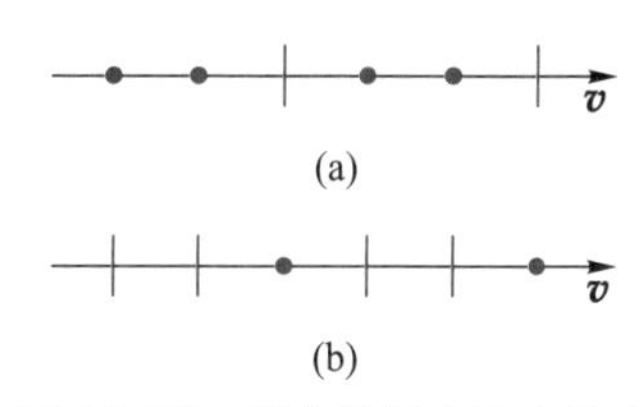

图 12.51　部分偏振光的表示法

*4. 椭圆偏振光和圆偏振光

如果在与光的传播方向垂直的平面内，光矢量随时间作周期性转动，且光矢量端点的轨迹为椭圆，则这种光称为**椭圆偏振光**. 迎着光的传播方向看，如果光矢量作顺时针方向转动，则这种光称为右旋椭圆偏振光；如果光矢量作逆时针方向转动，则这种光称为左旋椭圆偏振光. 如果椭圆偏振光的长轴、短轴相等，即光矢量端点的轨迹为圆，则这种光称为**圆偏振光**，它同样分为右旋和左旋两种.

椭圆偏振光

圆偏振光

12.4.2 起偏与检偏　马吕斯定律

自然界一般的光源(除激光等特殊光源外)发出的光都是自然光，自然光通过特定的光学装置后能够变成线偏振光，这一过程称为**起偏**. 采用某种装置来检测光波是否是偏振光的过程称为**检偏**. 下面介绍利用偏振片产生偏振光和检测偏振光的办法.

起偏

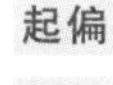

检偏

1. 偏振片的起偏与检偏

某些物质能吸收某一方向的光振动，而只允许与这个方向垂直的光振动通过，这种性质称为**二向色性**. 把具有二向色性的材料涂于透明薄片上，就做成了**偏振片**(polaroid sheet). 当自然光照射到偏振片上时，只有沿某一特定方向的光振动可以通过，通过偏振片后自然光就成为沿该方向振动的线偏振光. 这时偏振片被称为**起偏器**(polarizer)，偏振片上允许通过的光振动方向称为**偏振化方向**(polarizing direction)，在偏振片上一般用符号“↕”标明.

二向色性

偏振片

起偏器

偏振化方向

设一束强度为 I_0 的自然光垂直入射到偏振片 P_1 上(如图 12.52 所示)，透过的光线将成为强度为 I_1 的线偏振光. 由于自然光的光矢量在垂直于传播方向的各个方向上均匀分布，因此将 P_1 绕光的传播方向转动时，透过 P_1 的光强不变，总是占入射自然光强度的一半，即 $I_1=I_0/2$. 怎么检验透过 P_1 的光是线偏振光呢？人眼是无法直接辨别自然光和线偏振光的. 偏振片不但可以使自然光变成线偏振光，还可以用它来检验光是否为线偏振光，这时偏振片又被称为**检偏器**(polarization analyzer). 如果让强度为

检偏器

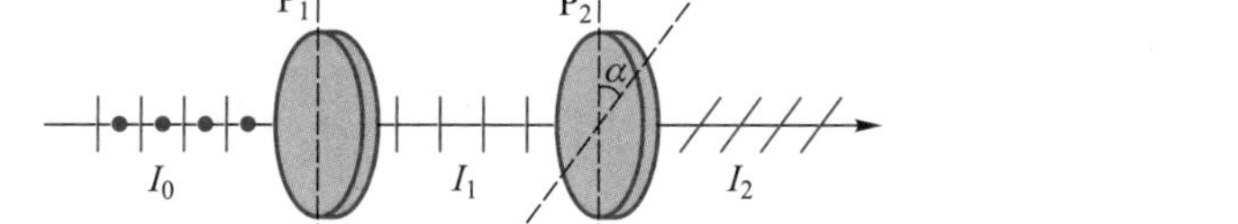

图 12.52　起偏与检偏

I_1 的线偏振光入射到偏振片 P_2 上(如图 12.52 所示),显然当 P_2 与 P_1 的偏振化方向平行时,透过 P_1 的线偏振光完全通过偏振片 P_2,透射光最强($I_2=I_1$),视场亮度最大;当把偏振片 P_2 以光的传播方向为轴缓慢转动时,透射光会逐渐变暗,在两偏振片的偏振化方向相互垂直时将没有光线透过 P_2($I_2=0$),视场完全变黑.在 P_2 旋转一周的过程中,透过 P_2 的光将经历两次最亮、两次最暗的过程.通过这种方式可以判断入射到 P_2 上的光是否为线偏振光.如使自然光垂直照射到偏振片 P_2 上,则在 P_2 旋转一周的过程中,透射光强始终保持不变.

2. 马吕斯定律

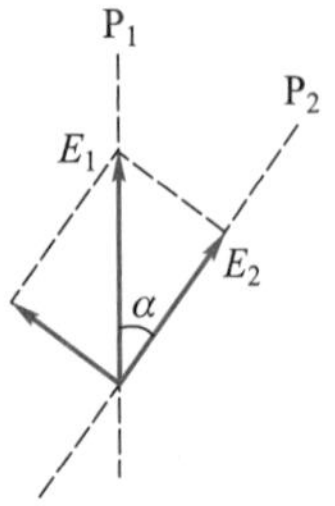

下面我们讨论线偏振光通过偏振片后的光强变化规律.在图 12.52 中,自然光通过 P_1 后变为线偏振光,设其光矢量的振幅为 E_1,光强为 I_1.只有与 P_2 的偏振化方向平行的光才能通过 P_2,若两偏振片偏振化方向之间的夹角为 α,则线偏振光通过 P_2 后透射光的振幅 E_2 为 $E_1\cos\alpha$,如图 12.53 所示.由于光的强度正比于振幅的平方,所以透射光的光强为

$$I_2=I_1\cos^2\alpha \tag{12.58}$$

图 12.53 马吕斯定律

马吕斯定律

这个规律是马吕斯(E.Malus,1775—1812)于 1808 年在实验中发现的,称为**马吕斯定律**.

由马吕斯定律可知,当两偏振片偏振化方向平行,即 $\alpha=0°$ 或 $\alpha=180°$ 时,透射光强最大;若两者偏振化方向互相垂直,即 $\alpha=90°$ 或 $\alpha=270°$ 时,透射光强为零,这种现象称为消光;若 α 介于上述各值之间,则光强介于最大值和零之间.

例 12.13

用两个平行放置的偏振片分别作为起偏器和检偏器.在它们的偏振化方向成 30°角时,观察一束单色自然光,出射光强为 I_1;当它们的偏振化方向之间的夹角为 60°时,观察同一位置处的另一束单色自然光,出射光强为 I_2,且 $I_1=I_2$.求两束单色自然光照到起偏器上的强度之比.

解 设第一束单色自然光的强度为 I_{10},第二束单色自然光的强度为 I_{20}.它们透过起偏器后,强度都应减为原来的一半,分别为 $I_{10}/2$ 和 $I_{20}/2$.根据马吕斯定律,透过检偏器的光的强度分别为

$$I_1=\frac{I_{10}}{2}\cos^2 30°$$

$$I_2=\frac{I_{20}}{2}\cos^2 60°$$

根据题意 $I_1=I_2$,则两束单色自然光的强度之比为

$$\frac{I_{10}}{I_{20}}=\frac{\cos^2 60°}{\cos^2 30°}=\frac{1}{3}$$

例 12.14

一束光由自然光和线偏振光混合而成，当它通过偏振片时发现透射光的强度取决于偏振片的取向，其强度可以变化 5 倍. 求入射光束中两种成分的光的强度之比.

解　设混合光束中的自然光和线偏振光的强度分别为 I_0 和 I_1，自然光通过偏振片后的强度为 $I_0/2$，线偏振光通过偏振片后的强度为 $I_1\cos^2\alpha$，则透射光的总强度为

$$I=\frac{1}{2}I_0+I_1\cos^2\alpha$$

由此可得透射光的最大和最小光强分别为

$$I_{\max}=\frac{1}{2}I_0+I_1$$

$$I_{\min}=\frac{1}{2}I_0$$

根据题意有 $I_{\max}=5I_{\min}$，将其代入以上两式可得自然光和线偏振光的强度之比为

$$\frac{I_0}{I_1}=\frac{1}{2}$$

即自然光占总入射光强的 1/3，线偏振光占 2/3.

12.4.3 反射光与折射光的偏振

自然光在两种介质的分界面上反射和折射时，不仅光的传播方向要改变，而且偏振状态也要发生变化.一般情况下，反射光和折射光都是部分偏振光.在反射光中垂直于入射面的光振动多于平行于入射面的振动，而在折射光中平行于入射面的光振动多于垂直于入射面的振动，如图 12.54 所示.

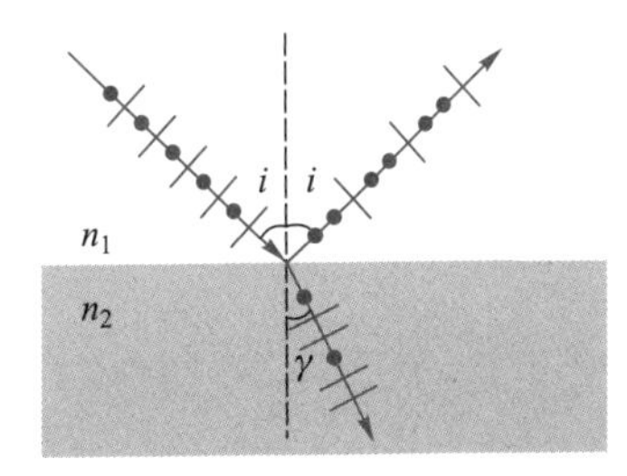

图 12.54　自然光反射和折射后产生的部分偏振光

理论和实验都证明，反射光的偏振化程度和入射角 i 有关.当入射角满足

$$\tan i_B=\frac{n_2}{n_1} \tag{12.59}$$

时，反射光变成光振动只有垂直于入射面的分量的线偏振光，而折射光仍为部分偏振光，如图 12.55 所示.式(12.59)所反映的规律是由布儒斯特(D.Brewster，1781—1868)从实验中得出的，称为**布儒斯特定律**(Brewster's law)，特定的入射角 i_B 称为**起偏角**或**布儒斯特角**.根据麦克斯韦电磁场理论我们可以从理论上严格证明这一定律.

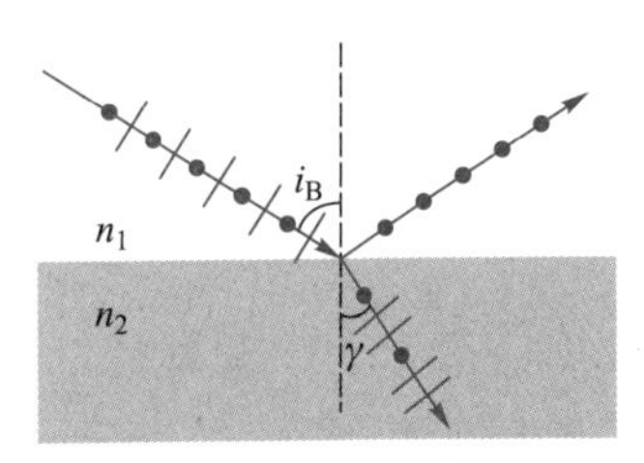

图 12.55　布儒斯特角

布儒斯特定律　**起偏角**　**布儒斯特角**

由布儒斯特定律和折射定律 $n_1\sin i_B=n_2\sin\gamma$ 得

$$\tan i_B=\frac{n_2}{n_1}=\frac{\sin i_B}{\sin\gamma}$$

又因 $\tan i_B=\dfrac{\sin i_B}{\cos i_B}$，所以

$$\cos i_B=\sin\gamma$$

即

$$i_B+\gamma=90°$$

这说明，当入射角为起偏角时，反射光与折射光相互垂直.

当自然光以布儒斯特角从空气入射到光学玻璃界面时，反射的线偏振光强度约为入射光强度的 7.5%，绝大部分光都透过玻璃，所以这时获得的线偏振光太弱而无法对其加以利用. 如果将一些玻璃片叠成平行的玻璃片堆，如图 12.56 所示，并使入射角为布儒斯特角，由于在各个界面都满足起偏条件，因而各层面上的反射光都是垂直于入射面振动的线偏振光. 经过玻璃片堆后，入射光中绝大部分的垂直光振动都被反射了，从玻璃片堆投射出的光中，就几乎只剩下平行于入射面振动的光了，因而可以获得强度较大的近似线偏振光.

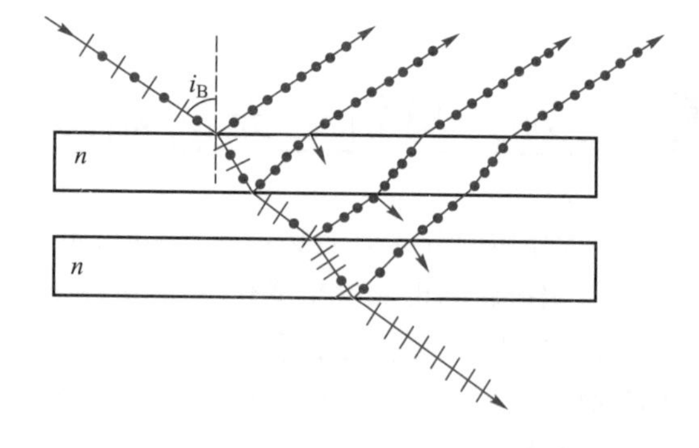

图 12.56 用玻璃片堆产生线偏振光

光的偏振现象在生活中随处可见. 例如，拍摄水下的景物或展览橱窗中的陈列品的照片时，由于水面或玻璃会反射出很强的反射光，使得水面下的景物和橱窗中的陈列品无法被看清，摄出的照片也不清楚. 如果在照相机镜头上加一个偏振片，使偏振片的偏振化方向与反射光的偏振方向垂直，就可以把这些反射光过滤掉，而摄得清晰的照片. 此外，立体电影、消除车灯眩光等也都是偏振现象的应用.

例 12.15

如图 12.57 所示，自然光从空气入射到折射率 $n_2=1.33$ 的水面上，入射角为 i_B 时反射光为线偏振光. 今有一块折射率 $n_3=1.50$ 的玻璃浸入水中，若光由玻璃面反射时也成为线偏振光，求水面与玻璃之间的夹角 α.

解　根据布儒斯特定律，我们可求得自然光由空气射向水面时的布儒斯特角，

$$i_B=\arctan\frac{n_2}{n_1}=\arctan 1.33=53.1°$$

则光由空气射向水面时的折射角为

$$\gamma=90°-i_B=36.9°$$

由题意可知，当入射角为 i_2 时，光由水面进入玻璃也满足布儒斯特定律，即

$$i_2=\arctan\frac{n_3}{n_2}=\arctan\frac{1.50}{1.33}=48.4°$$

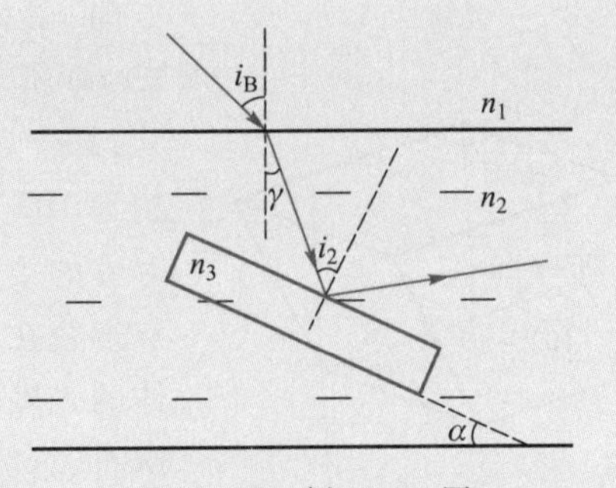

图 12.57　例 12.15 图

由图可知，水面与玻璃之间的夹角为

$$\alpha=i_2-\gamma=48.4°-36.9°=11.5°$$

*12.5　双折射现象

12.5.1　晶体的双折射现象

一般情况下，一束光线在两种各向同性介质的分界面上发生折射时，只有一束折射光位于入射面内，并且满足折射定律．而当一束光入射到各向异性的晶体（如方解石、石英等）表面时，在晶体中将产生两束折射光线，通过晶体观看纸面上的文字时，我们将看到相互错开的双像，如图 12.58 所示，这种现象称为光的**双折射**（birefringence）．

图 12.58　双折射现象

双折射

寻常光　非常光　光轴

实验表明两束折射光具有下述特性：

（1）当改变入射角时，其中一束折射光始终在入射面内，并遵守折射定律，称为**寻常光**（ordinary light），简称 o 光；另一束折射光一般不在入射面内，且不遵守折射定律，称为**非常光**（extraordinary light），简称 e 光．当入射角 $i=0$ 时，寻常光仍沿原方向传播，而非常光一般不沿原方向传播而会发生折射，如图 12.59 所示．此时，如果将晶体以入射光为轴旋转，将发现 o 光不动，而 e 光却绕轴转动．

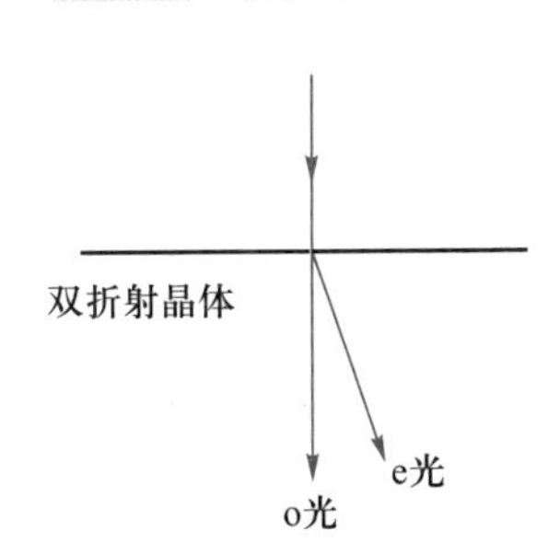

图 12.59　寻常光和非常光

（2）在方解石一类的晶体内部存在着一个特殊方向，光线沿这个方向传播时，不产生双折射现象，这个特殊的方向，称为晶体的**光轴**（optic axis）．应注意，光轴仅标志双折射晶体的一个特定

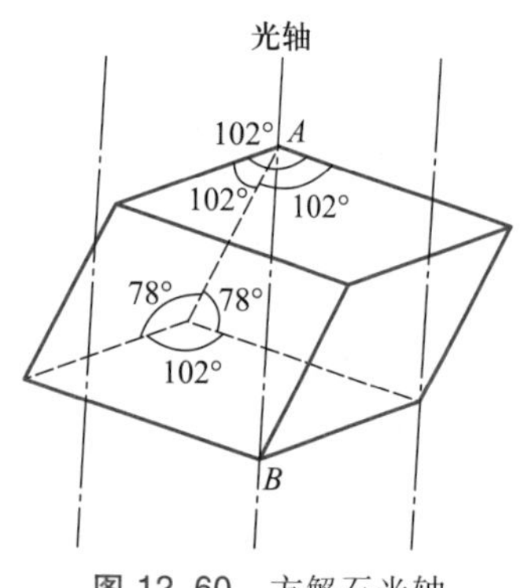

图 12.60 方解石光轴

方向，晶体中任何平行于这个方向的直线都是晶体的光轴.图12.60所示的是各棱长度相等的方解石晶体，它呈平行六面体状，每个表面都是平行四边形，它的一对锐角约为78°，一对钝角约为102°.每三个表面会合成一个顶点，在八个顶点中两个彼此对着的顶点（图中的A、B）是由三个钝角面会合的顶点，这两个顶点连线在A、B处与三个界面成等角，该直线方向就是方解石晶体的光轴方向.晶体中只有一个光轴方向的，称为**单轴晶体**，如方解石、石英和红宝石等.有些晶体具有两个光轴方向，称为**双轴晶体**，如云母、硫黄和蓝宝石等.光在双轴晶体内的传播规律很复杂，本教材不予讨论.

单轴晶体

双轴晶体

（3）两束折射光是振动方向不同的线偏振光.

为了说明o光和e光的偏振方向，我们特引入主平面概念.晶体中任意一条光线与晶体光轴构成的平面，称为这条光线对应的**主平面**（principal plane）.通过o光和光轴所作的平面就是与o光对应的主平面，通过e光和光轴所作的平面就是与e光对应的主平面.理论和实验表明，o光光矢量振动的方向垂直于o光自己的主平面，e光光矢量振动的方向平行于e光自己的主平面.一般来说，对一给定的入射光，o光和e光的主平面并不重合，只有当入射光线正好位于光轴与晶体表面法线所组成的平面内时，这两个主平面才严格重合，且就在入射面内.我们把光轴与晶体表面的法线所构成的平面称为晶体的**主截面**（principal section）.o光的光振动垂直于主截面，e光的光振动平行于主截面，如图12.61所示.在实际应用中，人们一般都使光线沿主截面入射，以简化对双折射现象的研究.

主平面

主截面

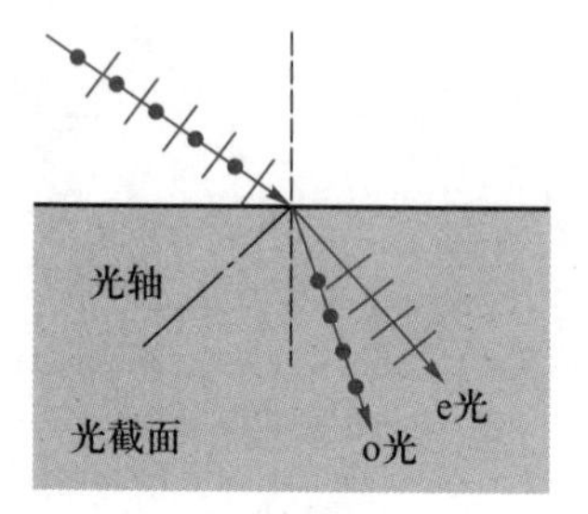

图 12.61 自然光通过方解石时o光和e光的偏振

既然在晶体内部有不同的折射角，那么它们的折射率也一定不同.不但如此，实验还证明，无论入射光的方向如何，晶体对o光的折射率都不变，而晶体对e光的折射率则随着入射光方向的变化而变化.因为折射率取决于光线的速度，所以在晶体中o光沿各个方向的传播速度相同，而e光的传播速度则随着方向的改变而改变.改变入射光的方向时，我们会发现，在晶体的内部，沿光轴方向，o光和e光的折射率相等，即传播速度相等.

12.5.2 单轴晶体的波面

光的双折射现象是由光在晶体中的传播速率与光的传播方向及光的偏振状态有关而产生的.在单轴晶体中，o光沿不同方向的传播速率相同，因此o光波面上任意一点在晶体中发出的子波面是球面，而 e 光沿不同方向的传播速率不同，e 光波面上任意一点在晶体中发出的子波面是以光轴为轴的旋转椭球面.如图 12.62 所示，在光轴方向上，o 光和 e 光的速率相等，两波面相切；在垂直于光轴的方向上，o 光和 e 光的速率相差最大.我们用 v_o 表示 o 光在晶体中的传播速率，用 v_e 表示 e 光在晶体中沿垂直于光轴方向的传播速率.对于 $v_o>v_e$ 的晶体，球面包围椭球面，如图 12.62(a)所示，这类晶体称为正晶体(如石英).对于另一类晶体，$v_o<v_e$，椭球面包围球面，如图 12.62(b)所示，这类晶体称为负晶体(如方解石).

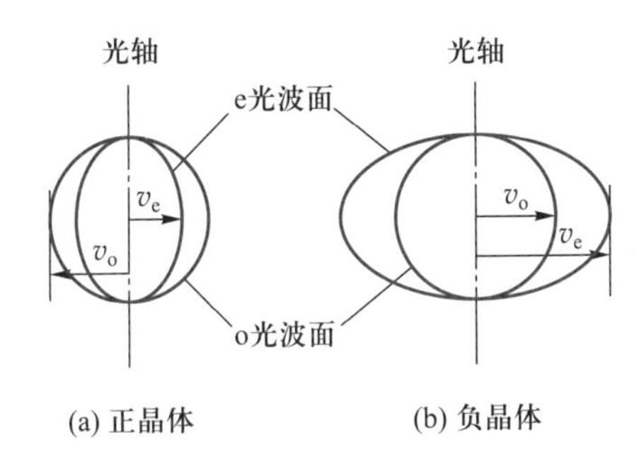

图 12.62　正晶体和负晶体的子波面

根据折射率的定义，对于 o 光，晶体的折射率 $n_o=c/v_o$，它是与方向无关、只由晶体材料决定的常量；对于 e 光，由于它不遵从折射定律，因此无法用一个折射率来反映它的折射规律，通常把真空中的光速 c 与 e 光沿垂直于光轴方向的传播速率 v_e 之比 $n_e=c/v_e$ 称为 e 光的折射率，但应注意，它与一般折射率的含义有较大的差异.n_o 和 n_e 都称为单轴晶体的主折射率，表 12.2 列出了波长为 589.3 nm 的入射光在几种单轴晶体中的主折射率.

表 12.2　单轴晶体的主折射率($\lambda=589.3$ nm)

晶体	n_o	n_e
方解石	1.658	1.486
电气石	1.699	1.638
硝酸钠	1.585	1.336
石英	1.544	1.553
冰	1.309	1.310

知道了晶体光轴方向和 n_o、n_e 两个主折射率，应用惠更斯原理，我们就可用作图法确定 o 光和 e 光的折射方向，从而解释双折射现象.下面通过一个例子予以说明.如图 12.63 所示，设一束平行光以入射角 i 入射到方解石晶体(负晶体)上，AB 是入射平面波的一个波面，当入射波由 B 点传到 C 点时，自 A 点已向晶体

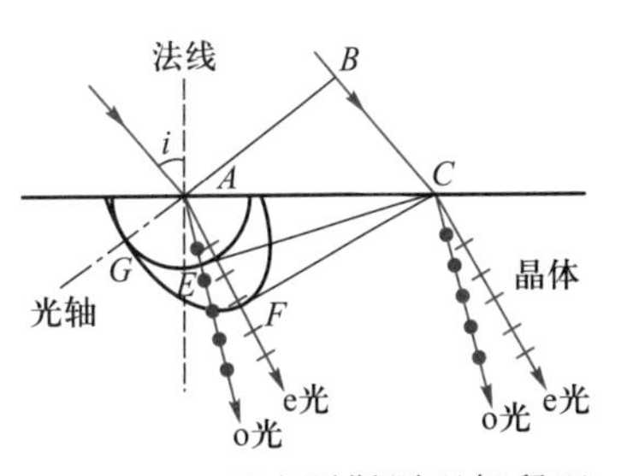

图 12.63　用惠更斯原理解释双折射现象

内发出了 o 光的球面子波面和 e 光的旋转椭球子波面，两子波面相切于光轴上的 G 点.A、C 之间的各点也先后发出这样的子波面，这些球面子波面的包迹平面 CE 就是 o 光在晶体中的新波面，AE 为一根折射光线，它是 o 光光线；各旋转椭球子波面的包迹平面 CF 就是 e 光在晶体中的新波面，AF 为另一根折射光线，它是 e 光光线.由图可知，o 光和 e 光的传播方向不同，因而出现了双折射现象.

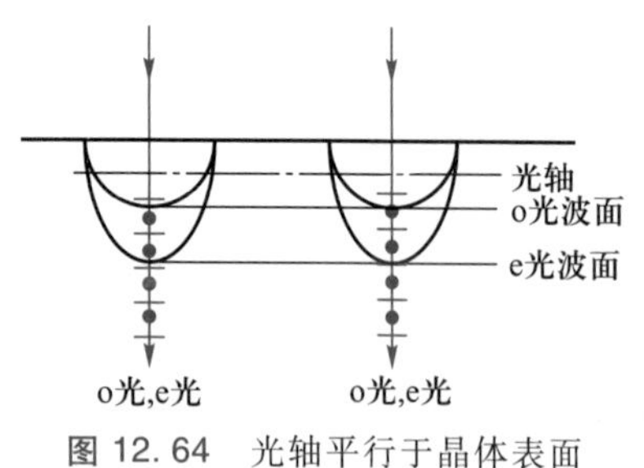

图 12.64 光轴平行于晶体表面

图 12.64 给出的是晶体光轴与晶体表面平行的特殊情况.当平行光垂直入射到晶体表面时，在晶体内部 o 光和 e 光的方向与入射光方向一致，没有分开，我们观察不到双折射现象.但是它们的传播速率及折射率不同，因而从晶体射出的 o 光和 e 光仍有差异，实际上存在双折射现象.在下面的讨论中我们将会用到这种特殊情况.

12.5.3 偏振器件

利用双折射晶体中 o 光和 e 光都是线偏振光而又沿不同方向传播的特点，人们可以制成各种偏振器件.

1. 尼科耳棱镜

尼科耳棱镜是一种应用较广泛的偏振棱镜.它是尼科耳首先研制的，利用双折射现象将自然光分成 o 光和 e 光，然后利用全反射把 o 光反射到棱镜侧壁上，只让 e 光通过棱镜，从而获得一束振动方向固定的线偏振光.

尼科耳棱镜的原理如图 12.65 所示，它是由两块方解石晶体用加拿大树胶黏合而成的长方形柱形棱镜.棱镜的光轴方向在平面 $ABCD$ 内，胶合面垂直于这个平面，AD 是它们的交线.加拿大树胶是一种透明的物质，它对入射光的折射率小于方解石对 o 光的折射率，大于方解石对 e 光的折射率.因而从方解石晶体到树胶，e 光是从光疏介质到光密介质，而 o 光是从光密介质到光疏介质.当入射光沿着与棱镜长棱 AB 平行的方向入射进入棱镜，在左半棱镜内分解为 o 光和 e 光，其中 o 光以大于临界角的入射角入射到树胶层，被全反射而偏离了入射光线的传播方向；e 光不

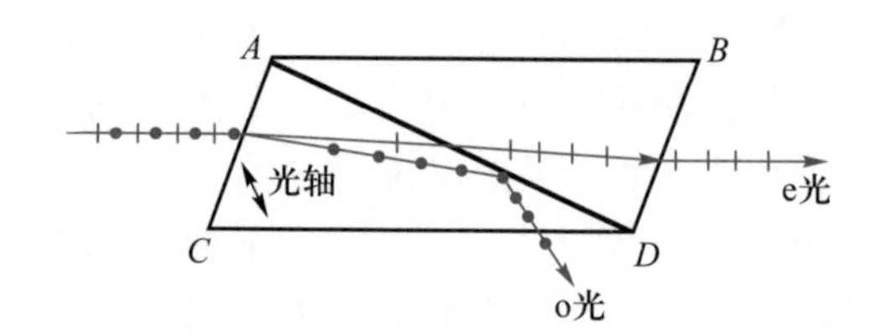

图 12.65 尼科耳棱镜原理图

会发生全反射，将穿过右半棱镜后透射而出，成为一束线偏振光，其振动方向在其主平面内.显然，尼科耳棱镜不仅可用于起偏，而且也可用于检偏.

2. 沃拉斯顿棱镜

沃拉斯顿棱镜能产生两束彼此分开、振动方向相互垂直的线偏振光，它是由两块方解石做成的直角棱镜拼成的.如图 12.66 所示，棱镜 ABD 的光轴平行于 AB 面，棱镜 CDB 的光轴垂直于 ABD 的光轴.自然光垂直入射到 AB 表面时，o 光和 e 光将分别以速率 v_o 和 v_e 无折射地沿同一方向传播（见图 12.64），当它们先后进入第二棱镜后，由于第二棱镜的光轴垂直于第一棱镜的光轴，所以第一棱镜的 o 光对第二棱镜来说就变为 e 光，而 e 光就变为 o 光.随着进入两棱镜分界面前后 o 光和 e 光性质的变化，它们的折射率也相应发生了变化.由于方解石是负晶体（$n_o>n_e$），所以在第二棱镜中 e 光的传播方向远离 BD 面的法线，o 光的传播方向靠近 BD 面的法线，结果两束线偏振光在第二棱镜中分开.当两束光经 CD 面再次折射、进入空气时，它们各自都由光密介质进入光疏介质而进一步分开，当棱镜顶角 β 不太大时，这两束折射光接近对称分布.

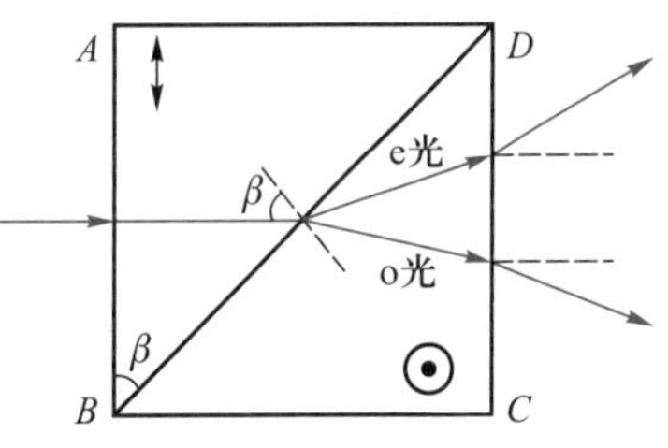

图 12.66　沃拉斯顿棱镜原理图

3. 波片

由图 12.64 可知，一块表面平行的单轴晶体，其光轴与晶体表面平行时，o 光和 e 光沿同一方向传播，我们把这样的晶体称为**波片**.当一束线偏振光垂直入射到波片时，在入射点分解成的 o 光和 e 光的相位是相等的.但光一进入晶体，由于 o 光和 e 光的传播速率及折射率不同，两束光由晶体出射后就会产生一定的相位差.若晶体厚度为 d，o 光和 e 光的主折射率分别为 n_o 和 n_e，则从波片射出后的相位差为

波片

$$\Delta\varphi=\frac{2\pi}{\lambda}(n_o-n_e)d \tag{12.60}$$

由此可见，相位差除与折射率之差（n_o-n_e）成正比外，还与波片的厚度有关. 在实际工作中，人们经常用的波片有 1/4 波片和 1/2 波片.1/4 波片的厚度满足

$$(n_o-n_e)d=\pm\frac{\lambda}{4} \tag{12.61}$$

这说明光通过 1/4 波片后，o 光和 e 光产生的相位差 $\Delta\varphi=\pm\frac{\pi}{2}$.

如果

$$(n_o-n_e)d=\pm\frac{\lambda}{2} \tag{12.62}$$

这说明光通过该波片后,o 光和 e 光产生的相位差 $\Delta\varphi=\pm\pi$,我们将这种波片称为 1/2 波片或半波片. 必须注意无论是 1/4 波片还是 1/2 波片,都是对一定波长而言的.

*12.6 偏振光的干涉

与自然光的干涉相同,两束偏振光的干涉也必须满足频率相同、振动方向相同以及有恒定的相位差这几个基本条件.典型的偏振光干涉装置如图 12.67 所示,在两块共轴的偏振片 P_1 和 P_2 之间放一块厚度为 d 的波片 C,其光轴沿竖直方向.在这一装置中,波片 C 可以将入射的线偏振光分解成两束振动方向相互垂直、具有一定相位差的线偏振光.干涉装置中第一块偏振片 P_1 的作用是把自然光变成线偏振光,第二块偏振片 P_2 的作用是把两束光的振动引导到相同方向上,从而使经 P_2 出射的两束光满足干涉条件.在自然光入射的情况下,偏振片 P_1 是不可缺少的,否则射出波片的光仍然是自然光,它的两个相互垂直的分振动通过两块偏振片后,虽然满足"振动方向相同"这一干涉条件,但没有固定的相位关系,仍不能发生干涉.

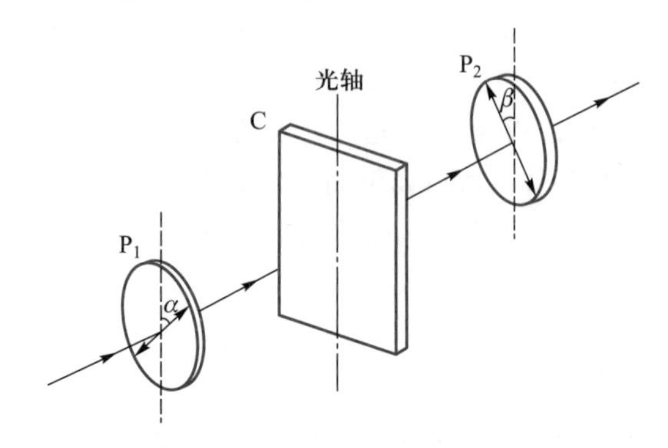

图 12.67 偏振光的干涉

设 P_1 和 P_2 的偏振化方向与波片光轴方向夹角分别为 α、β.单色自然光经过偏振片 P_1 后成为沿偏振化方向振动的线偏振光,若其振幅为 E_1,则它进入波片 C 后分解成的 o 光和 e 光的振幅分别为

$$E_o=E_1\sin\alpha,\quad E_e=E_1\cos\alpha$$

这两束光入射到偏振片 P_2 上时,只有在其偏振化方向上振动的光矢量才能通过,两束透射光的振幅分别为

$$\begin{cases}E_{2o}=E_o\sin\beta=E_1\sin\alpha\sin\beta\\E_{2e}=E_e\cos\beta=E_1\cos\alpha\cos\beta\end{cases}\tag{12.63}$$

由此可见,通过偏振片 P_2 的两束光是由同一线偏振光 E_1 所产生的振动方向相同、频率相同、相位差恒定的相干光,因此可以产生干涉现象.干涉结果取决于相位差

$$\Delta\varphi=\frac{2\pi}{\lambda}(n_o-n_e)d+\pi \tag{12.64}$$

式中的第一项是由 o 光和 e 光在波片内的传播速率不同而引起的相位差,第二项则是由光矢量 $\boldsymbol{E}_o$ 和 $\boldsymbol{E}_e$ 的反向投影引起的附加相位差.显然,当 $\Delta\varphi=\pm2k\pi$ 时,干涉加强,屏上的视场最亮;当 $\Delta\varphi=\pm(2k+1)\pi$ 时,干涉减弱,屏上的视场最暗.由式(12.63)可知,当 $\alpha+\beta=90°$ 时,$E_{2o}=E_{2e}=E_1\sin\alpha\cos\alpha$,由偏振片 P_2 射出的两束光振幅相等,而且当 $\alpha=\beta=45°$ 时,振幅最大,干涉效果最好.

如果用白光照射如图 12.67 所示的装置,由于对不同波长的光,干涉加强和减弱的条件不能同时满足,结果在屏上显示出颜色,这种由于偏振光干涉而出现彩色图样的现象称为色偏振(chromatic polarization).色偏振现象有着广泛的应用,可以用来鉴定材料是否存在双折射性质、确定岩石材料的构成、分析矿物质的成分等.

色偏振

本章提要

1. 电磁波

(1) 电磁波的产生与传播.

开放的 LC 振荡电路可以视为振荡偶极子,其电矩满足 $p=p_0\cos\omega t$,周围空间中电场强度和磁场强度的分布为

$$E(r,t)=\frac{\mu p_0\omega^2\sin\theta}{4\pi r}\cos\omega\left(t-\frac{r}{u}\right)$$

$$H(r,t)=\frac{\sqrt{\varepsilon\mu}\,p_0\omega^2\sin\theta}{4\pi r}\cos\omega\left(t-\frac{r}{u}\right)$$

(2) 平面电磁波(振幅不变)的性质.

① 波动方程

$$E=E_0\cos\omega\left(t-\frac{x}{u}\right)$$

$$H=H_0\cos\omega\left(t-\frac{x}{u}\right)$$

② 电磁波是横波.电磁波中的电场强度 $\boldsymbol{E}$ 与磁场强度 $\boldsymbol{H}$ 都垂直于波的传播方向 $\boldsymbol{u}$,三者互相垂直,且 $\boldsymbol{E}\times\boldsymbol{H}$ 的方向与波的传

播方向一致.

③ 电磁波具有偏振性.沿给定方向传播的电磁波,$\boldsymbol{E}$ 和 $\boldsymbol{H}$ 分别在各自平面内振动,这一特性称为偏振性.这是横波特有的性质.

④ $\boldsymbol{E}$ 和 $\boldsymbol{H}$ 都作周期性变化,且频率、相位相同.

⑤ $\boldsymbol{E}$ 和 $\boldsymbol{H}$ 的大小成比例,即瞬时值关系为

$$\sqrt{\varepsilon}E=\sqrt{\mu}H$$

振幅关系为

$$\sqrt{\varepsilon}E_0=\sqrt{\mu}H_0$$

⑥ 电磁波传播的速度为 $u=1/\sqrt{\varepsilon\mu}$,真空中电磁波的传播速度等于真空中的光速 $c=1/\sqrt{\varepsilon_0\mu_0}=3\times10^8\ \mathrm{m\cdot s^{-1}}$.

(3) 电磁波的能量.

单位时间内通过垂直于传播方向的单位面积的辐射能,称为电磁波的能流密度,用 S 表示,$S=wu=EH$.电磁波的能流密度矢量又称为坡印廷矢量,其表达式为

$$\boldsymbol{S}=\boldsymbol{E}\times\boldsymbol{H}$$

电磁波的能流密度是随时间作周期性变化的,一个周期内能流密度的平均值称为平均能流密度,用 $\overline{S}$ 表示.平面简谐电磁波的平均能流密度为

$$\overline{S}=\frac{1}{2}E_0H_0$$

振荡偶极子辐射的电磁波的平均能流密度

$$\overline{S}=\frac{\sqrt{\varepsilon}\sqrt{\mu^3}p_0^2\omega^4\sin^2\theta}{32\pi^2r^2}$$

2. 光的干涉

(1) 光的干涉.

满足相干条件的两列光波在空间相遇叠加时,某些区域内光振动始终加强,对应于明条纹,也有些区域内光振动始终减弱,对应于暗条纹,从而形成稳定的明暗条纹分布这种现象称为光的干涉.

(2) 相干光和用普通光源获得相干光的方法.

频率相同、振动方向相同、相位差恒定的光,称为相干光.

用普通光源获得相干光的方法有两种:分波阵面法和分振幅法.

(3) 光程和光程差.

光在介质中通过的几何路程 r 与介质折射率 n 的乘积 nr,称为光程.我们可以把由光在介质中传播距离 r 引起的相位变化折

算成光在真空中传播距离 nr 引起的相位变化.

两束光的光程之差,称为光程差,记为 δ.

(4) 光程差和相位差的关系.

两相干光(初相位相同),经不同路径后光程不同,相遇点处的相位差为

$$\Delta\varphi = \frac{2\pi}{\lambda}\delta$$

相位差满足 $\Delta\varphi = 2k\pi$ 时干涉加强,满足 $\Delta\varphi = (2k+1)\pi$ 时干涉减弱,因此可用光程差表示光的干涉条件:

$\delta = \pm k\lambda \quad (k=0,1,2,\cdots)$　干涉加强　明条纹

$\delta = \pm(2k+1)\dfrac{\lambda}{2} \quad (k=0,1,2,\cdots)$　干涉减弱　暗条纹

(5) 半波损失　附加光程差.

光在两种介质分界面上发生反射时,如果光从光疏介质垂直入射(或掠入射)至光密介质,反射光会产生半波损失,就相当于多走半个波长,称为半波损失,记为 $\delta' = \lambda/2$;折射光不产生半波损失.如果光是从光密介质射向光疏介质,反射光、折射光都不存在半波损失.平行光通过薄透镜在焦平面上会聚时,不产生附加光程差.

(6) 杨氏双缝干涉.

屏上各级明条纹中心到屏幕中心 O 点的距离

$$x = \pm k\frac{D\lambda}{d} \quad (k=0,1,2,\cdots)$$

各级暗条纹中心到屏幕中心 O 点的距离

$$x = \pm(2k+1)\frac{D\lambda}{2d} \quad (k=0,1,2,\cdots)$$

相邻明(暗)条纹中心之间的距离

$$\Delta x = \frac{D}{d}\lambda$$

Δx 与 k 无关,说明明暗条纹等间距分布.

劳埃德镜实验与杨氏双缝实验原理基本相同,区别就在于劳埃德镜实验中,两光束的光程差由半波损失产生,附加光程差为 $\delta' = \lambda/2$.

(7) 薄膜干涉.

利用薄膜两表面对入射光的反射、折射而获得的两反射光或两透射光为相干光,为通过分振幅法获得的相干光.

薄膜(折射率 n_1)处在介质(折射率 n_2)中时,即 $n_1 < n_2$, $n_3 < n_2$,两反射光的光程差满足

$$\delta=2d\sqrt{n_2^2-n_1^2\sin^2 i}+\frac{\lambda}{2}=k\lambda \quad (k=1,2,3,\cdots)$$

时干涉加强,对应于明条纹.

两反射光的光程差满足

$$\delta=2d\sqrt{n_2^2-n_1^2\sin^2 i}+\frac{\lambda}{2}=(2k+1)\frac{\lambda}{2} \quad (k=0,1,2,\cdots)$$

时干涉减弱,对应于暗条纹.

一般情况下,用两条反射光的光程差进行计算即可,也可以用两条透射光的光程差计算,注意两者的光程差始终相差 $\lambda/2$,即

$$\delta_{透}=2d\sqrt{n_2^2-n_1^2\sin^2 i}$$

① 等倾干涉.

等倾干涉最重要的应用实例就是增透膜、增反膜厚度的计算,当玻璃上镀一层 MgF,折射率满足 $n_1<n_2<n_3$ 时,若平行光垂直入射到薄膜上,则有

$$\delta=2n_2d=k\lambda \quad (k=1,2,3,\cdots) \quad 增反膜$$

$$\delta=2n_2d=(2k+1)\frac{\lambda}{2} \quad (k=0,1,2,\cdots) \quad 增透膜$$

② 等厚干涉.

ⓐ 劈尖干涉.

明暗条纹条件

$$\delta=2nd+\frac{\lambda}{2}=k\lambda \quad (k=1,2,3,\cdots) \quad 明条纹$$

$$\delta=2nd+\frac{\lambda}{2}=(2k+1)\frac{\lambda}{2} \quad (k=0,1,2,\cdots) \quad 暗条纹$$

两相邻明条纹或暗条纹所对应的厚度之差

$$\Delta d=d_{k+1}-d_k=\frac{\lambda}{2n_2}$$

相邻两条明条纹或暗条纹的间距

$$l=\frac{\Delta d}{\sin\theta}=\frac{\lambda}{2n_2\sin\theta}\approx\frac{\lambda}{2n_2\theta}$$

ⓑ 牛顿环干涉.

明暗条纹的条件

$$\delta=2n_2d+\frac{\lambda}{2}=k\lambda \quad (k=1,2,3,\cdots) \quad 明条纹$$

$$\delta=2n_2d+\frac{\lambda}{2}=(2k+1)\frac{\lambda}{2} \quad (k=0,1,2,\cdots) \quad 暗条纹$$

牛顿环干涉条纹的半径 r 与透镜的曲率半径 R 的几何关系

$$d=\frac{r^2}{2R}$$

明环和暗环的半径

$$r=\sqrt{\frac{(2k-1)R\lambda}{2}} \quad (k=1,2,3,\cdots) \quad 明环$$

$$r=\sqrt{kR\lambda} \quad (k=0,1,2,\cdots) \quad 暗环$$

第 k 级和第 $(k+m)$ 级的暗环半径

$$r_k^2=kR\lambda$$

$$r_{k+m}^2=(k+m)R\lambda$$

平凸透镜的曲率半径

$$R=\frac{r_{k+m}^2-r_k^2}{m\lambda}$$

3. 光的衍射

(1) 光的衍射现象.

光波在传播路径上,当遇到线度可与波长相比拟的障碍物时,就会偏离直线传播,哪个方向上受限制越多,偏离就越多或越向哪个方向伸展的现象.

(2) 惠更斯-菲涅耳原理.

菲涅耳在惠更斯原理基础上引入子波相干叠加理论,即波阵面上各点都可以视为子波波源,空间某点的光振动矢量大小是由波阵面上各子波波源发出的子波在该点的相干叠加决定的.

该原理的数学表达式

$$E=\int_S C\frac{K(\theta)}{r}\cos\left[2\pi\left(\frac{t}{T}-\frac{r}{\lambda}\right)\right]\mathrm{d}S$$

(3) 衍射的分类.

一类是光源或观察屏相对障碍物在有限远处所形成的衍射现象,称为菲涅耳衍射;另一类是光源和观察屏相对障碍物都在无限远处所形成的衍射现象,称为夫琅禾费衍射.

(4) 单缝夫琅禾费衍射.

暗条纹条件

$$a\sin\theta=\pm 2k\frac{\lambda}{2} \quad (k=1,2,3,\cdots)$$

明条纹条件

$$a\sin\theta=\pm(2k+1)\frac{\lambda}{2} \quad (k=1,2,3,\cdots)$$

各级明、暗条纹中心的位置坐标

$$x_k\approx f\theta_k$$

中央明条纹的线宽度

$$\Delta x_0=2x_1=2f\cdot\frac{\lambda}{a}$$

其他明条纹的宽度

$$\Delta x=f(\tan\theta_{k+1}-\tan\theta_k)=f\frac{\lambda}{a}$$

中央明条纹的线宽度为其他明条纹线宽度的两倍.

(5) 瑞利判据.

直径为 D 为小圆孔的衍射,中央艾里斑边缘对应的衍射角 θ_1,和单缝衍射一级暗条纹对应衍射角类似:$D\theta_1=1.22\lambda$,对应 $k=1.22$ 因子,是由圆孔的形状决定的.

$$R=\frac{1}{\theta_0}=\frac{D}{1.22\lambda}$$

(6) 光栅衍射.

光栅方程

$$d\sin\theta=\pm k\lambda\quad(k=0,1,2,\cdots)$$

缺级级次

$$k=\pm\frac{d}{a}k'\quad(k=1,2,3,\cdots)$$

光栅可见最高级次

$$k_{\max}=\frac{d}{\lambda}$$

4. 光的偏振性

(1) 可见光是电磁波.

电磁波是横波,即光矢量电场强度 $\boldsymbol{E}$ 的方向与光的传播方向垂直,只有横波才产生偏振现象.光的偏振态分为五种:自然光、部分偏振光、线偏振光、椭圆偏振光和圆偏振光.任何光的偏振态都可以分解成互相正交的偏振态,如自然光可分解成互相垂直的一对等光强线偏振光;部分偏振光可分解成相互垂直、光强不同的一对线偏振光.

(2) 马吕斯定律.

$$I_2=I_1\cos^2\alpha$$

α 为线偏振光的光矢量方向与偏振化方向夹角.

(3) 布儒斯特定律.

反射光的偏振化程度和入射角 i 有关,当入射角 i_B 满足 $\tan i_B=\frac{n_2}{n_1}$时,反射光变成光振动只有垂直于入射面的线偏振光,而折射光仍为部分偏振光,此时反射光与折射光相互垂直,这称为布儒斯特定律.

思考题

12.1　电磁波是横波,如何理解电磁波中的电矢量、磁矢量的偏振性?

12.2　满足相干条件的机械波可以发生干涉、衍射现象,请问两列电磁波可不可以发生干涉、衍射现象?

12.3　干涉、衍射实验中,一般所用光源都是普通点光源.试问单色普通点光源所发出的光束中,光波列的情形是怎样的?

12.4　在杨氏双缝实验中,试描述在下列情况下屏幕上的干涉条纹将如何变化.

(1) 将钠黄光换成波长为 632.8 nm 的氦氖激光;

(2) 将整个装置浸入水中;

(3) 将双缝(S_1 和 S_2)的间距 d 增大;

(4) 在双缝后面的一条光路上插入一块玻璃薄片;

(5) 让缝光源在垂直于轴线的方向上向下移动.

12.5　如图所示,将双缝之一遮住,并在两缝的垂直平分线上置一平面镜,此时屏幕上条纹如何变化?

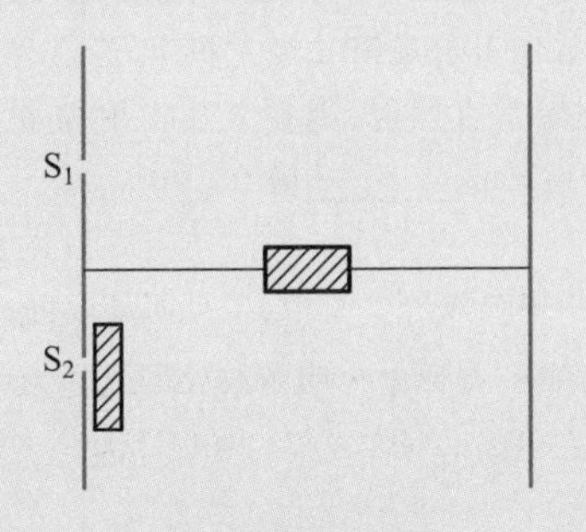

思考题 12.5 图

12.6　为什么我们观察不到日光照射在窗玻璃上的干涉条纹?

12.7　在空气中的肥皂泡膜,随着膜厚度的减小,膜上将出现颜色.当膜进一步变薄并将破裂时,膜上将呈现黑色.试解释产生以上现象的原因.

12.8　有一由两块平板玻璃形成的空气劈尖,若:(1)把劈尖的上表面向上缓慢平移;(2)把劈尖的上表面向右平移;(3)使劈尖的上表面绕棱边转动,使劈尖角增大,试问以上三种情况下干涉条纹将分别发生怎样的变化?

12.9　如图所示,两个直径有微小差别的彼此平行的滚柱轴心之间的距离为 L,它们夹在两块平面晶体的中间,形成空气劈尖.当波长为 λ 的单色光垂直入射时,将产生等厚干涉条纹.如果滚柱之间的距离 L 变小,则干涉条纹的间距和数目将如何变化?

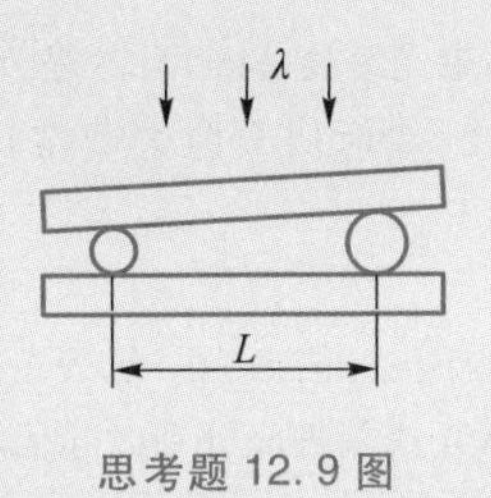

思考题 12.9 图

12.10　在实际过程中要检验一工件表面的平整度,常将一平面晶体(标准的平板玻璃)放在待测工件上,使其形成一个空气劈尖,并用单色光照射,如图所示.如待检平面上有不平处,干涉条纹将发生弯曲.试判定图中 A 处,待测平面是隆起还是凹下?

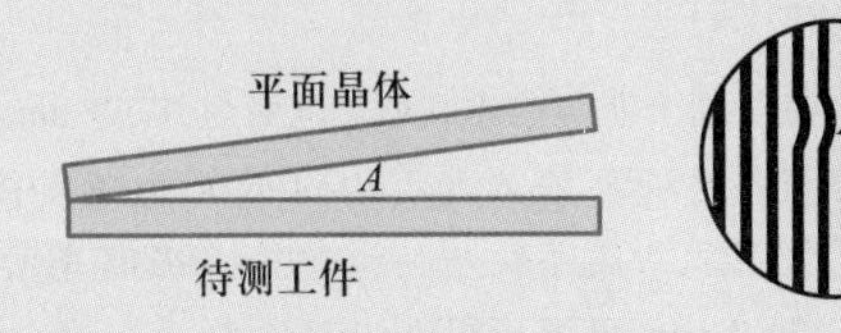

思考题 12.10 图

12.11　在夫琅禾费单缝衍射实验中,若发生如下变动,屏幕上的衍射条纹将如何变化?

(1) 狭缝宽度变窄;

(2) 入射光的波长增大;

(3) 单缝沿垂直于透镜光轴的方向上下平移;

(4) 单缝沿透镜光轴向观察屏平移;

*(5) 线光源沿垂直于透镜光轴的方向上下平移.

12.12 为什么用衍射光栅比用杨氏双缝实验装置更能准确地测量出光的波长？

12.13 倘若放大镜的放大倍数足够大，是否就可以看清任何细微的物体？

12.14 在光栅某一衍射角 θ 的方向上，既满足 $(a+b)\sin\theta=2\times600$ nm（600 nm 对应红光），又满足 $(a+b)\sin\theta=3\times400$ nm（400 nm 对应紫光），即出现了红光的第二级明纹与紫光的第三级明纹相重合的情况，干扰了对红光的测量.试问该用什么方法避免这种情况？

12.15 某束光可能是(a)自然光，(b)线偏振光，(c)部分偏振光，如何用实验来确定这束光是哪一种光？

12.16 怎样获得偏振光？什么是起偏角？如图所示，若使自然光或偏振光分别以起偏角 i_B 或任一入射角 i 射到一玻璃面上，反射光或折射光将分别为何种情况？

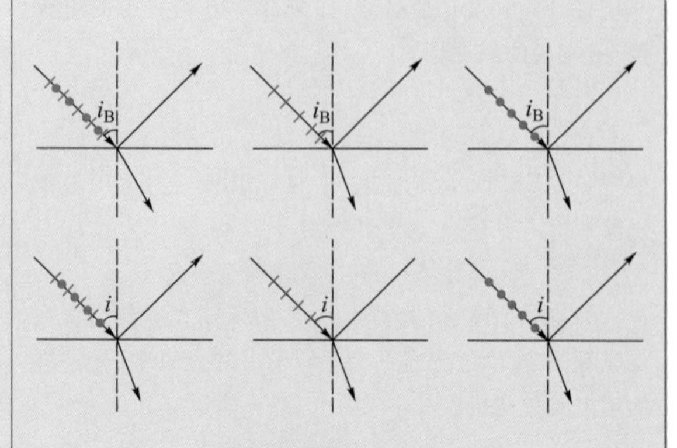

思考题 12.16 图

12.17 戴上普通的眼镜看水池中的鱼，由于水面处强烈的反射光，人无法看清鱼.若戴上用偏振片制成的眼镜，人就可以看清鱼了.试分析其原因.偏振片的偏振化方向如何？

习题

12.1 一平面电磁波在真空中传播，其电矢量波动方程为 $E_x=900\cos\left[2\pi\nu\left(t+\dfrac{z}{c}\right)+\dfrac{\pi}{3}\right]$（SI 单位），则磁矢量表达式为________.

12.2 在双缝干涉实验中，两缝间距为 0.30 mm，用单色光垂直照射双缝，在离缝 1.20 m 的屏上测得中央明条纹一侧第六级暗条纹与另一侧第六级暗条纹间的距离为 24.2 mm，可得所用光的波长为________，光的颜色是________.

12.3 波长为 $\lambda=600$ nm 的单色光垂直入射到置于空气中的平行薄膜上，已知膜的折射率 $n=1.54$，则：

（1）反射光最强时膜的最小厚度为________；

（2）透射光最强时膜的最小厚度为________.

12.4 用半波带法讨论单缝衍射暗条纹中心位置时，中央明条纹旁第三级暗条纹中心相对应的半波带数为________.

12.5 一衍射光栅，狭缝宽为 a，缝间不透明部分宽为 b.当波长为 600 nm 的光垂直照射时，在某一衍射角 θ 的方向上出现第二级主极大.若换为用波长为 400 nm 的光垂直照射，则在上述衍射角 θ 处出现缺级，b 至少是 a 的________倍.

12.6 杨氏双缝实验中，中央明条纹的光强为 I_0，若遮挡一条缝，则原中央明条纹处的光强为（　　）.

（A）$I_0/4$　（B）$I_0/2$　（C）I_0　（D）$2I_0$

12.7 关于光的干涉，下面说法中唯一正确的是（　　）.

（A）在杨氏双缝干涉图样中，相邻的明条纹与暗条纹间对应的光程差为 $\lambda/2$

（B）在劈尖的等厚干涉图样中，相邻的明条纹与暗条纹间对应的厚度差为 $\lambda/2$

（C）当空气劈尖的下表面向下平移 $\lambda/2$ 时，劈尖上、下表面两束反射光的光程差将增加 $\lambda/2$

（D）牛顿干涉圆环属于分波振面干涉

12.8　在单缝衍射中，若屏上的 P 点满足 $a\sin\theta=\frac{5}{2}\lambda$，则该点处将出现（　　）．

（A）第二级暗条纹　（B）第三级明条纹
（C）第二级明条纹　（D）第五级明条纹

12.9　使波长为 λ 的光垂直入射在一光栅上，发现在衍射角为 θ 处出现缺级，则此光栅上缝宽的最小值为（　　）．

（A）$\frac{2\lambda}{\sin\theta}$　（B）$\frac{\lambda}{\sin\theta}$
（C）$\frac{\lambda}{2\sin\theta}$　（D）$\frac{2\sin\theta}{\lambda}$

12.10　一束自然光自空气射向一块平板玻璃（如图所示），入射角等于布儒斯特角 i_0，则在界面 2 处反射光（　　）．

（A）光强为零
（B）是完全偏振光，且光矢量的振动方向垂直于入射面
（C）是完全偏振光，且光矢量的振动方向平行于入射面
（D）是部分偏振光

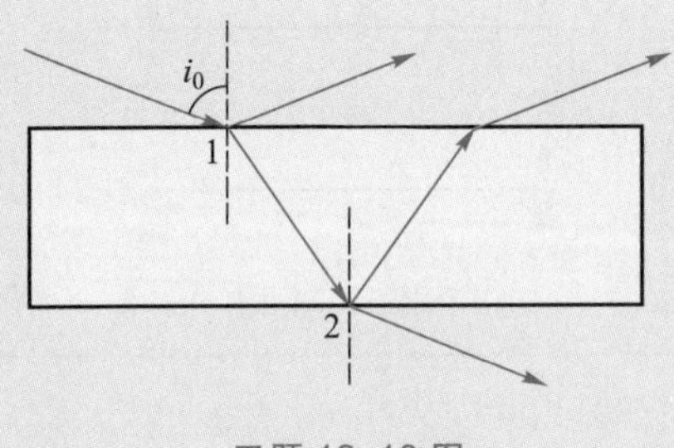

习题 12.10 图

12.11　用白光作为杨氏双缝实验中的光源，两缝间距为 0.25 mm，屏幕与双缝距离为 50 cm，问在屏上观察到的第二级彩色带有多宽？

12.12　双缝干涉实验中，波长 $\lambda=550$ nm 的单色平行光垂直入射到缝间距 $d=2\times10^{-4}$ m 的双缝上，屏到双缝的距离 $D=2$ m.

（1）求中央明条纹两侧的两条第十级明条纹中心的间距；

（2）用一厚度为 $e=6.7\times10^{-6}$ m、折射率为 $n=1.58$ 的玻璃片覆盖一缝后，中央明条纹将移到原来的第几级明条纹处？

12.13　一种塑料透明薄膜的折射率为 1.85，把它贴在折射率为 1.52 的车窗玻璃上，根据光的干涉原理，贴膜可以增加反射光强度，从而保持车内的相对凉爽．如果波长为 700 nm 的红光在反射中加强，则薄膜的最小厚度应该为多少？

12.14　两块平板玻璃构成空气劈尖，用波长为 500 nm 的单色平行光垂直照射劈尖上表面．

（1）求从棱算起的第十级暗条纹处空气膜的厚度；

（2）使膜的上表面向上平移 Δe，条纹将如何变化？若 $\Delta d=2.0$ μm，则原先的第十级暗条纹处，现在是第几级？

12.15　利用空气劈尖测量细丝直径的原理如图所示．已知入射光波长为 $\lambda=632.8$ nm，垂直入射，劈尖长为 $L=28$ cm，测得 40 条条纹的宽度为 4.25 mm，求细丝的直径．

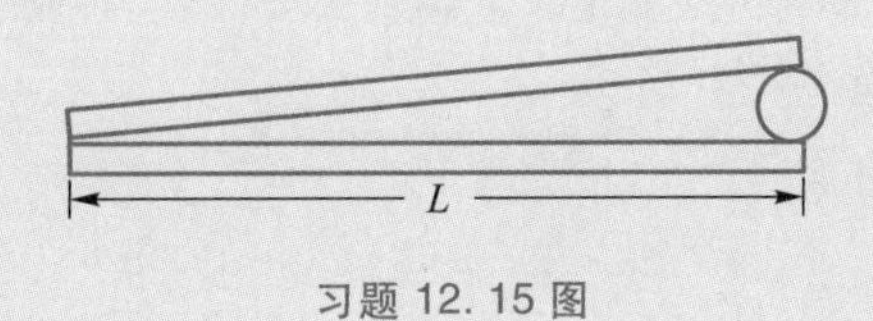

习题 12.15 图

12.16　用波长 $\lambda=500$ nm 的单色光垂直照射在由两块平板玻璃（一端刚好接触，成为棱边）构成的空气劈尖上，劈尖角 $\theta=2\times10^{-4}$ rad．如果劈形膜内充满折射率为 $n=1.40$ 的液体，求从劈棱数起第四条明条纹在充入液体前后移动的距离．

12.17　使用单色光来观察牛顿环，测得某一明环的直径为 3.00 mm，在它外面第五个明环的直径为 4.60 mm，所用平凸透镜的曲率半径为 1.03 m，求此单色光的波长．

12.18 在夫琅禾费单缝衍射中，以波长 $\lambda=632.8\ \mathrm{nm}$ 的氦氖激光垂直照射单缝，测得第一级极小的衍射角为 5°，求单缝的宽度.

12.19 一单色平行光垂直入射到一单缝上，若其第三级明条纹所在位置正好和波长为 600 nm 的单色光入射时的第二级明条纹所在位置重合，求前一种单色光的波长.

12.20 老鹰眼睛的瞳孔直径约为 6 mm，问其最多飞翔至多高时可看清地面上身长为 5 cm 的小鼠？设光在空气中的波长为 600 nm.

12.21 有一平面光栅，每厘米上有 6 000 条刻痕，一平行单色光垂直入射到光栅上.求：

(1) 在第一级光谱中，对应于衍射角为 20° 的光谱线的波长；

(2) 此波长在第二级谱线的衍射角.

12.22 波长为 600 nm 的单色光垂直入射在一光栅上，第二级明条纹出现在 $\sin\theta_2=0.2$ 处，第四级缺级，试问：

(1) 光栅上相邻两缝的间距 $(a+b)$ 有多大？

(2) 光栅上狭缝可能的最小宽度 a 有多大？

(3) 按上述选定的 a、b 值，试求光屏上可能观察到的全部级数.

12.23 两个偏振片 P_1、P_2 叠放在一起，其偏振化方向之间的夹角为 30°.一束强度为 I_0 的光垂直入射到偏振片上，已知该入射光由强度相同的自然光和线偏振光混合而成，现测得连续透过两个偏振片后的出射光强与 I_0 之比为 $\frac{7}{16}$，试求入射光中线偏振光的光矢量方向.

12.24 将三个偏振片叠放在一起，第二个与第三个的偏振化方向分别与第一个的偏振化方向成 30° 角和 90° 角.

(1) 强度为 I_0 的自然光垂直入射到这一堆偏振片上，试求经每一偏振片后的光强和偏振状态；

(2) 如果将第二个偏振片抽走，情况又如何？

12.25 如图所示，三种透光介质Ⅰ、Ⅱ、Ⅲ的折射率分别为 $n_1=1.33$、$n_2=1.50$、$n_3=1$.两个交界面相互平行.一束自然光自介质Ⅰ入射到Ⅰ与Ⅱ的交界面上，若反射光为线偏振光.

(1) 求入射角 i；

(2) 介质Ⅱ、Ⅲ界面上的反射光是否为线偏振光？为什么？

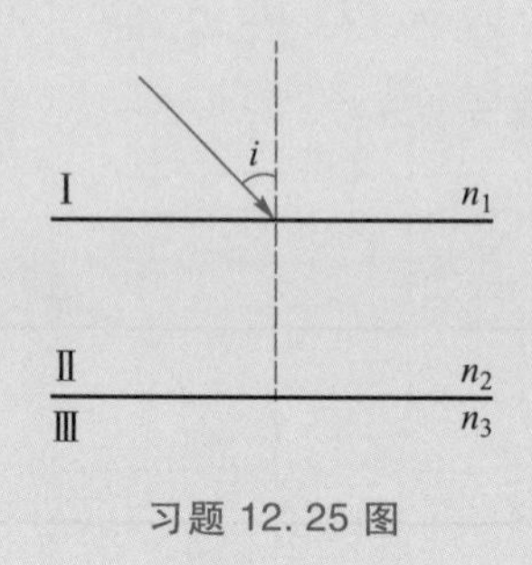

习题 12.25 图

本章习题答案

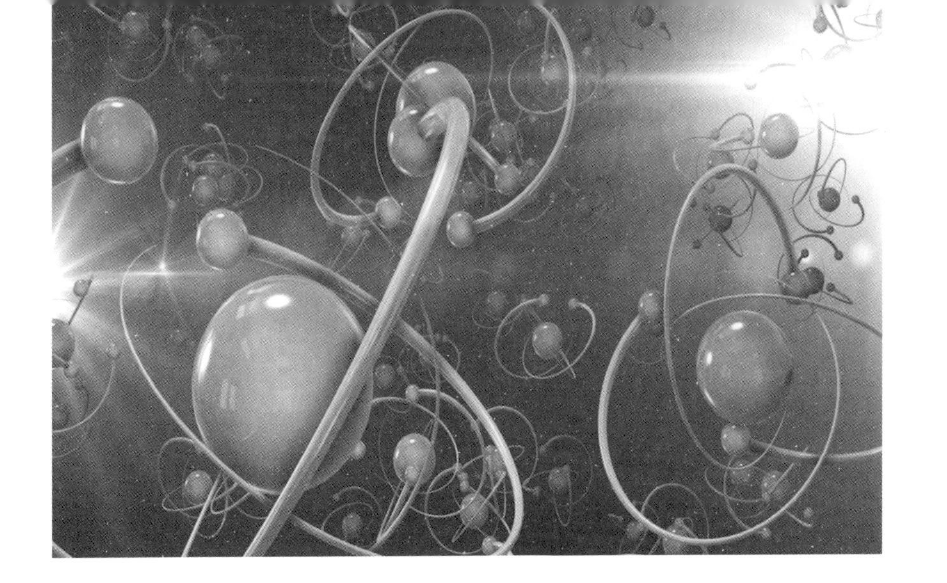

近代物理基础篇

第 13 章　相对论基础

阿尔伯特·爱因斯坦(A.Einstein,1879—1955),犹太裔美籍物理学家,现代物理学的开创者和奠基人.爱因斯坦因在 1905 年提出光量子假设,成功地解释了光电效应而获 1921 年诺贝尔物理学奖.他一生对科学的主要贡献是发展了量子理论,创立了狭义相对论、广义相对论、相对论宇宙学,提出了统一场论.另外在分子动理论和量子统计理论等方面他也作出了重大贡献.爱因斯坦被誉为现代物理学之父,20 世纪世界最有影响的自然科学家之一.

爱因斯坦是历史上继牛顿之后最杰出的科学家之一,他创立的狭义相对论和广义相对论是本世纪物理学发展史上最伟大的成就之一,它们是物理学的重大突破,是在科学发展的道路上矗立的里程碑.

1905 年爱因斯坦发表了题为《论动体的电动力学》的论文,提出了相对性原理和光速不变原理,建立了狭义相对论.狭义相对论的创立改变了经典力学的时空观,揭示了时空与物体运动密切相关.物质和能量相当的事实,为原子能的利用奠定了理论基础,这是近代物理学领域中的一次伟大革命.1915 年爱因斯坦又建立了广义相对论,提出了等效原理和广义相对性原理,揭示了四维时空与物质、弯曲时空与引力场的关系.这一理论改变了人们对宇宙的认识,使对天体和宇宙演化的观测研究及理论探讨前所未有地蓬勃开展起来.近年来,相对论已成为宇宙天体、微观粒子、原子能等领域的理论研究基础.

狭义相对论(special relativity)是局限于惯性参考系的相对论,**广义相对论**(general relativity)是推广到加速参考系、包括引力场在内的相对论.本章重点讨论狭义相对论,从经典力学的相对性原理,推广到狭义相对论的基本原理;介绍了洛伦兹变换、狭义相对论时空观以及相对论力学的一些重要结论.对于有关广义相对论的内容本章仅作简单介绍.

13.1　伽利略变换　经典力学的相对性原理

13.1.1　经典力学的绝对时空观

物理学家简介:爱因斯坦

以牛顿运动定律为基础的经典力学,主要研究惯性系中宏观物体低速($v \ll c$)运动的规律.在对这些规律的讨论中,我们很自然地应用了绝对时间、绝对空间的概念.所谓绝对时间、绝对空间是指时间的量度与长度的测量与参考系无关.也就是说,前后发生的两个事件之间的时间间隔或空间两点间的距离无论在哪个惯性系中测量都是一样的.牛顿在他的《自然哲学的数学原理》一书中对绝对时间、绝对空间作了如下定义:"绝对的、真实的纯数学的时间,就其自身和其本质而言,是永远均匀流动的,不依赖于任何外界事物.""绝对的空间,就其本性而言,与外界任何事物无关,永远是相同且不动的."另外,牛顿还认为,时间和空间的量度是互相独立的.按照牛顿的观点,如果有一宇宙飞船相对地球作匀速直线飞行,无论是地面上的观察者还是飞船中的观察者测得的飞船的长度都是相同的.若此飞船中有人从船头走到船尾,对于他所用的时间,无论是地面上的观察者还是飞船中的观察者测得的结果也都相同.这种时间与空间的量度与参考系的选择无关、与物体的运动无关的观点,就是经典力学的绝对时空观.因为这种绝对时空的观点完全符合人们的日常生活经验,所以人们未加论证,就认为它是理所当然、无可置疑的.牛顿力学就是建立在绝对时空观基础上的物体运动定律,所以绝对时空观是经典力学的根基.伽利略变换也是在绝对时空观的前提下给出了反映不同惯性系中描述物体运动状态的物理量之间的变换关系,可以说伽利略变换是绝对时空观的数学表述.

13.1.2 伽利略变换　经典力学的相对性原理

1. 伽利略变换

由于对运动的描述具有相对性,所以在不同的惯性系中观察同一事件会得出不同的结果.伽利略变换给出了在两个不同惯性系中描述同一物体运动的物理量之间的变换关系.

设有两个惯性系 S($Oxyz$)和 S′($O'x'y'z'$),S′系相对 S 系以速度 v 沿 x 轴正方向作匀速直线运动,如图 13.1 所示.两坐标系对应的坐标轴相互平行,x 轴与 x'轴重合,且 $t=t'=0$ 时,两坐标系的原点 O 与 O'重合.将上述参考系作为我们讨论问题的约定参考系.

设 P 是空间某一位置发生的一个事件,如某处一根电线杆遭到雷击.这一事件被地面上的观察者观察到,恰好也被一列行驶的列车中的另一观察者观察到.如果取地面参考系为 S 系,列车

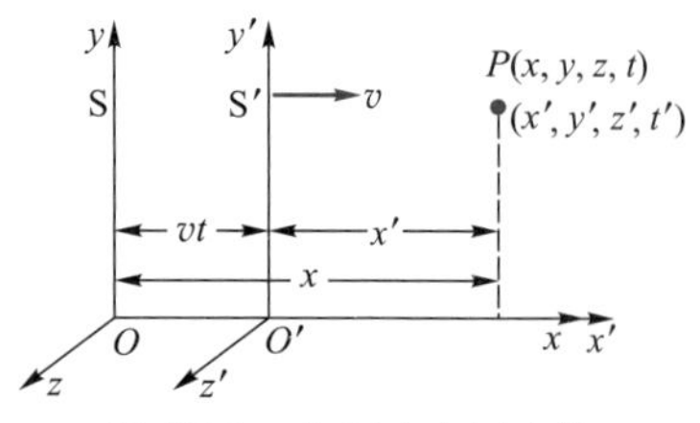

图 13.1 伽利略坐标变换

参考系为 S′系，且 S′系相对 S 系以速度 v 沿 xx'轴作匀速直线运动.于是，S 系中的观察者看到这一事件是 t 时刻发生在(x,y,z)处，而 S′系中的观察者看到这一事件是 t'时刻发生在(x',y',z')处.在经典力学中，事件发生的时间与物体的运动无关，所以由图 13.1 可知，同一事件 P 在不同惯性系中的时空坐标满足如下的关系：

$$\begin{cases}x'=x-vt\\y'=y\\z'=z\\t'=t\end{cases}\quad 或 \quad\begin{cases}x=x'+vt\\y=y'\\z=z'\\t=t'\end{cases}\tag{13.1}$$

伽利略坐标变换式

上式称为**伽利略坐标变换式**.

将式(13.1)两边对时间 t 求导，可得伽利略速度变换式：

$$\begin{cases}u_x'=u_x-v\\u_y'=u_y\\u_z'=u_z\end{cases}\quad 或 \quad\begin{cases}u_x=u_x'+v\\u_y=u_y'\\u_z=u_z'\end{cases}\tag{13.2a}$$

将上述变换表示成矢量式，为

$$\boldsymbol{u}=\boldsymbol{u}'+\boldsymbol{v}\tag{13.2b}$$

将式(13.2a)两边对时间 t 求导，可得伽利略加速度变换式：

$$\begin{cases}a_x'=a_x\\a_y'=a_y\\a_z'=a_z\end{cases}\tag{13.3a}$$

将上述变换表示成矢量式，为

$$\boldsymbol{a}'=\boldsymbol{a}\tag{13.3b}$$

上式表明，在伽利略变换中同一质点相对不同惯性系的加速度是相同的.

2. 经典力学的相对性原理

根据伽利略变换，同一质点相对不同惯性系的加速度是相同的，又因经典力学中物体的质量与运动无关，即有 $m'=m$，所以在两个不同的惯性系中，有

$$\boldsymbol{F}'=m\boldsymbol{a}',\quad \boldsymbol{F}=m\boldsymbol{a}$$

这表明在任何惯性系中，牛顿运动定律具有相同的形式，即牛顿运动定律对伽利略变换具有不变性.根据这一结论，可以证明经典力学的一切定律在伽利略变换下都具有形式不变性.或者说力

学定律相对于一切惯性参考系都是等价的.这一规律称为经典力学的相对性原理.因此,在任何惯性系中,同一力学现象都按同样的形式发生和演变,没有哪一个惯性系更占优势.所以根据经典力学相对性原理,我们无法利用力学实验的方法区分不同的惯性参考系.

经典力学的相对性原理

13.2　狭义相对论基本原理　洛伦兹变换

13.2.1　迈克耳孙-莫雷实验

19 世纪末,随着电磁学理论的不断完善,人们发现电磁规律在不同的惯性系中不等价.以前面给出的 S 系和 S′系为例,相对 S′系静止的电荷在空间中激发静电场,而在 S 中的观察者系看来,这是一个运动电荷,它在空间中不仅激发电场,还激发磁场.另外,根据伽利略速度变换,物体相对不同惯性系速度是不同的,而根据麦克斯韦电磁理论推导出的光在真空中的速度 c 是一个常量.这就提出了一个问题:光速是相对哪一个参考系而言的?于是人们就猜想,宇宙中充满一种称为“以太”(ether)的介质,并认为“以太”是绝对静止的参考系,麦克斯韦电磁理论推导的光速是光相对“以太”的速度.于是,物理学家们就设计了各种实验寻找“以太”,以便确定绝对静止的参考系.这些实验中以 1887 年的迈克耳孙-莫雷实验最为著名.

阅读材料:迈克耳孙-莫雷实验

图 13.2 所示的实验装置是迈克耳孙根据干涉原理自己设计、制作的迈克耳孙干涉仪.将迈克耳孙干涉仪置于地球上的某处,实验时先使干涉仪一条光臂沿着地球相对于“以太”的运动方向,另一条光臂垂直于地球的运动方向.根据伽利略变换可知,当光沿不同方向传播时,光相对于地球的速率不同.所以,由两反射镜反射到望远镜的两束光存在光程差,于是实验者在望远镜中可观测到干涉条纹.然后,把整个干涉仪绕 O 点缓慢地旋转 90°,使另一条光臂沿着地球运动的方向.如果“以太”存在,则地球相对“以太”的运动将对光速产生影响,从而在干涉仪缓慢转过 90°的过程中,实验者应该发现有干涉条纹的移动.由条纹移动的数目,通过有关计算可以得出地球相对“以太”参考系的绝对速度,

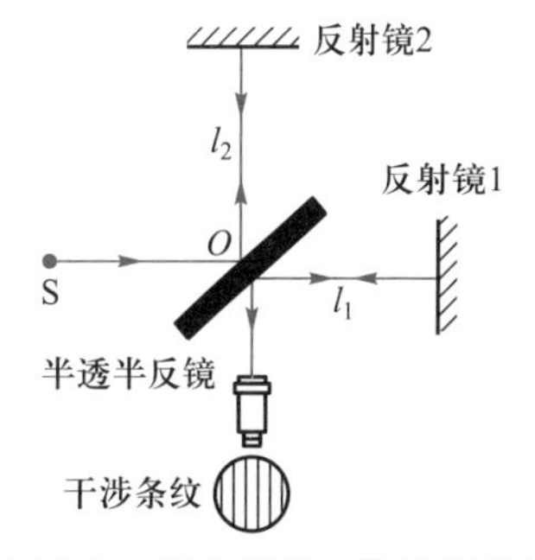

图 13.2　迈克耳孙-莫雷实验原理图

由此可证实“以太”的存在.然而,实验中实验者始终没有观测到干涉条纹的移动,以后又有许多人在不同季节、不同时间、不同方向反复重做迈克耳孙-莫雷实验,但仍然没有得到预期结果.近年来,激光使这个实验的精度大为提高,但结论却没有任何变化.原本为验证“以太”存在而进行的实验,却得到了相反的结果,这对“以太”理论是一个沉重的打击.如果“以太”不存在,则意味着绝对参考系不存在,这将使基于绝对时空观的牛顿力学失去根基.所以迈克耳孙-莫雷实验的零结果,被英国物理学家开尔文称为在物理学晴朗天空中的一朵乌云.

13.2.2 狭义相对论基本原理

阅读材料:爱因斯坦创建狭义相对论的基本思路

就在人们被迈克耳孙-莫雷实验的零结果所困扰时,一种前所未有的全新时空理论破土而出.1905 年爱因斯坦在德国的《物理学年鉴》上发表了具有划时代意义的论文《论动体的电动力学》,他抛弃了“以太”假说,否定了绝对参考系的存在,确立了光速不依赖于观察者所在参考系的事实,从全新的角度出发,提出了狭义相对论的两条基本原理.

1. 相对性原理

物理定律在所有惯性系中都具有相同的表达形式.

相对性原理

这表明,**所有惯性系对物理现象的描述都是等价的.**显然,相对性原理(relativity principle)否定了绝对参考系的存在,物理定律在所有惯性系中都是等价的,没有哪一个惯性系更为特殊.伽利略相对性原理说明力学定律相对于一切惯性参考系都是等价的,而狭义相对论相对性原理把这种等价性推广到包括力学、电磁学在内的一切物理定律上去.

2. 光速不变原理

在所有的惯性系中,真空中的光速具有相同的量值 c.

光速不变原理

这表明,**真空中的光速与光源或观测者的运动状态无关,光速不依赖于惯性系的选择.光速不变原理**(principle of constancy of light velocity)直接否定了伽利略变换,也否定了经典力学的绝对时空观.

光速不变原理似乎违背常规,但事实证明它是正确的.1964 年到 1966 年期间,欧洲核子研究中心在质子同步加速器中作了有关光速的精密测量.科学家们使在同步加速器中产生的 π^0 介子以 $0.999\ 75c$ 的高速飞行,π^0 介子在飞行中发生衰变,辐射出能量为 6×10^9 eV 的光子,测得光子的实验室速度仍是 c.

物理学家简介:洛伦兹

本章中,为了计算方便,题目计算中取 $c=3\times10^8\ \mathrm{m\cdot s^{-1}}$.

13.2.3 洛伦兹变换

阅读材料：洛伦兹变换的提出

狭义相对论基本原理在否定伽利略变换的同时，孕育了新的坐标变换关系，它使人们的时空观发生了重大的变革，这种变换关系就是下面我们要介绍的洛伦兹变换.

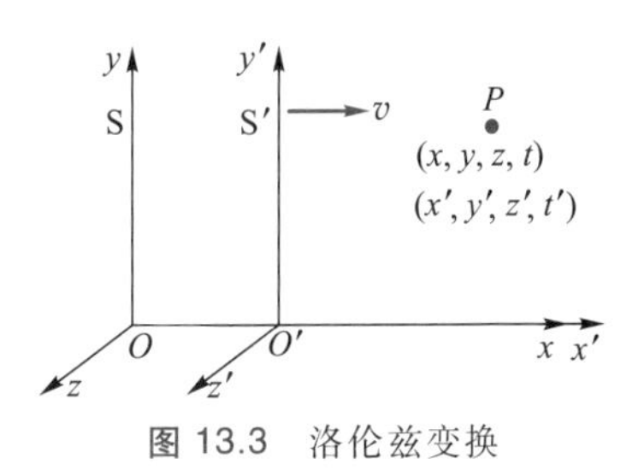

图 13.3 洛伦兹变换

如图 13.3 所示，在前面所讲的约定惯性系 S 和惯性系 S′中，发生一个事件 P，如某处发射一火箭，这一事件被地面上的观察者观察到，恰好也被宇宙飞船中的观察者观察到. 如果取地面参考系为 S 系，飞船参考系为 S′系，且 S′系相对 S 系以速度 v 沿 xx'轴正向作匀速直线运动. 于是，S 系和 S′系中的观察者看到的这一事件的时空坐标分别为(x,y,z,t)和(x',y',z',t'). 同一事件 P 在不同惯性系中的时空坐标满足的**洛伦兹变换**(Lorentz transformation)为

洛伦兹变换

$$\begin{cases} x'=\dfrac{x-vt}{\sqrt{1-(v/c)^2}} \\ y'=y \\ z'=z \\ t'=\dfrac{t-\dfrac{v}{c^2}x}{\sqrt{1-(v/c)^2}} \end{cases} \tag{13.4a}$$

式(13.4a)是**洛伦兹正变换**，相应的**洛伦兹逆变换**为

洛伦兹正变换

洛伦兹逆变换

$$\begin{cases} x=\dfrac{x'+vt'}{\sqrt{1-(v/c)^2}} \\ y=y' \\ z=z' \\ t=\dfrac{t'+\dfrac{v}{c^2}x'}{\sqrt{1-(v/c)^2}} \end{cases} \tag{13.4b}$$

式(13.4a)和式(13.4b)中常令 $\beta=v/c$.

将洛伦兹变换与伽利略变换对比，我们可看出：

(1) 洛伦兹变换中的时间坐标与空间坐标互为关联，二者构成不可分割的**四维时空**，而且时间和空间的测量与物体的运动密切相关，不存在与参考系无关的绝对时间、绝对空间. 所以洛伦兹变换反映了相对论中时间、空间和物质运动三者相互关联的新观念.

四维时空

(2) 当物体的运动速度远小于光速，即 $v\ll c$ 时，洛伦兹变换转换为伽利略变换，有 $x'=x-vt$，$t'=t$，这说明伽利略变换是洛伦兹变换在低速情况下的特例.这也表明,牛顿力学描述的物体低速运动的规律的正确性毋庸置疑.

(3) 由式(13.4a)和式(13.4b)可看出,当 $v>c$ 时,洛伦兹变换失去意义,这表明**光速是物体运动的极限速度**.

例 13.1

在地球上 $x=5.0\times10^7$ m 处,一颗炸弹于 $t=0.2$ s 时刻爆炸,在相对地球以 $0.6c$ 的速度沿 x 轴正方向匀速运动的飞船中的观察者看到了这一爆炸,试求飞船中的观察者测得的这颗炸弹爆炸的位置和时刻.

解 以地球为 S 系、飞船为 S′系.由洛伦兹正变换可求得飞船中观察者观察到炮弹爆炸的位置和时刻分别为

$$x'=\frac{x-vt}{\sqrt{1-(v/c)^2}}=\frac{5.0\times10^7-0.6\times3\times10^8\times0.2}{\sqrt{1-(0.6c/c)^2}}\ \text{m}$$

$$=1.75\times10^7\ \text{m}$$

$$t'=\frac{t-\dfrac{v}{c^2}x}{\sqrt{1-(v/c)^2}}$$

$$=\frac{0.2-\dfrac{0.6\times3\times10^8}{(3\times10^8)^2}\times5.0\times10^7}{\sqrt{1-(0.6c/c)^2}}\ \text{s}=0.125\ \text{s}$$

计算结果表明,在两惯性系中测量的炮弹爆炸的地点和时间均不同.

例 13.2

在地球上,有两列火车从相距 $x_2-x_1=6.0\times10^8$ m 的两个城市开出,两火车出发的时间相差 $t_2-t_1=1.5$ s.在飞经两城市、作匀速直线运动的飞船上,观察者观测到这两列火车是同时出发的,问:

(1) 飞船相对地球的运动速度是多少?

(2) 飞船上测得这两个城市相距多远?

解 以地球为 S 系、飞船为 S′系.

(1) 根据洛伦兹正变换式(13.4a),有

$$t_1'=\frac{t_1-\dfrac{v}{c^2}x_1}{\sqrt{1-(v/c)^2}},\quad t_2'=\frac{t_2-\dfrac{v}{c^2}x_2}{\sqrt{1-(v/c)^2}}$$

飞船上的观察者观测到这两列火车出发的时间间隔为

$$t_2'-t_1'=\frac{(t_2-t_1)-\dfrac{v}{c^2}(x_2-x_1)}{\sqrt{1-(v/c)^2}}\qquad(13.5)$$

依题意 $t_2'-t_1'=0$,代入上式得

$$(t_2-t_1)-\frac{v}{c^2}(x_2-x_1)=0$$

于是飞船相对地球的运动速度为

$$v=\frac{(t_2-t_1)c^2}{(x_2-x_1)}=\frac{1.5\times(3\times10^8)^2}{6.0\times10^8}\ \text{m}\cdot\text{s}^{-1}=0.75c$$

(2) 根据洛伦兹正变换，有

$$x_1'=\frac{x_1-vt_1}{\sqrt{1-(v/c)^2}},\quad x_2'=\frac{x_2-vt_2}{\sqrt{1-(v/c)^2}}$$

飞船上测得这两个城市相距

$$x_2'-x_1'=\frac{(x_2-x_1)-v(t_2-t_1)}{\sqrt{1-(v/c)^2}} \tag{13.6}$$

$$=\frac{6.0\times10^8-0.75\times3\times10^8\times1.5}{\sqrt{1-(0.75)^2}}\ \text{m}$$

$$=3.97\times10^8\ \text{m}$$

由式(13.5)和式(13.6)可以看出，在 S′系中同时发生的两个事件，在 S 系中不同时发生；在 S 系和 S′系中测得的两个事件的空间间隔是不同的.

13.2.4 洛伦兹速度变换

利用洛伦兹变换我们可以导出洛伦兹速度变换式.

设有一质点在空间中运动，它在 S 系和 S′系中的时空坐标分别为(x,y,z,t)和(x',y',z',t'). 运动质点相对 S 系的速度分量为(u_x,u_y,u_z)，相对 S′系的速度分量为(u_x',u_y',u_z')，根据速度定义有

$$u_x=\frac{\mathrm{d}x}{\mathrm{d}t},\quad u_y=\frac{\mathrm{d}y}{\mathrm{d}t},\quad u_z=\frac{\mathrm{d}z}{\mathrm{d}t} \tag{13.7a}$$

$$u_x'=\frac{\mathrm{d}x'}{\mathrm{d}t'},\quad u_y'=\frac{\mathrm{d}y'}{\mathrm{d}t'},\quad u_z'=\frac{\mathrm{d}z'}{\mathrm{d}t'} \tag{13.7b}$$

将洛伦兹正变换式(13.4a)两边分别取微分，得

$$\begin{cases}\mathrm{d}x'=\dfrac{\mathrm{d}x-v\mathrm{d}t}{\sqrt{1-(v/c)^2}}\\ \mathrm{d}y'=\mathrm{d}y\\ \mathrm{d}z'=\mathrm{d}z\\ \mathrm{d}t'=\dfrac{\mathrm{d}t-\dfrac{v}{c^2}\mathrm{d}x}{\sqrt{1-(v/c)^2}}\end{cases} \tag{13.8}$$

将式(13.8)代入式(13.7b)得**洛伦兹速度变换式**：

洛伦兹速度变换式

$$\begin{cases} u_x' = \dfrac{u_x - v}{1 - \dfrac{v}{c^2} u_x} \\ u_y' = \dfrac{u_y \sqrt{1-(v/c)^2}}{1 - \dfrac{v}{c^2} u_x} \\ u_z' = \dfrac{u_z \sqrt{1-(v/c)^2}}{1 - \dfrac{v}{c^2} u_x} \end{cases} \tag{13.9a}$$

洛伦兹速度逆变换式

同理,可得洛伦兹速度逆变换式:

$$\begin{cases} u_x = \dfrac{u_x' + v}{1 + \dfrac{v}{c^2} u_x'} \\ u_y = \dfrac{u_y' \sqrt{1-(v/c)^2}}{1 + \dfrac{v}{c^2} u_x'} \\ u_z = \dfrac{u_z' \sqrt{1-(v/c)^2}}{1 + \dfrac{v}{c^2} u_x'} \end{cases} \tag{13.9b}$$

由洛伦兹速度逆变换式我们可看出:

(1) 虽然 S′系相对 S 系只是以速度 v 沿 x 轴正方向作匀速直线运动,但在速度变换中,不仅速度的 x 分量要变换,速度的 y 分量和 z 分量也要变换.

(2) 当物体的运动速度远小于光速,即 $v \ll c$ 时,洛伦兹速度变换式转换为伽利略速度变换式,这说明伽利略速度变换是洛伦兹速度变换在低速情况下的特例.

(3) 洛伦兹速度变换式满足光速不变原理.如真空中 S′系相对 S 系以速度 v 沿 x 轴的正方向运动,在 S′系中沿 x'轴的正方向发射一光信号,S′系中测得光速 $u_x' = c$,由洛伦兹速度变换式,可得光信号相对 S 系的光速为

$$u_x = \frac{u_x' + v}{1 + \dfrac{v}{c^2} u_x'} = \frac{c + v}{1 + \dfrac{v}{c^2} c} = c$$

可见,光相对 S 系和 S′系的速度相等,即在所有的惯性系中,真空中的光速具有相同的量值 c,这是必然的结果.

例 13.3

一个放射性样品衰变时，放出沿相反方向飞行的 a、b 两个电子，两电子相对于样品的速率均为 $0.70c$，如图 13.4 所示.求 b 电子相对于 a 电子的速度.

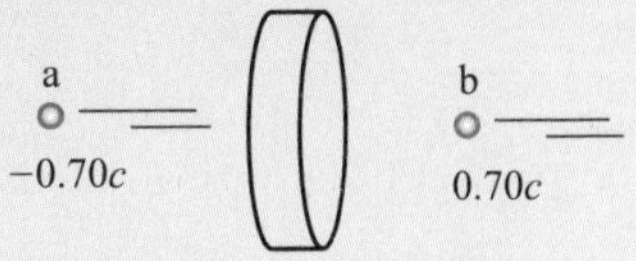

a　b
$-0.70c$　$0.70c$

图 13.4　例 13.3 图

解　以放射性样品为 S 系、a 电子为 S′系，研究对象为 b 电子.已知 S′系相对 S 系的速度 $v=-0.70c$，b 电子相对 S 系的速度为 $u_x=0.70c$.由洛伦兹速度变换式可求得 b 电子相对 a 电子(S′系)的速度为

$$u_x'=\frac{u_x-v}{1-\dfrac{v}{c^2}u_x}=\frac{0.70c-(-0.70c)}{1-\left(\dfrac{-0.70c}{c^2}\times 0.70c\right)}$$
$$=0.94c$$

若按伽利略速度变换，则 $u_x'=0.70c+0.70c=1.40c>c$，显然是错误的.

13.3　狭义相对论的时空观

经典力学认为，空间中两点的距离和同一时间间隔，在任何惯性系中测量所得结果都一样，即时空的量度是绝对的.所以，在一惯性系中不同地点同时发生的两个事件，在另一惯性系中也同时发生.但狭义相对论认为，时空的量度将因所选惯性系的不同而不同，即时空的量度是相对的.所以，同时的概念也是相对的.狭义相对论时空观是对经典力学时空观以及人们传统观念的一次巨大变革，下面我们将从三个方面讨论狭义相对论的时空观.

13.3.1　同时的相对性

狭义相对论认为，在不同的惯性系中观察两个事件是否同时发生，结果将与所选择的惯性系有关.

如图 13.5 所示，设想有一列火车相对地面以速度 v 作匀速直线运动.车厢中央有一光源发出一个光信号，光信号以光速 c 向车厢前、后壁传播.光信号到达车厢前、后壁时，可视为发生了两个事件，分别记作事件 1 和事件 2.运动车厢里的观察者以车厢为参考系（S′系），他观察到光信号是同时到达车厢前、后壁的，即两事件同时发生，如图 13.5（a）所示.地面上的观察者以地面为参考系（S 系），她观察到光信号向车厢前、后壁传播的同时，车厢在向前运动，所以她看到光信号先到达车厢后壁，后到达车厢前壁，即事件 2 先发生，事件 1 后发生，如图 13.5（b）所示.可见，两个事件在一惯性系中观察是同时发生的，在另一惯性系中观察就不一定是同时发生的，这就是**同时的相对性**（relativity of simultaneity）.

同时的相对性

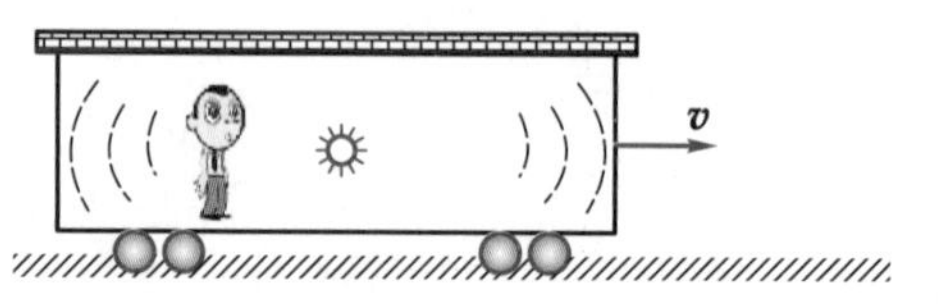

(a) 以车厢为参考系，光信号同时到达车厢前、后壁

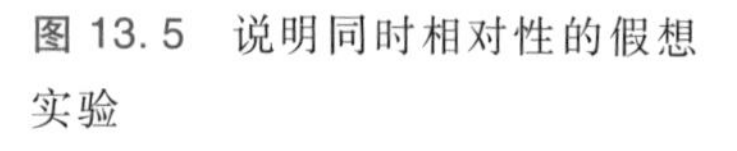
图 13.5　说明同时相对性的假想实验

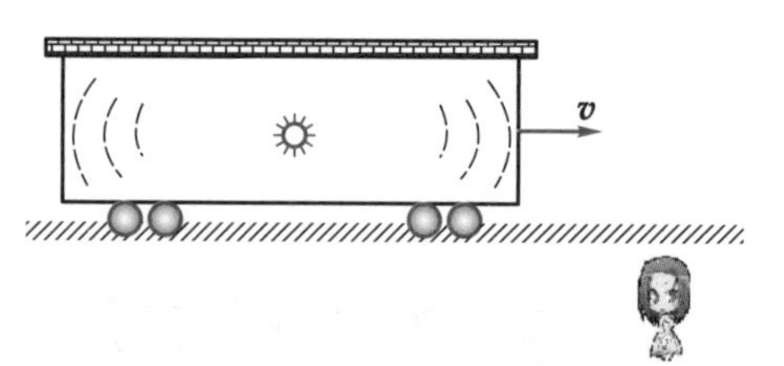

(b) 以地面为参考系，光信号先到达车厢后壁，再到达车厢前壁

由洛伦兹时间间隔变换式（13.5），即

$$t_2'-t_1'=\frac{(t_2-t_1)-\dfrac{v}{c^2}(x_2-x_1)}{\sqrt{1-(v/c)^2}}$$

很容易得到同时的相对性结论.根据上式讨论如下：

（1）当 $t_1=t_2$、$x_1\neq x_2$ 时，$t_2'-t_1'\neq 0$.这表明在一惯性系中同时、不同地点发生的两个事件，在另一惯性系中不同时发生.

（2）当 $t_1\neq t_2$、$x_1=x_2$ 时，$t_2'-t_1'\neq 0$.这表明在一惯性系中不同时刻、同一地点发生的两个事件，在另一惯性系中不同时发生.

（3）当 $t_1=t_2$、$x_1=x_2$ 时，$t_2'-t_1'=0$.这表明在一惯性系中同一时刻、同一地点发生的两个事件，在另一惯性系中也一定同时发生.

（4）当 $t_1\neq t_2$、$x_1\neq x_2$，但 $(t_2-t_1)=\dfrac{v}{c^2}(x_2-x_1)$ 时，则有 $t_2'-t_1'=0$.这表明在一惯性系中不同时刻、不同地点发生的两个事件，在另一惯性系中有可能同时发生.

综上所述,同时是一个相对的概念,它与惯性系的选择有关.

13.3.2 时间的延缓

由同时具有相对性可以推想,在不同的惯性系中,两个事件的时间间隔或一个过程所经历的时间也应具有相对性,它也与惯性系的选择有关.

如图 13.6 所示,设在运动车厢(S′系)中的同一地点 x'处,发生了两个事件:t_1'时刻 x'处的光源发射一个光脉冲(事件 1),t_2'时刻 x'处接收到由车厢顶部的反射镜反射回来的光脉冲(事件 2).由静止于 S′系中的时钟测得这两个事件的时间间隔为 $\Delta t'=t_2'-t_1'$.而由静止于地面(S 系)的时钟测得这两个事件的时间间隔为 $\Delta t=t_2-t_1$.若 S′系相对 S 系以速度 v 沿 x 轴作匀速直线运动,根据洛伦兹逆变换式(13.4b),可得 S 系中的时钟测得的这两个事件的时间间隔为

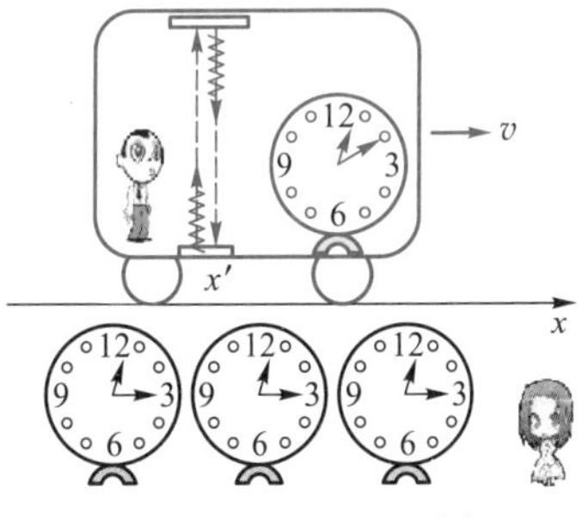

图 13.6 时间的延缓

$$t_2-t_1=\frac{(t_2'-t_1')+\frac{v}{c^2}(x_2'-x_1')}{\sqrt{1-(v/c)^2}} \tag{13.10}$$

考虑到两个事件的发生地位于同一点,即 $x_1'=x_2'=x'$,代入上式可得

$$t_2-t_1=\frac{t_2'-t_1'}{\sqrt{1-(v/c)^2}}$$

我们将在与两个事件发生地(同一地点)相对静止的惯性系中测得的时间间隔,称为**固有时**(proper time),用Δt_0 表示;而将在与两个事件发生地作相对运动的惯性系中测得的时间间隔,称为**运动时**(move time),用Δt 表示.显然,S′系中测得的时间间隔为固有时 $\Delta t_0=t_2'-t_1'$;S 系中测得的时间间隔为运动时$\Delta t=t_2-t_1$.于是上式可表示为

固有时

运动时

$$\Delta t=\frac{\Delta t_0}{\sqrt{1-(v/c)^2}} \tag{13.11}$$

由上式可知,$\Delta t>\Delta t_0$,即运动时大于固有时,或者说 S 系的观察者测得的这两个事件的时间间隔变长了,这一效应称为**时间延缓**(time dilation).我们也可以用时钟的快慢来说明这一效应,即 S 系中的观察者把固定于 S 系中的时钟与固定在 S′系中的时钟(相对观察者运动的时钟)进行比较,发现 S′系的时钟走慢了,这就是**动钟变慢**.

时间延缓

动钟变慢

由于所有的惯性系都是等价的，所以，如果把光源和反射镜都放在惯性系 S 系中做如上实验，在相对 S 系作匀速直线运动的 S′系中的观察者就会发现 S 系的时钟走慢了.总之，相对观察者运动的时钟变慢.

当 $v \ll c$ 时，由式(13.11)可得 $\Delta t=\Delta t_0$，即两惯性系中测得的时间间隔相同，这与经典力学的结果一致.

时间延缓或动钟变慢都是相对论效应，它是时间量度具有相对性的客观反映.时间的流逝不是绝对的，运动将改变时间的进程.现代物理实验为相对论的时间延缓提供了有力的证明，下面的例题就是一个实例.

例 13.4

人们在实验室参考系中观测以 0.910c 高速飞行的 π 介子，测得其平均飞行的直线距离为 $L=17.135$ m，试由相对论推算 π 介子的固有寿命.

解 以实验室参考系为 S 系、高速飞行的 π 介子为 S′系.在 S 系中 π 介子的平均寿命(运动时)为

$$\Delta t=\frac{L}{v}=\frac{17.135}{0.910\times3\times10^8}\ \text{s}=6.276\times10^{-8}\ \text{s}$$

由 $\Delta t=\dfrac{\Delta t_0}{\sqrt{1-(v/c)^2}}$ 可得 π 介子的固有寿命为

$$\Delta t_0=\Delta t\sqrt{1-\left(\frac{v}{c}\right)^2}=6.276\times10^{-8}\times\sqrt{1-0.910^2}\ \text{s}$$
$$=2.602\times10^{-8}\ \text{s}$$

实验中测得的 π 介子的固有寿命为 $(2.603\pm0.002)\times10^{-8}$ s，这与由相对论推算的 π 介子的固有寿命值吻合得很好，这说明时间延缓的预言是正确的.

13.3.3 长度的收缩

根据洛伦兹变换，我们知道了时间的测量具有相对性，那么长度的测量是否也具有相对性呢？

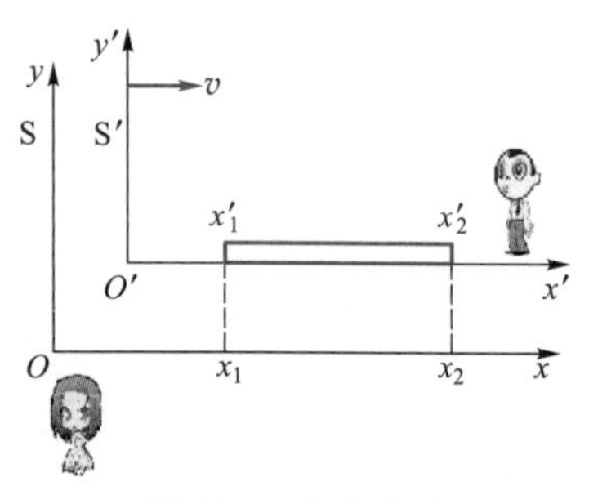

图 13.7 长度收缩

如图 13.7 所示，S′系相对 S 系沿 x 轴以速度 v 作匀速直线运动，在 S′系中固定一直尺.下面我们在不同的惯性系中测量直尺的长度.首先，我们要确定在两惯性系中如何测量尺子的长度.在 S′系中，由于直尺相对 S′系静止，所以可在任意时刻分别测量直尺两端的坐标，然后根据所测坐标确定尺子的长度.在 S 系中，由于直尺相对 S 系运动，直尺两端的坐标不能先后测量，必须在同一时刻测量，否则将导致测量结果的错误.

设在 S′系中测得直尺两端的时空坐标分别为(x_1',t_1')和(x_2',t_2')，直尺的长度为$(x_2'-x_1')$；在 S 系中测得直尺两端的时空坐标分别为(x_1,t)和(x_2,t)，此时测得直尺的长度为(x_2-x_1).根据洛伦兹变换有

$$x_2'-x_1'=\frac{(x_2-x_1)-v(t_2-t_1)}{\sqrt{1-(v/c)^2}}$$

因为在 S 系中有 $t_1=t_2=t$，所以上式可写为

$$x_2'-x_1'=\frac{x_2-x_1}{\sqrt{1-(v/c)^2}}$$

我们将在与物体相对静止的惯性系中测得的长度，称为**固有长度**(proper length)，用 l_0 表示；而将在与物体作相对运动的惯性系中测得的长度，称为**运动长度**(move length)，用 l 表示.显然，S′系中测得的长度为固有长度 $l_0=x_2'-x_1'$，S 系中测得的长度为运动长度 $l=x_2-x_1$.于是上式可表示为

固有长度

运动长度

$$l_0=\frac{l}{\sqrt{1-(v/c)^2}}$$

或者

$$l=l_0\sqrt{1-(v/c)^2} \tag{13.12}$$

上式表明，$l<l_0$，即运动长度小于固有长度，或者说 S 系的观察者测得的尺子变短了，这一效应称为**长度收缩**(length contraction).

长度收缩

如果把直尺放在惯性系 S 系中做如上实验，在相对 S 系作匀速直线运动的 S′系中的观察者，就会发现放在 S 系中的直尺变短了.总之，长度沿相对观察者运动的方向变短，但在与运动方向垂直的方向上长度没有收缩.

长度收缩与时间延缓一样都是相对论效应，它是长度的量度具有相对性的客观反映.同样，当 $v\ll c$ 时，$l=l_0$，两惯性系测得的长度相同，这与经典力学的结果一致.

例 13.5

S′系相对 S 系以速度 $v=0.8c$ 沿 x 轴运动，长为 1 m 的细棒静止于 $O'x'y'$平面内.S′系中的观察者测得此棒与 x'轴成 30°角，如图 13.8 所示.试问 S 系中的观察者测得的此棒的长度以及棒与 x 轴的夹角是多少？

解　在 S′系中细棒长度为固有长度，棒长沿 x'轴、y'轴的投影为

$$l_{x'}'=l'\cos 30°=\frac{\sqrt{3}}{2}\ \text{m}$$

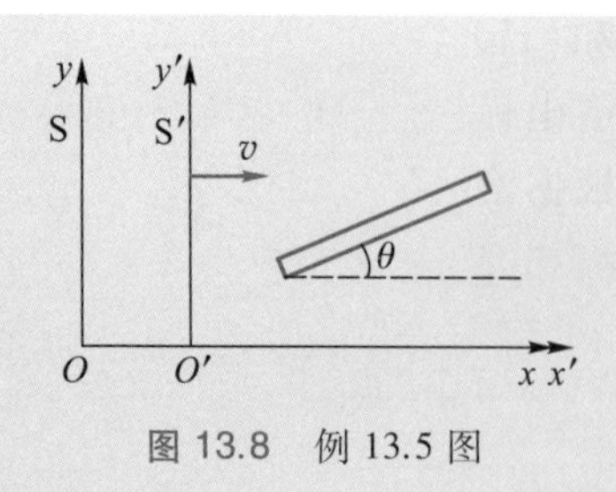

图 13.8 例 13.5 图

$$l'_{y'}=l'\sin 30°=0.5\ \text{m}$$

在 S 系中细棒长度为 l,因与运动方向垂直的长度不变,有

$$l_y=l'_{y'}=0.5\ \text{m}$$

细棒沿运动方向的长度收缩,所以有

$$l_x=l'_{x'}\sqrt{1-\left(\frac{v}{c}\right)^2}=\frac{\sqrt{3}}{2}\sqrt{1-\left(\frac{0.8c}{c}\right)^2}\ \text{m}$$
$$=0.3\sqrt{3}\ \text{m}$$

在 S 系中测得细棒的长度为

$$l=\sqrt{l_x^2+l_y^2}=\sqrt{(0.3\sqrt{3})^2+0.5^2}\ \text{m}=0.72\ \text{m}$$

在 S 系中测得细棒与 x 轴的夹角为

$$\theta=\arctan\frac{l_y}{l_x}=\arctan\frac{0.5}{0.3\sqrt{3}}=43.9°$$

13.4 狭义相对论动力学

狭义相对论的相对性原理指出,物理定律在所有的惯性系中具有相同的形式,描述物理定律的方程式应满足洛伦兹变换的不变式.根据这一原理和变换,描述质点动力学规律的物理量,如质量、动量、能量将会被重新定义,并要求它们在低速运动情况下回归经典力学的结果.本节将介绍狭义相对论动力学的基本规律,给出物体作高速运动时,有关动力学问题的几个重要结论.

13.4.1 相对论质量和动量

1. 相对论质量

经典力学规律在伽利略变换下形式保持不变,这是由经典力学的绝对时空观得出的.随着狭义相对论时空观的诞生,洛伦兹变换替代了伽利略变换,这时人们发现经典力学规律在洛伦兹变换下形式不再保持不变,它不满足狭义相对论基本原理.另外,从牛顿力学出发,一个物体在恒力作用下,作匀加速直线运动,其速度满足规律 $v=v_0+at$.若恒力作用于物体的时间足够长,物体的速率有可能超过光速.显然,这违背了狭义相对论给出的结论——光速是物体运动的极限速度.为什么会出现这些问题呢? 看来对牛顿力学的质疑确有道理.

上面分析中,物体的速率有可能超过光速,其根本原因在于物体的质量在经典力学中是一个常量,与物体的运动与否无关.而在狭义相对论中,不仅时空具有相对性,物体的质量也具有相对性,它与物体的运动密切相关.根据动量守恒定律和洛伦兹速度变换式,从理论上可以证明(证明从略),当物体以速度 v 运动时,物体的质量 m 和速度 v 的关系为

$$m=\frac{m_0}{\sqrt{1-(v/c)^2}} \tag{13.13}$$

式中 m_0 是物体相对惯性系静止时的质量,称为**静止质量**(static mass),m 称为**相对论质量**(relativistic mass)或**运动质量**,上式称为**质速关系式**.

静止质量

相对论质量　运动质量

质速关系式

质速关系式揭示了物质与运动的不可分割性,物体速度 v 越大,其运动质量越大,图 13.9 所示的是 m/m_0 随 v/c 变化的曲线,由图可看出,物体的速度较小时,其质量和静止质量很接近,只有当物体的速度接近光速时,质量才有显著的增加.一般说来,宏观物体的运动速度比光速小得多,其质量的变化微不足道,如火箭以第二宇宙速度 $v=11.2\ \text{km}\cdot\text{s}^{-1}$运动时,火箭质量为

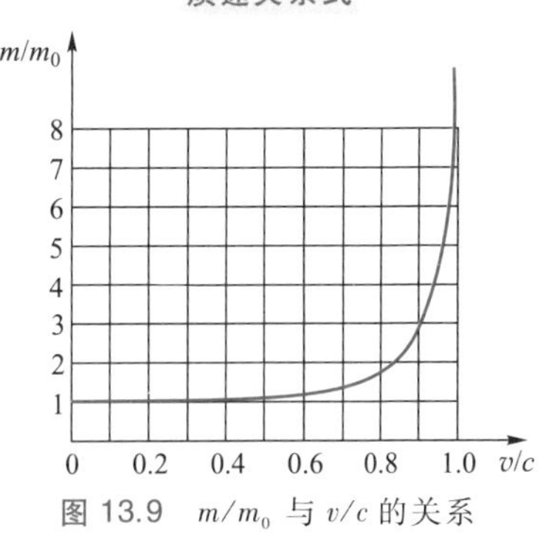

图 13.9　m/m_0 与 v/c 的关系

$$m=\frac{m_0}{\sqrt{1-\left(\dfrac{11.2\times10^3}{3\times10^8}\right)^2}}=1.000\ 000\ 000\ 7m_0$$

但是对于高速运动的微观粒子,如电子、质子等,它们的运动速度接近光速,其质量与静止质量有着巨大的差异.如现代电子加速器可使电子的速度达到$v=0.999\ 999\ 999\ 7c$,此时电子的质量 $m=40\ 000m_0$.

当物体的速度 $v\ll c$ 时,$m=m_0$,这与经典力学的结果一致.

光是由光子组成的,每个光子都以速度 c 运动,实验证明,光子的运动质量 m 为有限值,所以由式(13.13)可知,光子的静止质量 $m_0=0$.

应指出的是,式(13.13)中的速率 v 是物体相对选定参考系的速率,而不是两个参考系的相对速率,同一物体相对不同的参考系可以有不同的质量.虽然式(13.13)与洛伦兹变换式中含有相同的$\sqrt{1-(v/c)^2}$,但两者中的 v 意义是不同的.

2. 相对论动量

在相对论中,质点的动量仍定义为

$$\boldsymbol{p}=m\boldsymbol{v}$$

式中的 m 是运动质量,将式(13.13)代入上式得**相对论动量**(relativistic momentum)为

相对论动量

$$\boldsymbol{p}=\frac{m_0}{\sqrt{1-(v/c)^2}}\boldsymbol{v} \tag{13.14}$$

当质点的速度 $v\ll c$ 时，$\boldsymbol{p}=m_0\boldsymbol{v}$，经典力学的动量是相对论动量在低速情况下的近似.

13.4.2 相对论动力学的基本方程

在相对论中，质点受到的合外力等于质点动量的变化率这一定义仍然成立，即

$$\boldsymbol{F}=\frac{\mathrm{d}\boldsymbol{p}}{\mathrm{d}t}=\frac{\mathrm{d}(m\boldsymbol{v})}{\mathrm{d}t} \tag{13.15}$$

上式中由于 m 随 $\boldsymbol{v}$ 变化，$\boldsymbol{v}$ 随时间 t 变化，所以它与牛顿第二定律 $\boldsymbol{F}=\frac{\mathrm{d}(m\boldsymbol{v})}{\mathrm{d}t}=m\boldsymbol{a}$ 是不等效的.将式(13.13)代入式(13.15)，可得相对论动力学基本方程：

相对论动力学基本方程

$$\boldsymbol{F}=\frac{\mathrm{d}\boldsymbol{p}}{\mathrm{d}t}=\frac{\mathrm{d}}{\mathrm{d}t}\left[\frac{m_0\boldsymbol{v}}{\sqrt{1-(v/c)^2}}\right] \tag{13.16a}$$

相对论动力学基本方程与经典力学的牛顿第二定律有着明显的不同.前面讲过，在经典力学中，一个物体在恒力作用下，作匀加速直线运动，若恒力作用于物体的时间足够长，物体的速率有可能超过光速.但在相对论中，若物体在力 $\boldsymbol{F}$ 的作用下沿 x 轴作直线运动，根据式(13.16a)，有

$$F=\frac{\mathrm{d}}{\mathrm{d}t}\left[\frac{m_0 v}{\sqrt{1-(v/c)^2}}\right]=\frac{m_0}{[1-(v/c)^2]^{3/2}}\frac{\mathrm{d}v}{\mathrm{d}t} \tag{13.16b}$$

物体的加速度为

$$a=\frac{\mathrm{d}v}{\mathrm{d}t}=\frac{F}{m_0}\left[1-\left(\frac{v}{c}\right)^2\right]^{3/2}$$

由上式可知，物体在力 $\boldsymbol{F}$ 的作用下，随着物体速度的增加，加速度将不断减小，不管力 $\boldsymbol{F}$ 作用于物体的时间有多长，只要 $v\rightarrow c$，就有 $a\rightarrow 0$.这又一次表明，光速是物体运动的极限速度.

由式(13.16)可知，当 $v\ll c$ 时，相对论动力学基本方程回归牛顿第二定律的形式 $F=m_0\frac{\mathrm{d}v}{\mathrm{d}t}$.

13.4.3 相对论能量

1. 相对论动能

在相对论中，经典力学的质点动能公式 $E_k=\frac{1}{2}mv^2$ 不再适用，但动能定理仍然成立，下面我们结合相对论动力学基本方程导出相对论动能公式，由此给出质量与能量的关系.

设一质点在外力 $\boldsymbol{F}$ 的作用下，由静止时的位置 x_1 开始沿 x 轴运动，当其速率为 v 时，位于位置 x_2 处.在这一过程中，质点具有的动能等于外力 $\boldsymbol{F}$ 所做的功，根据式(13.16b)可得

$$E_k=\int_{x_1}^{x_2}F\mathrm{d}x=\int_{x_1}^{x_2}\frac{m_0}{[1-(v/c)^2]^{3/2}}\frac{\mathrm{d}v}{\mathrm{d}t}\mathrm{d}x$$

$$=\int_0^v\frac{m_0v}{[1-(v/c)^2]^{3/2}}\mathrm{d}v=\frac{m_0c^2}{\sqrt{1-(v/c)^2}}-m_0c^2$$

即

$$E_k=mc^2-m_0c^2 \qquad (13.17)$$

这就是**相对论动能公式**.显然，它与经典力学的动能公式截然不同.由此可知，相对论动能不能通过在经典力学的动能公式 $E_k=\frac{1}{2}mv^2$ 中代入相对论质量 m 来求得.

相对论动能公式

当 $v\ll c$ 时，应用 $\frac{1}{\sqrt{1-(v/c)^2}}=1+\frac{1}{2}\frac{v^2}{c^2}+\frac{3}{8}\frac{v^4}{c^4}+\cdots$，将相对论动能公式展开，略去高次项可得

$$E_k=mc^2-m_0c^2=m_0c^2\left[\frac{1}{\sqrt{1-(v/c)^2}}-1\right]$$

$$=m_0c^2\left(1+\frac{1}{2}\frac{v^2}{c^2}+\frac{3}{8}\frac{v^4}{c^4}+\cdots-1\right)\approx\frac{1}{2}m_0v^2$$

由此可见，相对论动能公式在 $v\ll c$ 时，与经典力学的动能公式一致.

2. 质量与能量的关系

由相对论动能公式 $E_k=mc^2-m_0c^2$ 可知，mc^2 和 m_0c^2 具有能量的量纲，应表示某种能量.爱因斯坦以他独特的见解，将与物体运动速度无关的能量 m_0c^2 定义为物体的**静能**(rest energy)，表示为

静能

$$E_0=m_0c^2 \qquad (13.18)$$

他把与物体运动速度有关的能量 mc^2 定义为物体的**总能量**(total energy)，表示为

总能量

$$E=mc^2 \tag{13.19}$$

质能关系式

上式称为**质能关系式**(mass-energy relation).根据式(13.18)和式(13.19),式(13.17)可表示为

$$E_k=E-E_0$$

上式表明,相对论动能等于物体的总能量和静能之差.

式(13.19)把物体的能量和它的质量联系在一起,这一结论是相对论最有意义的结论之一.它表明,具有一定质量的客观物体必定具有与该质量相当的能量.这样,质量就被赋予了新的意义,质量是物体所含能量的量度.所以当一个物体的质量发生Δm的变化时,必有相应的能量发生ΔE的变化,根据式(13.19)应有

$$\Delta E=\Delta mc^2 \tag{13.20}$$

反之,如果物体的能量发生了变化,则必有相应的质量发生变化.相对论把原本互相独立的质量守恒定律与能量守恒定律统一起来了,质能关系式揭示了质量和能量的不可分割性.

根据质能关系,科学家找到了释放原子能的途径和方法,使人类跨入了原子能应用的新时代.质能关系式是一个具有划时代意义的理论公式,是爱因斯坦相对论的伟大成就之一.

*3. 质能关系式在原子核裂变和核聚变中的应用

以下两例给出了质能关系式在原子核裂变和核聚变中的应用.

例 13.6

在核反应中,有些重原子核能分裂成两个较轻的核,同时释放出能量,这个过程称为核裂变(nuclear fission).铀原子核$^{235}_{92}U$在热中子的轰击下,可裂变为两个新的原子核和两个中子,并放出能量,其反应式为

$$^{235}_{92}U+^{1}_{0}n\rightarrow ^{139}_{54}Xe+^{95}_{38}Sr+2^{1}_{0}n$$

若此反应中,生成物的总质量比反应物的总质量减少$\Delta m=3.652\times10^{-28}$ kg(Δm称为质量亏损),求1 g铀原子核$^{235}_{92}U$全部裂变时释放的能量.

解 铀原子核裂变时释放的能量等于亏损的质量所对应的能量,根据质能关系式可得1个铀原子核裂变时释放的能量为

$$\begin{aligned}\Delta E&=\Delta mc^2=3.652\times10^{-28}\times(3\times10^8)^2\ \text{J}\\&=3.29\times10^{-11}\ \text{J}=205\ \text{MeV}\end{aligned}$$

1 g铀原子核中含有的原子核数为

$$N=6.02\times10^{23}\times\frac{1\times10^{-3}}{235\times10^{-3}}=2.56\times10^{21}$$

所以,1 g铀原子核$^{235}_{92}U$全部裂变时释放的能量为

$$\begin{aligned}\Delta E'&=N\Delta E=2.56\times10^{21}\times3.29\times10^{-11}\ \text{J}\\&=8.42\times10^{10}\ \text{J}\end{aligned}$$

这大约相当于 3 t 煤燃烧所释放的能量.

在热中子轰击 $^{235}_{92}U$ 核时,生成物中产生的中子数目往往多于一个,平均数为 2.5 个.若这些中子被其他铀核所俘获,将会发生新的裂变,依次类推,这一连串的核裂变称为**链式反应**.利用链式反应人们可制成原子弹、核反应堆等.分布于世界各地的大型核电站就是核反应堆的重要应用.

例 13.7

当两个或两个以上较轻的原子核结合成较重的原子核时,会同时释放出能量,这个过程称为**核聚变**(nuclear fusion).氢原子的同位素氘和氚在高温条件下能发生聚变反应,生成氦原子核和一个中子,并释放出大量能量,其反应式为

$$^{2}_{1}H+^{3}_{1}H\rightarrow^{4}_{2}He+^{1}_{0}n$$

已知氘核和氚核的质量分别为 $3.343\ 7\times10^{-27}$ kg 和 $5.004\ 9\times10^{-27}$ kg,氦原子核和中子的质量分别为 $6.642\ 5\times10^{-27}$ kg 和 $1.674\ 9\times10^{-27}$ kg.求在上述核聚变中释放的能量.

解 氘核和氚核发生聚变反应时,质量的亏损为

$$\begin{aligned}\Delta m&=[(3.343\ 7+5.004\ 9)\times10^{-27}-\\&\quad(6.642\ 5+1.674\ 9)\times10^{-27}]\ \text{kg}\\&=3.12\times10^{-29}\ \text{kg}\end{aligned}$$

根据质能关系式可得氘核和氚核聚变中释放的能量为

$$\begin{aligned}\Delta E=\Delta mc^2&=3.12\times10^{-29}\times(3\times10^8)^2\ \text{J}\\&=2.81\times10^{-12}\ \text{J}\approx17.5\ \text{MeV}\end{aligned}$$

威力巨大的氢弹就是利用轻核聚变产生能量的.由于氘核和氚核质量轻,单位质量的氘或氚中的氘核数或氚核数为重核的几百倍,所以轻核聚变释放的能量比重核裂变释放的能量大得多,这就是氢弹比原子弹威力更大的原因.

13.4.4 相对论动量和能量的关系

在相对论中,利用质能关系式,我们还可得到动量与能量的关系.我们可将 $E=mc^2$ 写成

$$E=\frac{m_0c^2}{\sqrt{1-(v/c)^2}}=\frac{E_0}{\sqrt{1-(v/c)^2}}$$

将上式两边平方后,整理得

$$E^2=E^2\frac{v^2}{c^2}+E_0^2$$

将 $E=mc^2$、$p=mv$ 代入上式右端,整理得

$$E^2=p^2c^2+E_0^2 \tag{13.21}$$

相对论动量和能量的关系式

上式称为相对论动量和能量的关系式.如果以 E、pc 和 E_0 分别表示一个三角形三边的长度,则它们正好构成一个直角三角形,如图 13.10 所示,这样便于记忆.

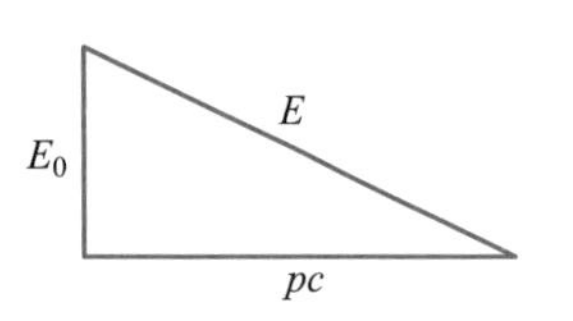

图 13.10 相对论动量和能量三角形

在经典力学中,质量是物质存在的象征,没有质量就没有动量和能量.但在相对论中,没有静止质量的微观粒子,可以具有动量和能量.如光子的静止质量 $m_0=0$,光子的动量和能量分别为

$$p=\frac{E}{c},\quad E=h\nu$$

式中 h 为普朗克常量,ν 为光的频率.

例 13.8

当电子的动能为 2.0 MeV 时,该电子的动量和速度是多少?

解 电子的静止质量为 9.11×10^{-31} kg,电子的静能为

$$E_0=m_0c^2=9.11\times10^{-31}\times(3\times10^8)^2\ \text{J}=8.20\times10^{-14}\ \text{J}$$

根据 $E_k=E-E_0$,可得电子的总能量为

$$E=E_0+E_k=(8.20\times10^{-14}+2.0\times10^6\times1.6\times10^{-19})\ \text{J}=4.02\times10^{-13}\ \text{J}$$

由动量和能量的关系式 $E^2=p^2c^2+E_0^2$,可得电子动量的大小为

$$p=\frac{\sqrt{E^2-E_0^2}}{c}=\frac{\sqrt{(4.02\times10^{-13})^2-(8.20\times10^{-14})^2}}{3\times10^8}\ \text{kg}\cdot\text{m}\cdot\text{s}^{-1}=1.31\times10^{-21}\ \text{kg}\cdot\text{m}\cdot\text{s}^{-1}$$

由公式 $p=mv$ 和 $E=mc^2$,可得电子的速率为

$$v=\frac{pc^2}{E}=\frac{1.31\times10^{-21}\times(3\times10^8)^2}{4.02\times10^{-13}}\ \text{m}\cdot\text{s}^{-1}=2.93\times10^8\ \text{m}\cdot\text{s}^{-1}$$

以狭义相对论为基础而建立的相对论动力学,给出了高速运动物体所遵循的力学规律,它与牛顿力学理论有着本质的区别.虽然如此,我们也不能否定牛顿力学,因为它是狭义相对论在 $v\ll c$ 情况下的特例,对于宏观物体的低速运动,牛顿力学仍然是十分精确的.当然,相对论更真实、更精确地反映了自然界的客观规律,它已成为研究宇宙星体、粒子物理以及其他一系列科学研究的基础.

*13.5 广义相对论简介

狭义相对论的建立,创立了全新的时空理论,它引起了整个

物理界的震惊和推崇.然而随着研究的深入,爱因斯坦对自己建立的狭义相对论并不满意,有两个问题使他看到了狭义相对论的局限性和存在的缺陷.

第一个是惯性系问题.在经典力学和狭义相对论中,对质点运动的描述都是建立在惯性系基础上,所以牛顿力学和狭义相对论都只适用于惯性系.然而宇宙中严格定义的惯性系存在吗?为什么惯性系具有特殊的地位?事实上,宇宙中因为天体间存在相互作用,它们的运动十分复杂,所以宇宙中很难找到真正的惯性系,而赋予惯性系特殊的地位更是没有意义的.

第二个是引力问题.狭义相对论不能解释引力现象,牛顿的万有引力定律是以物体间的超距作用为基础的,两个物体之间的引力作用在瞬间传递,即引力场以无穷大的速度传递,这与相对论中光速是极限速度的观点相冲突.爱因斯坦曾反复运用数学方法修改牛顿的引力理论,试图把引力现象归纳在狭义相对论的范畴之内,但没有获得成功.

为了弥补这些缺陷,爱因斯坦开始思索更深层次的问题,他意识到既然难寻真正的惯性系,不如抛弃惯性系,把自己的理论建立在任意参考系的基础上.他还注意到,“在狭义相对论的框架里,是不可能有令人满意的引力理论的”.于是,爱因斯坦考虑扩大狭义相对论原理的适用范围,使之成为更具普遍意义的理论.经过多年的努力,爱因斯坦于 1916 年发表了广义相对论.本节主要简略地介绍广义相对论的等效原理、广义相对性原理和广义相对论的时空特性.

13.5.1 等效原理 广义相对性原理

1. 惯性质量与引力质量

在经典力学中,牛顿第二定律 $\boldsymbol{F}=m\boldsymbol{a}$ 中的质量 m 是物体惯性大小的量度,称为惯性质量(inertial mass);万有引力定律 $\boldsymbol{F}=-G\dfrac{m_{\mathrm{S}}m'}{r^2}\boldsymbol{e}_r$ 中的质量 m' 是物体所受引力大小的量度,称为引力质量(gravitational mass).若将某物体置于地球表面的引力场中,使物体所受的引力就是改变物体运动状态的外力,则有

惯性质量

引力质量

$$m\boldsymbol{a}=-G\frac{m_{\mathrm{S}}m'}{R^2}\boldsymbol{e}_r=m'\boldsymbol{g} \tag{13.22}$$

式中,$\boldsymbol{g}=-G\dfrac{m_{\mathrm{S}}}{R^2}\boldsymbol{e}_r$ 为重力加速度.根据伽利略的自由落体定律,从

同一高度落下的任何物体，均同时落地，所有物体都具有相同的加速度 $\boldsymbol{a}=\boldsymbol{g}$，由式(13.22)可得

$$m=m' \tag{13.23}$$

即物体的惯性质量与引力质量相等.这一结论引起了爱因斯坦的关注，他又注意到在非惯性系中引入的惯性力与惯性质量成正比，万有引力与引力质量成正比，二者如此地相似，这使他认识到狭义相对论中存在的惯性系问题和引力问题实际上是一个问题.于是爱因斯坦把惯性质量与引力质量相等这一事实，推广为**等效原理**(equivalence principle).

等效原理

2. 等效原理

爱因斯坦关于密封舱的思想实验，就是他等效原理基本思想最清楚、最形象的表达.如图 13.11 所示，假设有一密封舱，舱内有一宇航员，她无法观测舱外发生的一切.若密封舱被放在地面上(均匀引力场中)，如图 13.11(a)所示，宇航员测得自由下落的小球在引力作用下以加速度 $\boldsymbol{g}$ 落向舱底.若密封舱在引力可忽略的宇宙空间以加速度 $\boldsymbol{a}=-\boldsymbol{g}$ 向上飞行，她测得自由下落的小球在惯性力的作用下仍以加速度 $\boldsymbol{g}$ 落向舱底，如图 13.11(b)所示.所以，密封舱内的宇航员不可能通过任何力学实验或任何物理实验来判断密封舱是静止在地面上，还是在无引力的宇宙空间中加速飞行.这一现象表明，物体在均匀引力场中的物理效应与此物体在无引力场的匀加速参考系中的物理效应是等效的，无法区分的.由此可知，**一个均匀的引力场与一个匀加速参考系是等效的**.或者说，**引力与惯性力作用是等效的**.这一结论称为**等效原理**.

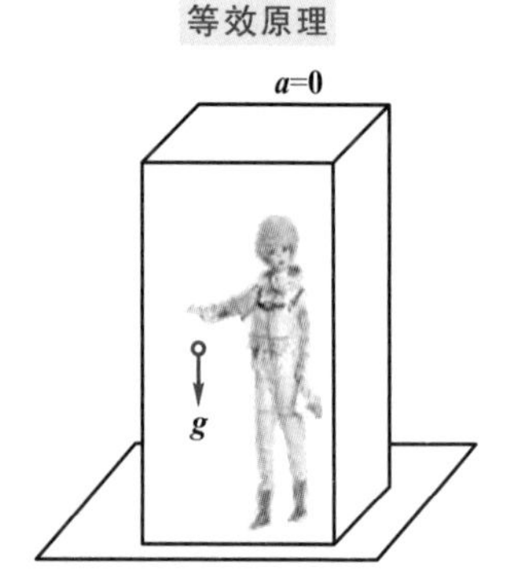

(a) 在引力场中处于静止的密封舱

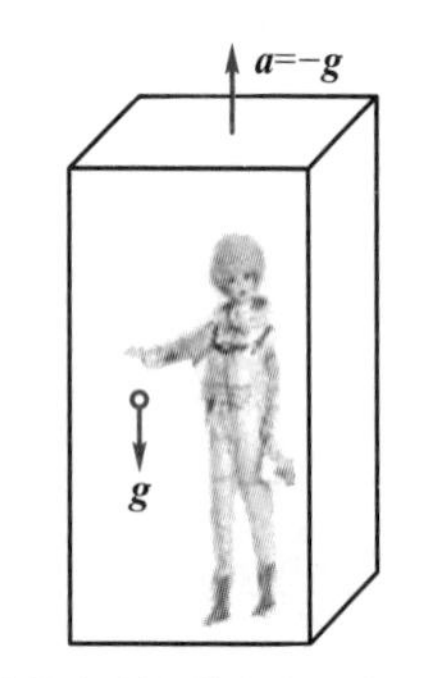

(b) 在没有引力的空间，密封舱向上作加速运动

图 13.11 等效原理图

3. 广义相对性原理

局域惯性系

根据等效原理，我们可以设想，如果让密封舱在均匀引力场中自由下落，密封舱中的宇航员和舱内的一切物体都处于失重状态，这时引力场的作用在这个局部环境内，将被由密封舱的加速运动引起的惯性力完全抵消，这种局域空间范围内消去引力场的参考系，称为**局域惯性系**.考虑到一般引力场在空间中的分布是不均匀的，各点的引力场强度(即质点在该点下落的加速度)是不同的.因此，在引力场中存在许许多多的局域惯性系，在每一个局域惯性系中一切物理定律都能满足狭义相对性原理.据此，爱因斯坦把狭义相对性原理推广到非惯性系，进而提出了**广义相对性原理**(principle of general relativity)：**在一切参考系中，物理定律的表达形式都相同**.广义相对性原理表明，所有参考系都是等价的，无论是惯性系还是非惯性系，对物理规律的描述都是等价的.

广义相对性原理

13.5.2 广义相对论的时空特性

等效原理和广义相对性原理是广义相对论的两个基本原理，广义相对论的实质是关于时间、空间的引力场理论.

广义相对论的一个重要结论是：有引力场存在的空间是弯曲的.我们可以从以下简单的几何关系中，判断空间是否弯曲.因为我们生活所处的空间是三维的，三维空间的弯曲是很难想象的，所以为了得到空间弯曲的直观形象，我们在二维空间想象、判断空间的弯曲.

在图 13.12 所示的平直二维空间(欧几里得空间)中，圆周的周长 $C=2\pi R=\pi D$，比值 $C/D=\pi$；三角形的三个内角和等于 180°.在图 13.13 所示的弯曲空间(非欧几里得空间)中，在球面上，作一直径为 D、周长为 C 的圆，比值 $C/D<\pi$，而三角形的三个内角和大于 180°；在双曲面上，也作一直径为 D、周长为 C 的圆，比值 $C/D>\pi$，而三角形的三个内角和小于 180°；由此可知，当 $C/D\neq\pi$ 或三角形的三个内角和不等于 180°时，空间是弯曲的.

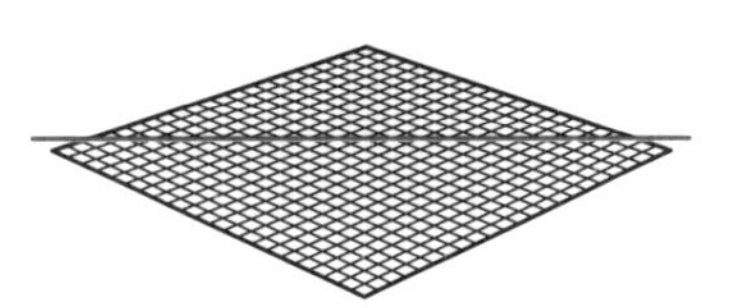

(a) 平直二维空间

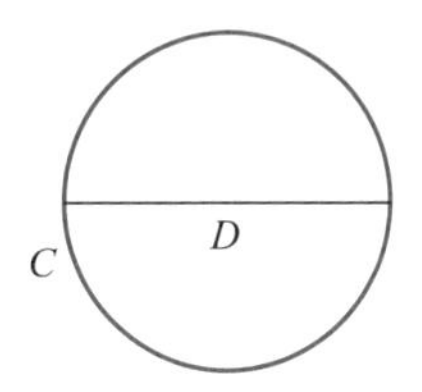

(b) 平直空间中的圆

(c) 平直空间中的三角形

图 13.12　欧几里得空间

应用上述结果，我们分析下面的实验现象，讨论引力场中的空间特性.

设在惯性系 S(实验室参考系)中有一半径为 R 的圆盘，以匀角速度 ω 绕通过盘心且垂直于盘面的轴转动，如图 13.14 所示.在距盘心 r 处取一点，建立一个与盘联动的局域惯性系 S′.在 S 系和 S′系中，测得距盘心 r 处的圆周上同一圆弧的长度分别为 $\mathrm{d}l$ 和 $\mathrm{d}l'$，根据狭义相对论可知，二者满足关系

$$\mathrm{d}l=\sqrt{1-\beta^2}\,\mathrm{d}l'$$

式中，$\beta=v/c=r\omega/c$.将上式积分，可得该圆周的周长为

$$L=\oint\mathrm{d}l=\oint\sqrt{1-\beta^2}\,\mathrm{d}l'=\sqrt{1-\beta^2}\,L' \qquad (13.24)$$

式中，L 是 S 系中测得的圆周长，应有 $L=2\pi r$.L'是 S′系中测得的圆周长，由式(13.24)可知，$L'>L$.由于运动方向与半径方向垂直，所以沿半径方向的长度没有发生收缩，显然 $r'=r$，于是有 $L'>2\pi r'$.这样，S′系中的观察者测得的圆周长 L'与直径 $2r'$的比值为

$$\frac{L'}{2r'}>\pi$$

所以，S′系中的观察者据此得出，空间是弯曲的，且 r 不同处，空间的弯曲程度不同.这一结论用等效原理可解释为：圆盘这个非惯性系与引力场等效，或惯性力与引力等效.在 r 不同处，惯性力不同，引力也不同，空间的弯曲程度不同.**惯性力越大处，引力越**

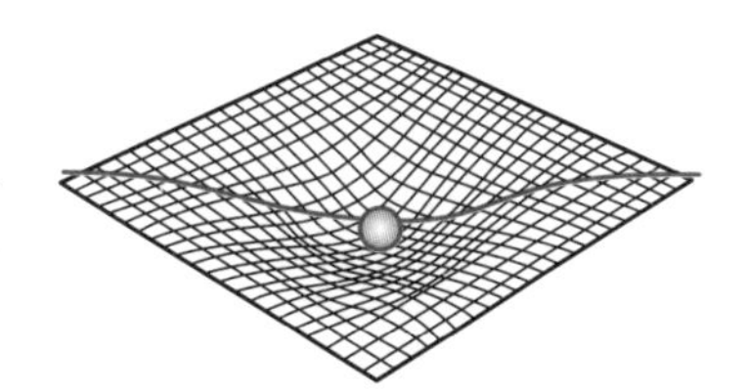

(a) 弯曲的二维空间

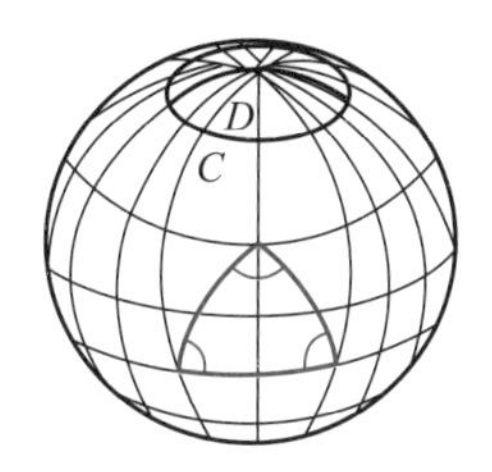

(b) 弯曲空间中的球面

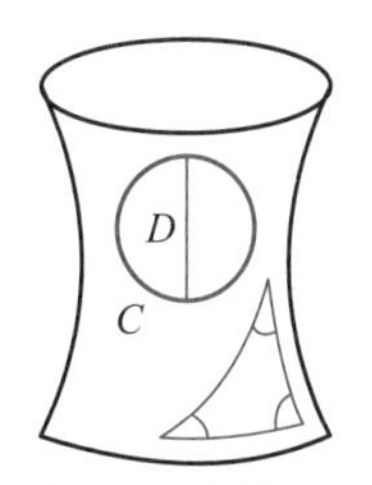

(c) 弯曲空间中的双曲面

图 13.13　非欧几里得空间

大,空间弯曲得越厉害.

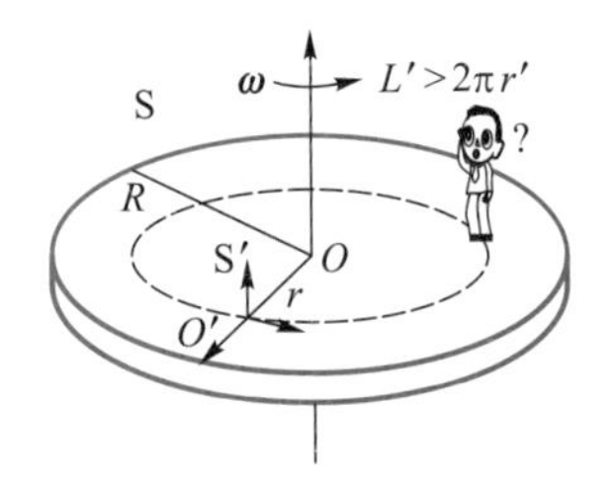

图 13.14 在非惯性系中,空间是弯曲的,欧几里得几何学不成立

利用上述实验,我们还可以讨论引力场中的时间特性.

如图 13.15 所示,在转动圆盘的中心和边缘处各放一个时钟(两时钟完全一样),由于圆盘中心的时钟相对 S 系是静止的,所以圆盘中心的时钟与 S 系的时钟同步.而圆盘边缘的时钟相对 S 系运动,根据狭义相对论的时间延缓效应可知,盘边缘的时钟比盘中心的时钟(与 S 系同步的时钟)走得慢.这样同在 S′系中的两个时钟不同步,它表明,同一非惯性系中没有统一的时间.这一结果用等效原理可解释为:在圆盘这个非惯性系中,盘中心和盘边缘的两个时钟,虽然相对静止,但处于不同的惯性力场中,盘心处惯性力为零,盘边缘惯性力最大.由惯性力与引力等效可知,在圆盘这个非惯性系中,与之等效的引力场分布不均匀,盘心引力为零,盘边缘引力最强.由此可得出结论,**引力场较强处的时钟比引力场较弱处的时钟走得慢**.

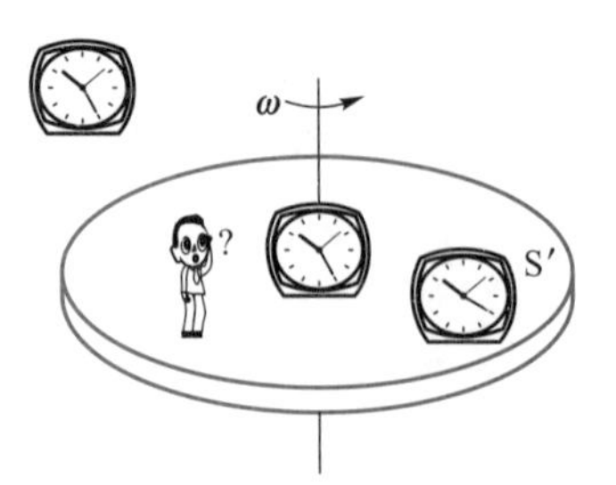

图 13.15 转动圆盘边缘的时钟较盘心的时钟走得慢,同一非惯性系中没有统一的时间

时空的弯曲取决于引力场,而引力场取决于物质的分布.在物质密度很大的天体附近,引力场很强.在引力场越强的地方,空间弯曲得越厉害,时间的流逝变得越缓慢.

13.5.3 广义相对论的实验验证

1. 光线在引力场中的弯曲

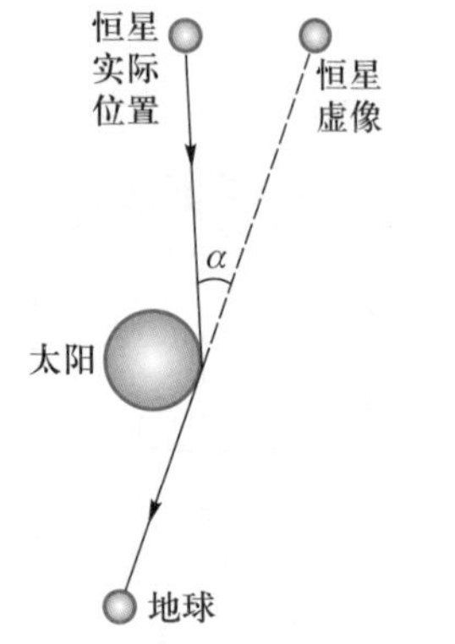

图 13.16 光线在引力场中弯曲

按照广义相对论,太阳强大的引力场会造成太阳周围的空间弯曲,当遥远的恒星发出的光经过太阳附近时会发生偏折,如图 13.16 所示.爱因斯坦根据广义相对论计算出其偏转角为

$$\alpha=\frac{4Gm}{c^2R}$$

式中 $m=1.99\times10^{30}\,\mathrm{kg}$ 是太阳的质量,$R=6.96\times10^{8}\ \mathrm{m}$ 是太阳的半径,$G=6.674\times10^{-11}\ \mathrm{N\cdot m^2\cdot kg^{-2}}$ 是引力常量,c 是真空中的光速.代入已知数据可得 $\alpha=1.75''$.为了证实爱因斯坦的预言,许多物理学家、天文学家参与了光线偏折的检验.但由于平时太阳光太强,无法拍摄到太阳附近恒星的照片,所以最好的观测时机是在发生日全食的时候.1919 年 5 月 29 日发生了日全食,英国天体物理学家爱丁顿(A.Eddington,1882—1944)领导的英国考察队,首次进行了检验光线偏折的观测.当时两支英国考察队分别到达了南美洲的巴西和非洲几内亚湾的普林西比岛,他们在当日发生日全食期间,成功拍摄了太阳背后恒星发出的光线.几个月后他们又拍摄了太阳离开这一区域后该星空区的照片,将拍摄的照片

进行了对比，证实恒星发出的光线经过太阳时确实发生了偏折.两队观测的偏转角数据分别为 1.98″和 1.61″，与爱因斯坦预言的 1.75″非常接近.英国皇家学会和皇家天文学会正式宣读了观测报告，确认广义相对论的结论是正确的.这是广义相对论创立以来得到的最早的科学界认同的重大成果.此后又有许多人在发生日全食时进行了同样的观测，到目前为止科学家对 400 多颗恒星作了测量，精度进一步提高，所测偏转角更接近爱因斯坦的预言值.

2. 引力红移

按照广义相对论，引力场的存在使得空间中不同位置的时间进程出现差别，在强引力场的星球附近，时间进程会变慢.所以太阳附近的时钟，会比地球上的时钟走得慢.这一预言可以通过测量太阳附近氢原子发射的光谱线与地球实验室中测量的氢原子光谱线并对二者进行比较来检验.由于太阳附近的时钟变慢，将太阳附近射来的氢原子光谱线与地球上的氢原子光谱线作比较，前者频率小于后者频率，即谱线的波长会向长波方向移动，这种现象称为**引力红移**(gravitational redshift).

引力红移

广义相对论给出了引力红移公式

$$\frac{\nu-\nu_0}{\nu_0}=\frac{\varphi-\varphi_0}{c^2}$$

式中 φ、φ_0 分别表示太阳表面和地球表面的引力势，ν、ν_0 分别表示光线在太阳表面和到达地球时的频率.将太阳和地球的有关数据代入上式，可得引力红移 $\frac{\nu-\nu_0}{\nu_0}=2\times10^{-6}$.引力红移现象首先在引力场很强的白矮星上被检测出来.美国威尔逊山天文台的亚当斯(W.Adams，1876—1956)观测了天狼星的一颗伴星，这颗伴星是体积很小的高密度星，它的密度比铂大约二千倍，这是一颗白矮星.白矮星表面的引力场很强，按照广义相对论，那里的时间进程比地球表面的慢，原子发光频率比同种原子在地球上的发光频率低，观测它发出的谱线，得到的频移与广义相对论的预测基本相符. 1960 年，科学家们对太阳光谱中的钠谱线(589.3 nm)进行引力红移测量，结果与理论值的偏差小于 5%.

3. 水星近日点进动

根据牛顿万有引力定律，行星绕太阳运行的轨道是一个封闭的椭圆，太阳位于椭圆的一个焦点上.然而，实际的天文观测表明，行星轨道并不是封闭的椭圆，它的轨道长轴的方位在空间中是变化的，因而轨道的近日点就会绕着太阳转动，这一现象称为恒星近日点的**进动**，如图 13.17 所示.这种效应以离太阳最近的水星最为显著，实际观测发现，水星的近日点相对空间某一固定方位每百年

图 13.17　水星绕太阳的进动

进动

转过 5 601″,而依据牛顿万有引力定律,水星近日点进动的理论值为每百年转过 5 558″,两者之间的差值为 43″.如何解释这个差值呢？当时有些人猜想,在水星轨道以内、离太阳更近的地方还有一颗小行星,这颗小行星对水星的引力导致两者的偏差.可是经过多年的搜索,人们始终没有找到这颗小行星,后来发现所谓的小行星只不过是太阳表面的一个黑子.因为其他的一些行星也有类似的多余进动,所以有人怀疑引力是否服从平方反比律,还有人试图用电磁理论来解释水星近日点进动的反常现象,但都未获得成功.

1915 年,爱因斯坦把行星的绕日运动看成它在太阳引力场中的运动,太阳的质量造成周围空间发生弯曲.爱因斯坦根据广义相对论,精确计算了行星在弯曲空间中的运动规律,得出行星每公转一周近日点进动的偏转角为

$$\varepsilon=\frac{24\pi^3a^2}{T^2c^2(1-e^2)}$$

式中,a 为行星的半长轴,T 为公转周期,c 为光速,e 为椭圆偏心率.将水星的有关数据代入上式,计算结果正好为 $\varepsilon=43('')$/百年,理论值与实际观测值符合得非常好.这一结果解决了牛顿万有引力定律多年未解决的悬案,成为当时广义相对论最有力的一个证据.太阳系的其他行星(如金星)也有类似的进动,只是水星最接近太阳,离中心天体越近,引力场越强,时空弯曲的曲率就越大,所以水星的进动现象比其他行星的更为明显.

用天文学观测检验广义相对论的事例还有许多,如引力波和双星观测,有关宇宙膨胀的哈勃定律的提出,黑洞、中子星和微波背景辐射的发现等.经过各种各样的实验检验,广义相对论越来越令人信服.

本章提要

1. 牛顿的绝对时空观

长度和时间的测量与参考系无关,而且时间和空间相互独立.

2. 狭义相对论基本原理

(1) 相对性原理.

物理定律在所有惯性系中都具有相同的表达形式,即所有惯性系对物理现象的描述都是等价的,没有哪一个惯性系更为特殊.

（2）光速不变原理.

在所有的惯性系中，真空中的光速具有相同的量值 c. 真空中的光速与光源或观测者的运动状态无关，光速不依赖于惯性系的选择.

3. 洛伦兹变换

设有两个惯性系 S 和 S′，它们相应的坐标轴互相平行，且 x 轴与 x' 轴重合.S′系相对 S 系以速度 v 沿 xx' 轴作匀速直线运动，在 $t=t'=0$ 时两坐标系的原点 O 与 O' 重合.若 S 系和 S′系中的观察者看到同一事件的时空坐标分别为 (x,y,z,t) 和 (x',y',z',t')，则它们的时空坐标变换关系为

正变换（S 系→S′系的变换）

$$\begin{cases} x'=\dfrac{x-vt}{\sqrt{1-(v/c)^2}} \\ y'=y \\ z'=z \\ t'=\dfrac{t-\dfrac{v}{c^2}x}{\sqrt{1-(v/c)^2}} \end{cases}$$

逆变换（S′系→S 系的变换）

$$\begin{cases} x=\dfrac{x'+vt'}{\sqrt{1-(v/c)^2}} \\ y=y' \\ z=z' \\ t=\dfrac{t'+\dfrac{v}{c^2}x'}{\sqrt{1-(v/c)^2}} \end{cases}$$

4. 洛伦兹速度变换

正变换（S 系→S′系的变换）

$$\begin{cases} u'_x=\dfrac{u_x-v}{1-\dfrac{v}{c^2}u_x} \\ u'_y=\dfrac{u_y\sqrt{1-(v/c)^2}}{1-\dfrac{v}{c^2}u_x} \\ u'_z=\dfrac{u_z\sqrt{1-(v/c)^2}}{1-\dfrac{v}{c^2}u_x} \end{cases}$$

逆变换（S′系→S 系的变换）

$$\begin{cases} u_x=\dfrac{u'_x+v}{1+\dfrac{v}{c^2}u'_x} \\ u_y=\dfrac{u'_y\sqrt{1-(v/c)^2}}{1+\dfrac{v}{c^2}u'_x} \\ u_z=\dfrac{u'_z\sqrt{1-(v/c)^2}}{1+\dfrac{v}{c^2}u'_x} \end{cases}$$

5. 狭义相对论时空观

长度和时间的测量相互联系，与参考系有关.

（1）同时的相对性.

在一惯性系中同时、不同地点发生的两个事件，在另一惯性系中不同时发生；在一惯性系中不同时刻、同一地点发生的两个事件，在另一惯性系中不同时发生；在一惯性系中同一时刻、同一地点发生的两个事件，在另一惯性系中一定同时发生；在一惯性系中不同时刻、不同地点发生的两个事件，在另一惯性系中有可

能同时发生.

同时的相对性的上述结论可由洛伦兹时间间隔变换式

$$t_2'-t_1'=\frac{(t_2-t_1)-\frac{v}{c^2}(x_2-x_1)}{\sqrt{1-(v/c)^2}}$$

进行判断.

(2) 时间的延缓.

设 S′系相对 S 系以速度 v 沿 x 轴正向作匀速直线运动.相对 S′系静止的观察者测得在同一地点 x' 处发生的两个事件的时间间隔为Δt_0,Δt_0 为固有时.而相对 S 系静止的观察者测得发生两事件的时间间隔为Δt,Δt 称为运动时,则Δt 与Δt_0的关系是

$$\Delta t=\frac{\Delta t_0}{\sqrt{1-(v/c)^2}}$$

由上式可知,$\Delta t>\Delta t_0$,即运动时大于固有时,或者说 S 系的观察者测得的这两个事件的时间间隔变长了,这一效应称为时间延缓.

(3) 长度的收缩.

设 S′系相对 S 系以速度 v 沿 x 轴正向作匀速直线运动.相对 S′系静止的观察者测得一把静止于 S′系、沿 x 轴方向放置的尺子的长度为 l_0,l_0 称为固有长度.而相对 S 系静止的观察者测得该尺子的长度为 l,l 称为运动长度.则 l 与 l_0 的关系是

$$l=l_0\sqrt{1-(v/c)^2}$$

由上式可知,$l<l_0$,即运动长度小于固有长度,或者说 S 系中的观察者测得的尺子变短了,这一效应称为长度收缩.

6. 狭义相对论动力学的几个主要结论

(1) 相对论质量(质速关系式).

$$m=\frac{m_0}{\sqrt{1-(v/c)^2}}$$

(2) 相对论动量.

$$\boldsymbol{p}=m\boldsymbol{v}=\frac{m_0}{\sqrt{1-(v/c)^2}}\boldsymbol{v}$$

(3) 相对论能量.

$$E=mc^2$$

相对论动能

$$E_k=E-E_0=mc^2-m_0c^2$$

其中 m_0c^2 为质点静止时的相对论能量,称为静能.

相对论动量和能量的关系

$$E^2=p^2c^2+E_0^2$$

思考题

13.1　经典力学中的相对性原理与狭义相对论中的相对性原理有何异同?

13.2　判断下列说法中哪些是正确的.

(1) 物理定律对所有的惯性系都是等价的.

(2) 真空中的光速与光源相对惯性系的运动有关.

(3) 在任何惯性系中,光在真空中沿任何方向的传播速率都相同.

(4) 任何物体的运动速度都不可能超过真空中的光速.

13.3　洛伦兹变换与伽利略变换的本质区别是什么?如何理解洛伦兹变换的物理意义?

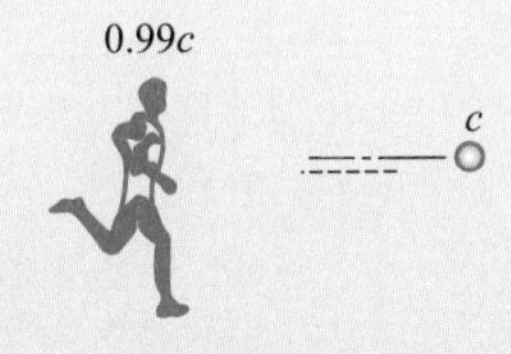

思考题 13.4 图

13.4　一光子以速度 c 运动,一人以 $0.99c$ 的速度去追光子,如图所示,此人观察到的光子速度大小是多少?为什么?

13.5　判断以下关于同时性的结论是否正确.

(1) 在一惯性系中同时发生的两个事件,在另一惯性系中一定不同时发生.

(2) 在一惯性系中不同地点同时发生的两个事件,在另一惯性系中一定同时发生.

(3) 在一惯性系中同一地点同时发生的两个事件,在另一惯性系中一定同时发生.

(4) 在一惯性系中不同地点不同时发生的两个事件,在另一惯性系一定不同时发生.

13.6　前进中的列车车头和车尾各遭到一次闪电轰击.在车上的观察者测定这两次轰击是同时发生的,试问在地面上的观察者是否仍测定它们同时发生?如果不是同时,何处先遭轰击?

13.7　在宇宙飞船上,有人拿着一个立方体物体,若飞船以接近光速的速度背离地球飞行,观察者分别从地球上和飞船上观察此物体,他们观察到的物体的形状是一样的吗?

13.8　有人推导在 S 系中运动的棒的长度变短时,用了洛伦兹变换式 $\Delta x=\dfrac{\Delta x'+v\Delta t'}{\sqrt{1-\beta^2}}$,他令 $\Delta t'=0$,则有 $\Delta x=\dfrac{\Delta x'}{\sqrt{1-\beta^2}}$,这样就得出运动长度 Δx 比固有长度 $\Delta x'$ 长的结论.请指出其中有什么错误.

13.9　有两只相对运动的标准时钟 A 和 B,从 A 所在惯性系观察,哪只钟走得更快?从 B 所在惯性系观察,结果又是如何?

13.10　某物体运动速度为 $0.8c$ 时,物体的质量为 m,则其动能是多少?

习题

13.1　在惯性系 S 中,测得某两个事件发生在同一地点,时间间隔为 4 s;在另一惯性系 S′中,测得这两个事件的时间间隔为 6 s,则它们的空间间隔是________.

13.2　一扇门的宽度为 a.今有一固有长度为 l_0 $(l_0>a)$ 的水平细杆,在门外贴近门的平面内沿其长度方向匀速运动.若站在门外的观察者认为此杆的两端可同时被拉进此门,则此杆相对于门的运动速率 v 至少为________.

13.3 牛郎星距离地球约 16 l.y.(光年),宇宙飞船若以____________的速度匀速飞行,将用 4 a(年)的时间(宇宙飞船上的钟指示的时间)抵达牛郎星.

13.4 一列高速火车以速度 u 驶过车站时,停在站台上的观察者观察到固定在站台上相距 1 m 的两只机械手在车厢上同时划出两个痕迹,则车厢上的观察者应测出这两个痕迹之间的距离为__________.

13.5 当一颗子弹以 $0.6c$(c 为真空中的光速)的速率运动时,其运动质量与静止质量之比为____________.

13.6 狭义相对论的相对性原理告诉我们( ).

(A) 描述一切力学规律时,所有惯性系等价

(B) 描述一切物理规律时,所有惯性系等价

(C) 描述一切物理规律时,所有非惯性系等价

(D) 描述一切物理规律时,所有参考系等价

13.7 相对论力学在洛伦兹变换下( ).

(A) 质点动力学方程不变

(B) 各守恒定律形式不变

(C) 质能关系式将发生变化

(D) 作用力的大小和方向不变

13.8 光速不变原理指的是( ).

(A) 在任何介质中光速都相同

(B) 任何物体的速度不能超过光速

(C) 任何参考系中光速不变

(D) 一切惯性系中,真空中光速为一相同值

13.9 如图所示,两相同的米尺分别静止于两个相对运动的惯性参考系 S 和 S′中.若米尺都沿运动方向放置,则( ).

(A) S 系中的人认为 S′系中的尺要短些

(B) S′系中的人认为 S 系中的尺要长些

(C) 两系中的人认为两系中的尺一样长

(D) S 系中的人认为 S′系中的尺要长些

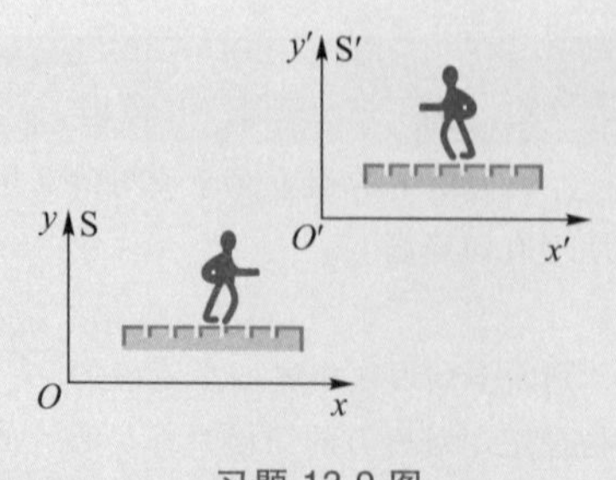

习题 13.9 图

13.10 在某地发生两事件,与该地相对静止的甲测得两事件发生的时间间隔为 4 s,若相对于甲作匀速运动的乙测得的时间间隔为 5 s,则乙相对于甲的运动速度为( ).

(A) $\frac{4}{5}c$ (B) $\frac{3}{5}c$

(C) $\frac{1}{5}c$ (D) $\frac{2}{5}c$

13.11 一个电子运动速度为 $0.99c$,它的动能是(已知电子的静能为 0.511 MeV)( ).

(A) 3.5 MeV (B) 4.0 MeV

(C) 3.1 MeV (D) 2.5 MeV

13.12 在地面上 $x=1.0\times10^{6}$ m 处,$t=0.02$ s 时有一枚炮弹发生爆炸,问在以速度 $0.75c$ 沿 x 轴正方向飞行的飞船中观测到的该炮弹爆炸时的时空坐标是多少?

13.13 地球上的天文学家测定相距 8×10^{11} m 的两座火山同时爆发,在经过两座火山的飞船中,空间旅行者也观察到了这两个事件.若飞船以速率 $2.5\times10^{8}\ \mathrm{m\cdot s^{-1}}$ 飞行,对空间旅行者来说:

(1) 哪一座火山先爆发?

(2) 这两座火山间的距离是多少?

13.14 在地面上 A 处发射一炮弹后经 4×10^{-6} s 在 B 处又发射一枚炮弹,A、B 相距 800 m.

(1) 在怎样的参考系中可测得上述两事件发生在同一地点?

(2) 试找出一个参考系,在其中测得上述两事件同时发生.

13.15 一放射性原子核相对于实验室以 $0.1c$ 的速率运动时发射出一个电子，该电子相对于原子核的速率为 $0.8c$. 求下列情况下电子相对于实验室的速率.

(1) 电子沿核的运动方向发射；

(2) 电子沿与核运动方向相反的方向发射.

13.16 在地面上测到有两个飞船 A、B，分别以 $+0.9c$ 和 $-0.9c$ 的速度沿相反方向飞行，如图所示. 求飞船 A 相对于飞船 B 的速度.

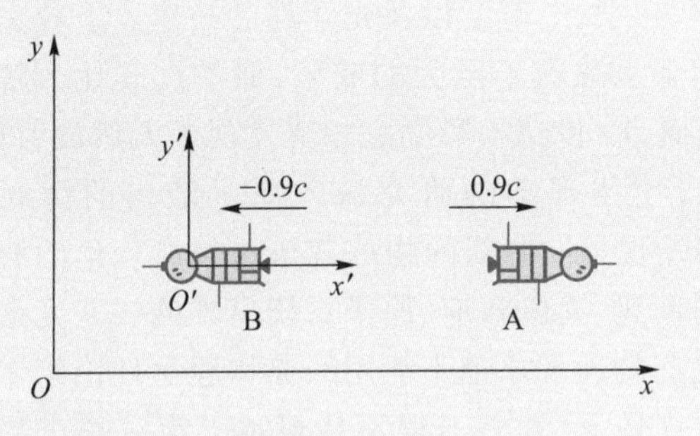

习题 13.16 图

13.17 观察者 A 测得与他相对静止的 Oxy 平面上一个圆形的面积是 12 cm^2，另一观察者 B 相对于 A 以 $0.8c$ 平行于 Oxy 平面作匀速直线运动，B 测得这一图形为椭圆，则 B 测得的面积是多少？

13.18 两惯性参考系 S 和 S′对应坐标轴相互平行，分别沿 x 轴和 x'轴正方向作匀速直线运动. 若有一米尺静止在 S′系中，与 x'轴成 30°角，而在 S 系中测得该米尺与 x 轴成 45°角. 试问：

(1) S′系相对 S 系的速度是多少？

(2) S 系中测得的米尺长度是多少？

13.19 π^+介子是不稳定的粒子，在它自己的参照系中测得它的平均寿命是 2.6×10^{-8} s，如果它相对于实验室以 $0.8c$ 的速度运动，那么在实验室坐标系中测得的 π^+介子的寿命是多少？

13.20 一宇航员要到距离地球 5 l.y.(光年)的星球去航行，如果宇航员希望把这个路程缩短为 3 l.y.，则他所乘的火箭相对于地球的速度应是多少？

13.21 如图所示，在地面上有一长为 100 m 的跑道，运动员从起点跑到终点，用时 10 s. 现从以 $0.8c$ 的速度向前飞行的飞船中观察，求：

(1) 跑道长度；

(2) 运动员跑过的距离和所用的时间；

(3) 运动员的平均速度.

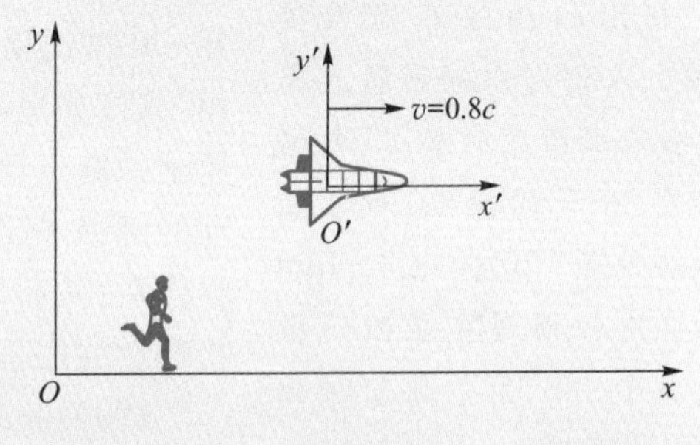

习题 13.21 图

13.22 一个电子的总能量是它的静能的 5 倍，求它的速率、动量、动能.

13.23 某种快速运动的介子其总能量 $E=3\ 000$ MeV，这种介子静止时的能量 $E_0=100$ MeV. 若这种介子的固有寿命 $\tau_0=2.0\times10^{-6}$ s，求它运动的距离.

13.24 若一粒子的速率由 $1.0\times10^8\ \mathrm{m\cdot s^{-1}}$ 增加到 $2.0\times10^8\ \mathrm{m\cdot s^{-1}}$，该粒子的动量是否增加至原先的 2 倍？其动能是否增加至原先的 4 倍？

本章习题答案

第 14 章　量子物理基础

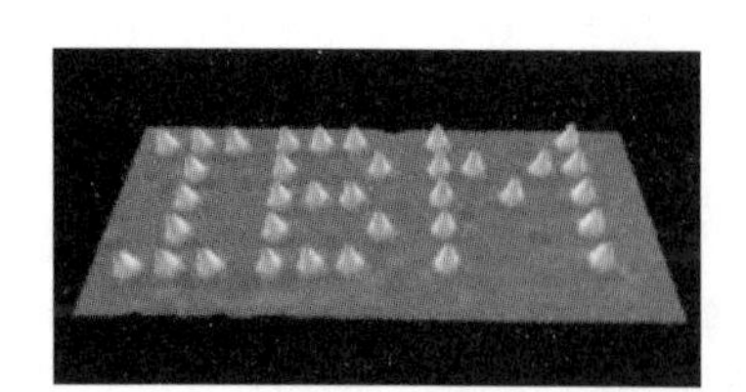

利用扫描隧穿显微镜(STM),人们可以对材料表面进行纳米级精度的加工,包括对原子、分子的操纵,对表面进行刻蚀等.20 世纪末,IBM 研究员用扫描隧穿显微镜操纵氙原子,用 35 个原子排出了“IBM”字样.

阅读材料:两朵“乌云”与经典物理学理论的问题

19 世纪末 20 世纪初,人们普遍认为经典物理学的发展已经趋于完善,其中力学、热学、电磁学以及光学都已经建立了较完整的理论体系,在应用上也取得了巨大的成果,似乎没有什么解决不了的基本问题.然而,19 世纪末科学家相继发现了天然放射性、X 射线和阴极射线,使物理学的研究深入原子结构的微观世界.20 世纪初,人们发现了一些新的物理现象与经典理论的解释相矛盾,如黑体辐射问题、光电效应、原子系统出现的线状光谱及原子的稳定性等,这些物理现象都不能用经典物理学理论给予合理的解释.在这样的背景下,人们不得不从根本上审视整个物理学体系,从而导致了一场对物理学传统观念的革命,揭开了近代物理学的序幕.

1900 年,德国物理学家普朗克为了克服用经典理论解释黑体辐射规律的困难,引入了能量子概念,为量子理论奠定了基础.随后爱因斯坦针对光电效应实验与经典理论的矛盾,提出了光量子理论,为量子理论的发展打开了局面.1913 年丹麦物理学家玻尔在卢瑟福有核模型的基础上,运用量子化概念提出了原子的量子理论.由普朗克、爱因斯坦和玻尔提出的量子论统称为旧量子论.它是在经验的基础上提出的一个半经典、半量子理论,还未构成一个完整的理论体系,它还无法解释一些复杂问题.在这个基础上,一门新的物理学分支——量子力学建立起来.

量子力学是研究微观粒子运动规律的基本理论之一.它不仅在近代物理学中占有极其重要的位置,而且还被广泛地应用到化学、电子学、计算机、天体物理等其他科学领域.量子理论也被应用到社会生产领域中,带来了许多划时代的技术创新,直接推动了社会生产力的发展,从根本上改变了人类的物质生活.它与相对论一起构成了现代物理学的基础.本章将介绍量子物理基础,其内容主要包括黑体辐射、光电效应、康普顿效应、玻尔的氢原子理论、德布罗意假设、波粒二象性以及量子力学初步.

14.1 黑体辐射　普朗克能量子假设

历史上,量子理论首先是从黑体辐射问题上突破的,下面我们先介绍与黑体辐射有关的概念.

14.1.1 黑体辐射

任何物体在任何温度下都在向外辐射电磁波,同时也在吸收由周围其他物体辐射的电磁波,我们把物体向外辐射或吸收的能量称为**辐射能**.当加热铁块时,开始时我们并看不到它发光,但随着温度的升高,它逐渐地变为暗红、赤红、橙色而最后变至青白色.其他物体加热时也有类似的随温度变化而改变发光颜色的现象,这似乎说明在不同温度下物体能发出频率不同的电磁波.实验也证明确实如此.我们把这种辐射能的量值按频率的分布随温度而不同的电磁辐射称为**热辐射**(heat radiation).热辐射是自然界中普遍存在的现象,一般温度下,物体的热辐射主要处在红外区,人们能看到物体主要靠它们反射光,而不是它自身的辐射.随着物体热辐射的能量逐渐增强,辐射波长将趋向短波段.

辐射能

热辐射

为了定量描述物体热辐射的性质,首先我们引入以下几个物理量.

1. 单色辐出度　辐出度

当物体温度为 T 时,从单位面积的物体表面上,在单位时间内,在波长 λ 附近单位波长范围内所辐射的电磁波能量,称为**单色辐出度**(monochromatic radiant exitance).显然,单色辐出度是物体的热力学温度和波长的函数,用 $M_\lambda(T)$ 表示.单色辐出度的单位为 $\mathrm{W\cdot m^{-3}}$.

单色辐出度

在单位时间内,从温度为 T 的物体的单位面积上所辐射的各种波长的总辐射能量,称为物体的**辐出度**(radiant exitance),用 $M(T)$ 表示.显然,物体的辐出度和单色辐出度的关系为

辐出度

$$M(T)=\int_0^\infty M_\lambda(T)\,\mathrm{d}\lambda \tag{14.1}$$

辐出度的单位为 $\mathrm{W\cdot m^{-2}}$.

2. 单色吸收比　黑体

通过前面的描述,我们知道物体在向外辐射能量的同时,也在吸收外来的辐射能,当辐射从外界入射到不透明物体表面上时,其中一部分能量被物体反射,另一部分能量则被物体吸收,这部分被物体吸收的能量与入射能量之比称为**吸收比**(absorptance).不同物体的吸收

吸收比

比不同,一般深色物体吸收比较大,浅色物体吸收比较小.另外吸收比也与物体的温度和入射波的波长有关,波长在 λ—$\lambda+d\lambda$ 间隔范围内的吸收比称为**单色吸收比**,用 $\alpha_\lambda(T)$ 表示.

单色吸收比

若物体在任何温度下对任何波长辐射能的吸收比都等于 1,即 $\alpha_\lambda(T)=1$,则该物体称为绝对黑体,简称**黑体**(black body).黑体只是一种理想模型,它不等同于黑色物体,即使是煤炭也仅能吸收 95%的入射光能,还不是理想黑体.我们可以在实验室中用不透明的材料制成带有小孔的空腔物体近似作为黑体的模型,其模型如图 14.1 所示,在不透明的容器壁上开有一个小孔,则射入小孔的光就很难有机会再从小孔中出来了.这是因为当射线射入小孔后,将在空腔内进行许多次反射,每反射一次,器壁将吸收一部分能量,经过多次反射,能量几乎全部被吸收,因此小孔可认为是黑体.通常人们在白天看到远处楼房的窗户是黑暗的,就是因为进入室内的光经多次反射和吸收,从窗户反射出来的光已经非常微弱了.另一方面,如果将该空腔容器的内壁加热,使其保持一定温度 T,那么从小孔发出的辐射可认为是从面积等于小孔面积、温度为 T 的黑体表面发出的辐射.如在金属冶炼技术中,常在冶炼炉上开一小孔,根据小孔的辐射可以测定炉内温度,这一小孔可近似地视为黑体.

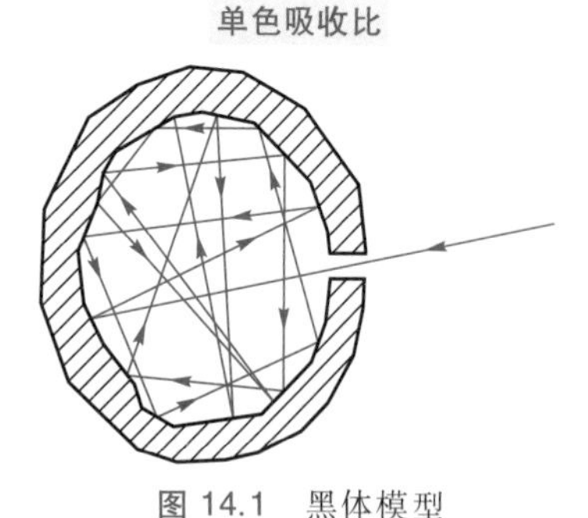
图 14.1 黑体模型

黑体

3. 基尔霍夫定律

1859 年,德国物理学家基尔霍夫从理论上提出了关于物体的辐出度与吸收比内在联系的重要定律,即**基尔霍夫定律**:在同样温度下,各种不同物体对相同波长的单色辐出度与单色吸收比的比值都相等,并等于该温度下黑体对同一波长的单色辐出度.

基尔霍夫定律

$$\frac{M_{1\lambda}(T)}{\alpha_{1\lambda}(T)}=\frac{M_{2\lambda}(T)}{\alpha_{2\lambda}(T)}=\cdots=M_{0\lambda}(T) \tag{14.2}$$

式中 $M_{0\lambda}(T)$ 表示黑体的单色辐出度.由基尔霍夫定律可知,对某一物体,其辐射本领越大,则其吸收本领也越大,若一物体不能辐射某一波长的辐射能,则它也不能吸收这一波长的辐射能.也就是说,好的吸收体也是好的辐射体,黑体是完全的吸收体,因此也是理想的辐射体.

14.1.2 黑体辐射定律

由基尔霍夫定律可看出,只要知道黑体的单色辐出度以及物体的吸收比,就能了解一般物体的热辐射性质.因此对黑体单色辐出度的研究成为研究热辐射的中心内容. 我们把黑体模型空腔加热到不同的温度，小孔就成了不同温度下的黑体. 用分光技术测出由它发出的辐射的能量按波长的分布，就可以研究**黑体辐射的规律**.

黑体辐射的规律

1. 斯特藩-玻耳兹曼定律

1879 年奥地利物理学家斯特藩(J.Stefan，1835—1893)从实验中发现，黑体的单色辐出度 $M_{0\lambda}(T)$ 与波长 λ 之间的实验关系曲线如图 14.2 所示，图中每一条曲线反映了在一定温度下，黑体的单色辐出度随波长变化的规律. 每一条曲线下的面积等于黑体在一定温度下的辐出度，即

阅读材料：黑体辐射规律的探索

$$M(T)=\int_0^{\infty} M_{0\lambda}(T)\,\mathrm{d}\lambda$$

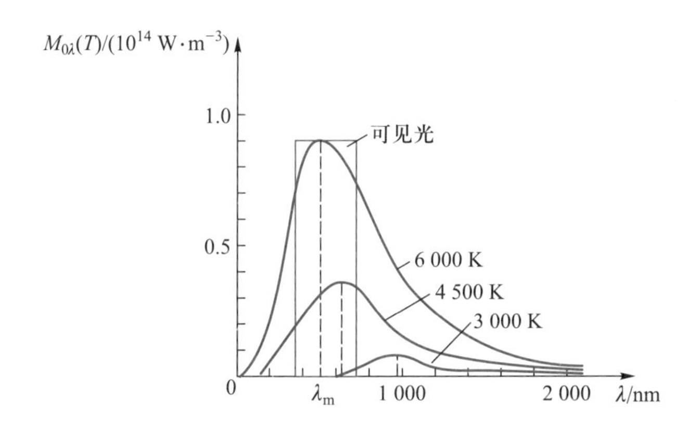

图 14.2　黑体单色辐出度的实验曲线

由图可看出：$M(T)$ 随温度的增高而迅速增加. 黑体辐出度 $M(T)$ 与温度关系的经验公式为

$$M(T)=\sigma T^4 \tag{14.3}$$

上式表明黑体的辐出度 $M(T)$ 与黑体的热力学温度 T 的四次方成正比. 其中 $\sigma=5.670\ 4\times10^{-8}\ \mathrm{W\cdot m^{-2}\cdot K^{-4}}$，称为斯特藩-玻耳兹曼常量. 1884 年，玻耳兹曼由经典理论也导出了上述结果. 因此把式(14.3)所反映的规律称为**斯特藩-玻耳兹曼定律**(Stefan-Boltzmann's law).

斯特藩-玻耳兹曼定律

2. 维恩位移定律

由图 14.2 可看出，随着黑体温度的升高，黑体的单色辐出度迅速增大，曲线的极大值逐渐向短波方向移动. 每一条曲线的峰值波长 λ_m 与 T^{-1} 成比例地减小. 1893 年，德国物理学家维恩(W.Wien，1864—1928)由经典电磁学和热力学理论得到了峰值对应的波长 λ_m 与黑体温度 T 的关系式，称为**维恩位移定律**(Wien's displacement law)：

维恩位移定律

$$T\lambda_m=b \tag{14.4}$$

式中 $b=2.898\times10^{-3}\ \mathrm{m\cdot K}$,称为维恩位移定律常量.

以上两定律将黑体辐射的主要性质简洁而定量地表示了出来,很有实用价值.例如,若将太阳近似视为黑体,由太阳光谱测得 $\lambda_m\approx490\ \mathrm{nm}$,可由维恩位移定律算出太阳表面温度约为 6 000 K.又如地面温度约为 300 K,可算得 λ_m 约为 10 μm.这说明地面的热辐射主要处于红外波段,而大气对这一波段的电磁波吸收极少(几乎透明,故通常称这一波段为电磁波的大气窗口),所以地球卫星可利用红外遥感技术测定地面的热辐射,从而进行资源、地质等各类勘察.人们日常观测到炉火中焦炭在温度不太高时发射红光,高温时发射黄光,在极高温下发射耀眼的青白光,这也可由维恩位移定律得到定量的解释.

例 14.1

请解答以下问题.

(1) 温度为室温(20 ℃)的黑体,其单色辐出度的峰值所对应的波长是多少?

(2) 若使一黑体单色辐出度峰值所对应的波长为 650 nm,则该黑体的温度是多少?

(3) 上述(1)、(2)两种情况中辐出度的比值是多少?

解 (1) 根据维恩位移定律可得所求波长为

$$\lambda_m=\frac{b}{T}=\frac{2.898\times10^{-3}}{273+20}\ \mathrm{m}=9.89\times10^{-6}\ \mathrm{m}$$

(2) 根据维恩位移定律可得所求黑体的温度为

$$T=\frac{b}{\lambda_m}=\frac{2.898\times10^{-3}}{6.50\times10^{-7}}\ \mathrm{K}=4.46\times10^{3}\ \mathrm{K}$$

(3) 由斯特藩-玻耳兹曼定律得两种情况中辐出度的比值为

$$\frac{M_2(T)}{M_1(T)}=\frac{\sigma T_2^4}{\sigma T_1^4}=\left(\frac{T_2}{T_1}\right)^4=\left(\frac{4.46\times10^{3}}{293}\right)^4=5.37\times10^{4}$$

物理学家简介:瑞利

3. 黑体辐射的维恩公式和瑞利-金斯公式

玻耳兹曼只是从理论上得出了辐出度与温度的关系,维恩也只是从理论上解决了 λ_m 随温度 T 的变化关系,两者均未涉及单色辐出度 $M_{0\lambda}(T)$ 随温度的变化关系.

1896 年,维恩假设黑体辐射能谱分布与麦克斯韦分子速率分布相似,并在分析了实验数据后得出一个经验公式,即

$$M_{0\lambda}(T)=C_1\frac{\mathrm{e}^{-C_2/kT}}{\lambda^5}\tag{14.5}$$

维恩公式

上式称为维恩公式,式中的 C_1 和 C_2 为两个经验参量.将维恩公式与实验结果比较,我们可发现二者在短波区域虽然符合,但在长波区域却相差很大.

1900 年 6 月，瑞利（J.Rayleigh，1842—1919）发表了他由经典电磁学和统计物理学中的能量按自由度均分定理导出的黑体辐射的能谱分布公式，后来由金斯（J.Jeans，1877—1946）稍作修正，即

$$M_{0\lambda}(T)=\frac{2\pi ckT}{\lambda^4} \tag{14.6}$$

上式称为瑞利–金斯公式，式中的 c 为光速，k 为玻耳兹曼常量. 瑞利–金斯公式的结果在长波段与实验曲线吻合得较好，但在短波的紫外波段却显著偏离实验曲线，如图 14.3 所示. 特别是，当波长趋于零时，单色辐出度趋于无穷大，这在历史上称为“**紫外灾难**”.“紫外灾难”给 19 世纪末期看来很和谐的经典物理学理论带来了极大的震撼，使许多物理学家感到困惑，它动摇了经典物理学理论的基础.

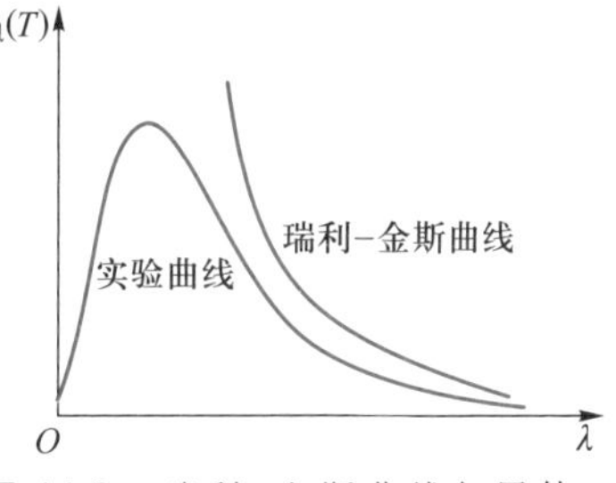

图 14.3　瑞利–金斯曲线与黑体辐射的辐出度分布实验曲线的比较

紫外灾难

14.1.3 普朗克公式　普朗克能量子假设

维恩公式适用于短波，而瑞利–金斯公式适用于长波. 这使得德国物理学家普朗克很受启发. 他用内插法将两公式衔接起来，于 1900 年发表了他导出的黑体辐射公式

$$M_{0\lambda}(T)=\frac{2\pi hc^2}{\lambda^5}\frac{1}{e^{\frac{hc}{\lambda kT}}-1} \tag{14.7}$$

上式称为普朗克公式. 式中 h 是一个与黑体的材料、性质和温度都无关的普适常量，$h=6.63\times10^{-34}$ J · s，称为**普朗克常量**（Plank constant）. 普朗克公式能够在全波段范围内和实验结果较好地吻合，如图 14.4 所示.

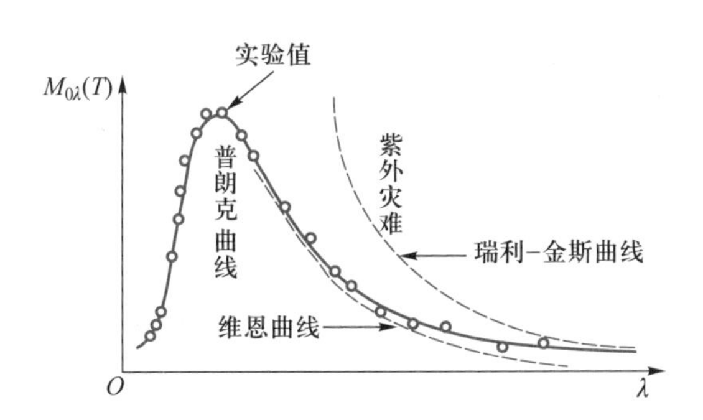

图 14.4　普朗克曲线与实验曲线吻合得较好

普朗克（M.Planck，1858—1947）

普朗克，德国物理学家，长期从事热力学的研究工作.1900 年，他在对黑体辐射的研究中首先引入了能量子的概念，创立了量子论，开辟了近代物理的新纪元. 量子论和相对论一起构成了近代物理的研究基础. 由于这一发现对物理学的发展作出了巨大的贡献，他获得了 1918 年诺贝尔物理学奖.

普朗克常量

由普朗克公式可得出瑞利-金斯公式和维恩公式.在长波段,由于 λ 较大,$e^{hc/\lambda kT}$ 经级数展开近似可得 $e^{\frac{hc}{\lambda kT}}=1+\frac{hc}{\lambda kT}$,则式(14.7)可转化为瑞利-金斯公式;在短波段,由于 λ 很小,而 $e^{hc/\lambda kT}$ 很大,可以忽略式(14.7)分母中的 1,于是普朗克公式可转化为维恩公式.

物理学家简介:普朗克

普朗克认为公式与实验数据如此吻合绝不是偶然的,公式中一定包含有某种合理的因素.因此,他开始着手寻找这个公式的理论根据.经过深入的研究和分析,普朗克发现,空腔(黑体)发射电磁波时,只有能量是不连续的,才能得到上述普朗克公式.由此他提出以下假设:**空腔(黑体)中电子的振动可视为一维谐振子,对于频率为 ν 的谐振子,其辐射能量是不连续的,只能取某一最小能量 $h\nu$ 的整数倍**,即

$$E_n=nh\nu \tag{14.8}$$

量子数

能量子　普朗克能量子假设

式中 n 称为**量子数**(quantum number).$n=1$ 时,能量 $\varepsilon=h\nu$ 称为**能量子**(quantum of energy).以上假设称为**普朗克能量子假设**.由于普朗克常量 h 非常小,因此在宏观尺度上能量的不连续性很难体现.

显而易见,这样的假设与经典物理学的概念是格格不入的.经典理论中,振子的能量可以取连续的值,但依据普朗克的假设,振子的能量只能按量子数 n 取一些分立、特定的值.所以,当时的物理学界并不认同能量子假设,甚至连普朗克本人也曾犹豫不定,他曾经试图从经典理论的角度导出普朗克公式,并为之奋斗了十余年.直到 1911 年以后,人们才完全认识到能量子全新的、基础性的意义,那是经典物理中根本无法导出的.普朗克的能量子假设,突破了经典物理学的观念,第一次提出了微观粒子具有分立的能量值,打开了人们认识微观世界的大门,在物理学发展史上起到了划时代的作用.普朗克由于发现了能量子,对建立量子理论作出了卓越贡献,获得了 1918 年诺贝尔物理学奖.

例 14.2

质量 $m=0.1$ kg 的小球,挂在弹性系数 $k=10\ \mathrm{N\cdot m^{-1}}$ 的弹簧下,作振幅 $A=0.04$ m 的简谐振动,求小球能量的量子数.如果量子数改变一个单位,能量变化率为多少?

解　小球的振动频率为

$$\nu=\frac{1}{2\pi}\sqrt{\frac{k}{m}}=\frac{1}{2\pi}\sqrt{\frac{10}{0.1}}\ \mathrm{Hz}=1.59\ \mathrm{Hz}$$

小球振动的能量为

$$E=\frac{1}{2}kA^2=\frac{1}{2}\times10\times0.04^2\ \mathrm{J}=8\times10^{-3}\ \mathrm{J}$$

由 $E=nh\nu$ 可得相应的量子数为

$$n=\frac{E}{h\nu}=\frac{8\times10^{-3}}{6.63\times10^{-34}\times1.59}=7.59\times10^{30}$$

如果量子数改变一个单位，对应的能量变化为 $\varepsilon=h\nu$，因此能量变化率为

$$\frac{\varepsilon}{E}=\frac{h\nu}{nh\nu}=\frac{1}{n}=1.32\times10^{-31}$$

由计算结果可知，小球振动的量子数是非常之大的. 对于宏观谐振子，n 每改变一个单位，能量变化的百分比非常之小，实际上是观测不到的. 这表明，在宏观范围内，能量量子化的效应是极不明显的，宏观物体的能量可认为是连续的.

14.2　光电效应　爱因斯坦光量子理论

14.2.1　光电效应

1887 年，德国物理学家赫兹(H. Hertz，1857—1894)在利用实验证明电磁波的存在和光的麦克斯韦电磁波理论的过程中，发现当两电极之一受紫外线照射时，容易发生放电现象，光竟奇异地导致了电的出现. 赫兹当时并没有弄清楚发生此现象的原因，直到 1897 年汤姆孙发现电子后，他才知道此现象是电子在光照作用下从金属表面逃逸出来的，人们把这种现象就称为**光电效应**(photoelectric effect)，勒纳(P. Lenard，1862—1947)指出，光电效应乃是金属中自由电子吸收入射光能量，从金属表面逸出的现象. 逸出的电子被我们称为**光电子**(photoelectron).

光电效应

光电子

光电流

研究光电效应的实验装置如图 14.5 所示. 在一抽成高真空度的容器内，装有阴极 K 和阳极 A. 阴极 K 为金属板. 当单色光通过石英窗口照射到金属板 K 上时，金属板便会逸出光电子. 如果在 A、K 两端加上电势差 U，则光电子在加速电场作用下，飞向阳极，回路中形成**光电流**(photocurrent). 光电流的强弱可由电流计读出. 光电效应实验结果可归纳如下：

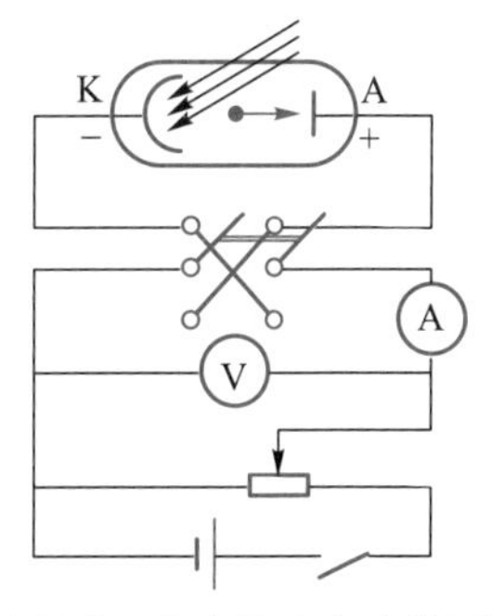

图 14.5　光电效应实验装置图

1. 截止频率

用不同频率的光照射 K 极时，只有当入射光的频率大于某一频率 ν_0时，才有光电流；当入射光的频率小于 ν_0时，则无论入射光的强度多强，电路中都无光电流.ν_0 称为**截止频率**（cutoff frequency），也称**红限**.截止频率的大小与阴极 K 的金属材料有关，一般金属材料不同 ν_0也取不同的值.

截止频率

红限

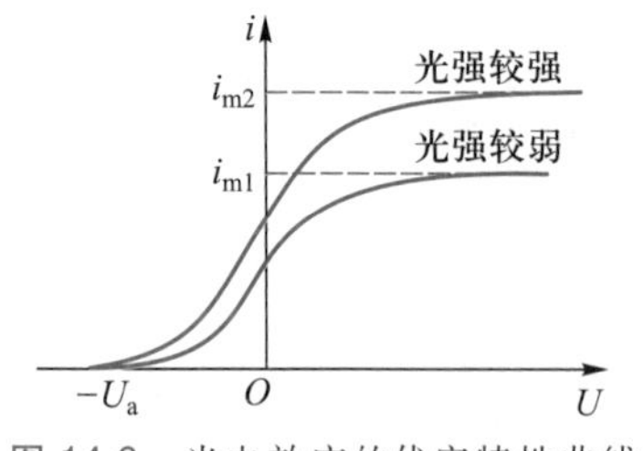

图 14.6　光电效应的伏安特性曲线

伏安特性曲线

饱和光电流

阅读材料：光电效应的研究

2.饱和光电流

当入射光频率 $\nu>\nu_0$时，光电流随加速电势差的改变而改变，当加速电势差增加到一定量值时，光电流达到饱和值 i_m，如图 14.6 所示，此曲线为光电效应的**伏安特性曲线**，i_m称为**饱和光电流**.若所用光的频率相同而光强不同，并且在相同的加速电势差下，光强越大，饱和电流 i_m也越大，说明从电极 K 逸出的电子数增加了.因此**单位时间内，阴极 K 逸出的光电子数与入射光强成正比**.

3. 遏止电势差

根据图 14.6 所示的实验曲线可知，当加速电势差减小时，光电流 i 也随之减小；当电势差减少为零时，光电流并不为零；仅当电势差变为负值且达到某一数值时，才能使光电流减小为零，这一电势差 U_a称为遏止电势差（stopping potential）.

遏止电势差的存在说明从阴极 K 释放的光电子具有最大初速度，即光电子的初动能具有一定的限度，其最大初动能满足关系式

$$\frac{1}{2}mv_m^2=eU_a \tag{14.9}$$

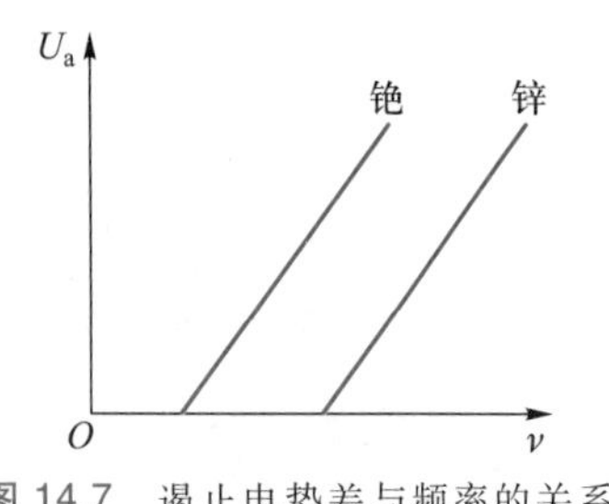

图 14.7　遏止电势差与频率的关系

式中 e 和 m 为电子电荷量的绝对值和电子质量.

遏止电势差与入射光光强无关，但与入射光频率有关，当入射光频率 $\nu>\nu_0$时，遏止电势差 U_a和入射光的频率 ν 之间具有线性关系，图 14.7 给出了铯和锌的 U_a和 ν 的线性关系曲线.

4. 瞬时性

当入射光的频率大于截止频率时，无论入射光的强度如何，只要光照射到金属表面上，瞬间就会有光电子逸出，时间间隔仅为 10^{-9} s 数量级.

对于上述实验结果，我们很难用经典物理学理论作出解释.按照经典理论，任何频率的入射光，只要其强度足够大或照射时间足够长，都可以使电子获得足够的能量、逸出金属表面.然而实验显示，只要入射光频率小于截止频率，无论光的强度有多大，照射时间有多长，都不能产生光电效应.此外，光电效应的瞬时性

质也无法用经典理论解释.按照经典理论,金属中的电子从入射光中吸收能量,必须积累到一定量值(逸出功)电子才能逸出金属表面,当入射光越弱时能量的积累时间就应越长,然而实验结果是,不论入射光多么弱,只要入射光频率大于截止频率,光电效应就立刻产生.可见,光电效应与经典物理学理论是矛盾的.

14.2.2 爱因斯坦光量子理论

为了解释光电效应,1905 年爱因斯坦在普朗克能量子假设的基础上提出了光量子理论.爱因斯坦认为光在空间传播时具有粒子性,一束光就是一束以光速 c 运动的粒子流,这些粒子称为**光量子**(light quantum),简称**光子**(photon).对于频率为 ν 的光束,每个光子的能量为

光量子　光子

$$\varepsilon = h\nu \tag{14.10}$$

式中 h 为普朗克常量.入射光的强度 I 取决于单位时间内通过垂直于光传播方向单位面积的光子数 n,因此光强可表示为

$$I = nh\nu \tag{14.11}$$

按照光量子理论,光电效应可以解释如下:当光照射到金属表面时,金属中的一个自由电子从入射光中吸收一个光子后,就获得能量 $h\nu$.如果 $h\nu$ 大于电子从金属表面逸出的逸出功 W,这个电子就可以从金属中逸出.设电子逸出金属表面的最大初动能为 $\frac{1}{2}mv_{\mathrm{m}}^2$,根据能量守恒定律,有

$$h\nu = \frac{1}{2}mv_{\mathrm{m}}^2 + W \tag{14.12}$$

上式称为**爱因斯坦光电效应方程**.对于不同的金属材料,其逸出功不同,表 14.1 给出了几种金属的逸出功的近似值.

爱因斯坦光电效应方程

表 14.1　几种金属的逸出功近似值

金属	钠	铝	锌	铜	银	铂
W/eV	1.90 ~ 2.46	2.50 ~ 3.60	3.32 ~ 3.57	4.10 ~ 4.50	4.56 ~ 4.73	6.30

根据爱因斯坦的光量子理论人们可以成功地解释光电效应的实验结果:

(1) 从爱因斯坦的光电效应方程式(14.12)可知,当入射光子的能量 $h\nu$ 恰好等于逸出功 W 时,电子的最大初动能等于零,

此时刚好发生光电效应;那么如果 $h\nu$ 小于逸出功 W,则电子将无法获得足够的能量脱离金属表面.所以,只有当 $h\nu \geqslant W$ 时,才会产生光电效应. 那么上面实验中所述的截止频率 ν_0 应该满足

$$\nu_0 = \frac{W}{h} \tag{14.13}$$

(2) 依据式(14.11),对于频率为 ν 的光来说,光的强度越大,光束中所包含的光子数越多,这样单位时间内从金属板逸出的光电子数也越多,饱和电流显然也就越大.

(3) 将 $\frac{1}{2}mv_{\mathrm{m}}^2 = eU_{\mathrm{a}}$ 和 $W = h\nu_0$ 代入式(14.12)可得到遏止电势差 U_{a} 和入射光频率 ν 的关系:

$$U_{\mathrm{a}} = \frac{h}{e}(\nu - \nu_0) \tag{14.14}$$

从上式可以看出遏止电势差 U_{a} 与频率 ν 之间存在线性关系,并且比例系数为 h/e,是与金属材料性质无关的常量,这也很好地解释了实验结果.

(4) 光电效应表现出瞬时性,是因为光子的能量被电子一次性吸收,不需要经历能量积累的过程,所以当频率 $\nu > \nu_0$ 的入射光照射到金属上时,电子就能瞬间逸出金属表面.

爱因斯坦因为发展了普朗克的思想,提出了光量子理论,成功地解释了光电效应的实验规律,所以获得了 1921 年诺贝尔物理学奖.

14.2.3 光的波粒二象性

19 世纪时,光的干涉、衍射等实验已经使人们认识到光是一种波动——电磁波,并建立了电磁理论——麦克斯韦理论.进入 20 世纪后,爱因斯坦应用光量子的概念成功解释了光电效应规律,人们又认识到光具有粒子性.光的这种双重性质称为**波粒二象性**(wave-particle dualism).一般来讲,光在传播过程中,波动性表现得比较显著,波动性可以用波长 λ 和频率 ν 来描述;当光和物质相互作用时,粒子性表现得比较显著,而粒子性一般由质量、能量和动量来描述.按照光量子理论,光子的能量为 $\varepsilon = h\nu$,根据相对论质能关系,光子的能量还可表示为 $\varepsilon = mc^2$,于是光子的质量为

波粒二象性

$$m = \frac{\varepsilon}{c^2} = \frac{h\nu}{c^2} \tag{14.15}$$

利用式(14.15),光子的动量可写成

$$p=mc=\frac{h}{\lambda} \tag{14.16}$$

式(14.15)和式(14.16)揭示了光的粒子性与波动性的关系,式中的质量和动量描述了光的粒子性,频率和波长描述了光的波动性.光的这两种性质在数量上通过普朗克常量联系在一起.

例 14.3

已知铯的逸出功是 1.9 eV,今用钠黄光($\lambda=583.9$ nm)照射铯表面,求:

(1) 光电子的最大动能;

(2) 遏止电势差;

(3) 铯的红限波长.

解 (1) 根据光电效应方程 $h\nu=\frac{1}{2}mv_{m}^{2}+W$

得光电子的最大初动能为

$$\frac{1}{2}mv_{m}^{2}=h\nu-W=h\frac{c}{\lambda}-W$$

$$=\left(\frac{6.63\times10^{-34}\times3\times10^{8}}{583.9\times10^{-9}\times1.6\times10^{-19}}-1.9\right)\ \text{eV}$$

$$=0.23\ \text{eV}$$

(2) 遏止电势差 U_{a} 应满足 $\frac{1}{2}mv_{m}^{2}=eU_{a}$,所以

$$U_{a}=\frac{1}{2e}mv_{m}^{2}=0.23\ \text{V}$$

(3) 由红限 $\nu_{0}=\frac{W}{h}$ 得铯的红限波长为

$$\lambda_{0}=\frac{c}{\nu_{0}}=\frac{hc}{W}=\frac{6.63\times10^{-34}\times3\times10^{8}}{1.9\times1.6\times10^{-19}}\ \text{m}$$

$$=654\ \text{nm}$$

14.2.4 光电效应在近代技术中的应用

光电效应不仅有重要的理论意义,而且在科学和技术的许多领域有着广泛的应用.

利用光电效应中光电流与入射光强成正比的特性,人们可以制造光电转换器,实现光信号与电信号之间的相互转换,如广泛应用于光功率测量、光信号记录、电影、电视和自动控制等诸多方面的光电管,又如广泛用于弱光探测等方面的光电倍增管.光电倍增管是把光信号变为电信号的常用器件,如图 14.8 所示.当阴极 K 受到光的照射时,将发射光电子,光电子在加速电场的作用下以较大的动能撞击到第一阴极 K_1 上.光电子能从 K_1 上激发出

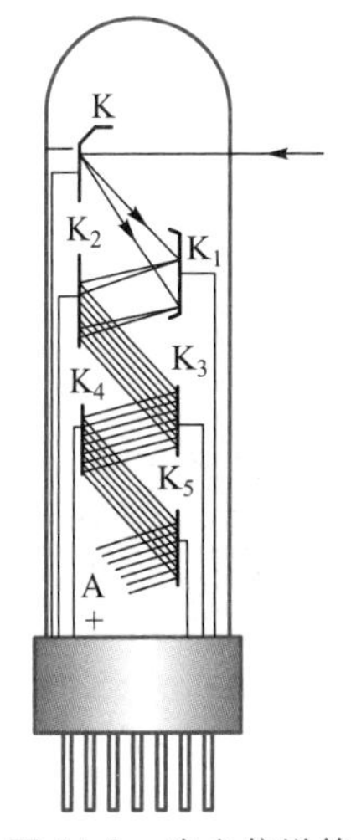

图 14.8　光电倍增管

较多的电子，这些电子在电场的作用下，又撞击到阴极 K_2 上，从而激发出更多的电子.如此继续下去，利用十多个倍增阴极可以使电子数比最初从阴极 K 发射的电子数增加 $10^5 \sim 10^8$ 倍，产生很大的电流.这样，倍增管只要受到微弱的光照，就能产生很大的光电流，它在科研、工程和军事上有很大的应用.

在以上的光电效应中，光电子从金属表面逸出，故称为外光电效应，而某些晶体和半导体在光照射下，原子释放出电子，但电子仍留在材料体内，使材料的导电性大大增加，这种现象称为内光电效应.半导体光敏元件、光电池等就是应用了内光电效应的器件.

14.3 康普顿效应

阅读材料：康普顿效应的发现

物理学家简介：康普顿

爱因斯坦的光量子理论只是从能量的角度说明光具有粒子性，而康普顿效应在证明光的粒子性方面比光电效应更进了一步.在解释康普顿效应时我们不但要考虑能量守恒，同时还要考虑动量守恒，这也为光的波粒二象性及后来的德布罗意物质波假说提供了更完全的证据，是对经典物理学的又一大突破.因此有人把康普顿效应的发现称为物理学发展史中的转折点之一.康普顿因对 X 射线散射的研究而获得 1927 年诺贝尔物理学奖.

14.3.1 康普顿效应的实验规律

1920—1923 年美国物理学家康普顿（A. Compton，1892—1962）在研究 X 射线被石墨散射的实验时，发现**在散射谱线中除了有与入射波长 λ_0 相同的射线外，同时还有波长大于入射波的射线**，这种散射现象称为**康普顿效应**（Compton effect）.

康普顿效应

物理学家简介：吴有训

图 14.9 是康普顿散射实验装置图.X 射线源发射一束波长为 λ_0 的 X 射线，射线通过光阑成为一束狭窄的射线投射到散射物质（石墨）上，从散射物质处出射的 X 射线是沿着各个方向的. 散射光的波长和强度可利用摄谱仪来测量. 图 14.10 表示同一种散射物质在不同散射角下散射波长与相对强度的关系. 图中当散射角 $\theta=0$ 时，散射线中只有与入射波长 λ_0 相同的射线；当 θ 为其他散射角时，散射线中存在 λ_0 和 λ 两种波长的射线，并且随着散射

角 θ 的增大,波长的改变量 $\Delta\lambda=\lambda-\lambda_0$ 随之增大.图 14.11 表示不同散射物质在同一散射角下散射波长与相对强度的关系.这是我国物理学家吴有训测试的多种元素对 X 射线的散射曲线,他为康普顿效应的检验和进一步研究作出了很大贡献.由图可看出,在同一散射角下,对于所有散射物质,波长的改变量 $\Delta\lambda$ 都相同,但散射光中原波长 λ_0 的光强随散射物质的原子序数增加而增大,而波长为 λ 的光强则相对减小.

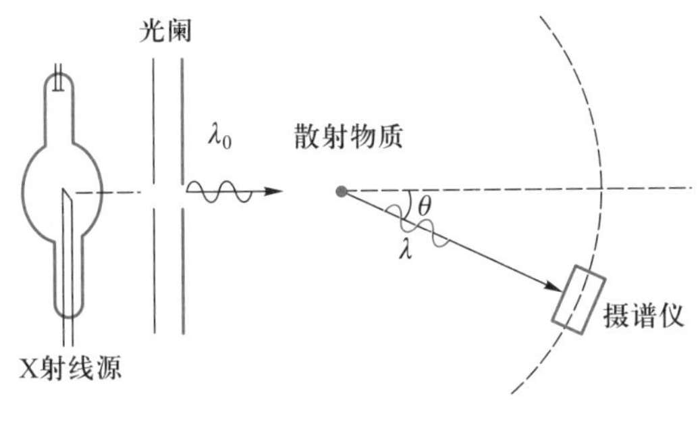

图 14.9　康普顿的实验装置

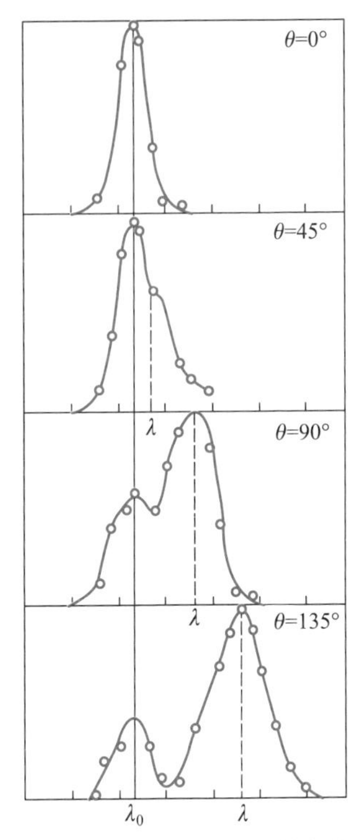

图 14.10　波长改变量随散射角的增大而增大

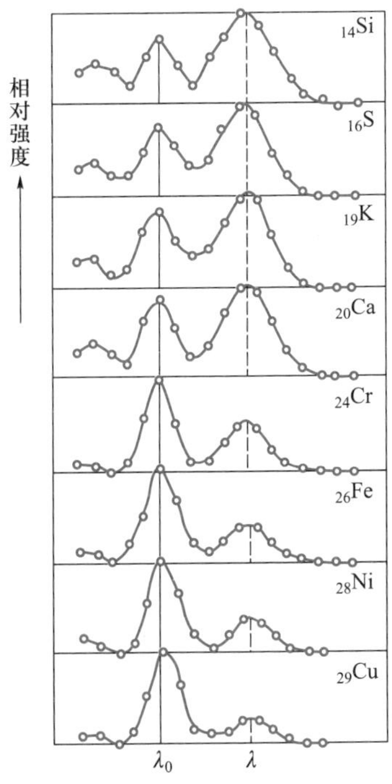

图 14.11　不同散射物质在同一散射角下波长改变量相同

14.3.2 康普顿效应的量子解释

经典电磁学理论难以解释康普顿效应. 按照光的波动理论,当电磁波作用于物质时,将引起原子内电子的受迫振动,振动频率应与入射电磁波频率相同. 受迫振动的电子又发射出同一频率的次级电磁波,因此散射光波长应等于入射光波长,这无法说明康普顿效应中散射光波长的偏移现象,但是,如果应用光子概念,并假设光子和实物粒子一样,能与电子等粒子发生弹性碰撞,即可解释康普顿效应.设光子与电子碰撞前,每个光子不但具有能量 $h\nu_0$,而且还具有动量 h/λ_0.当光子射入散射体内,与其中的某个电子发生碰撞时,它将把一部分能量传递给该电子,因此,散射光子的能量会减小,从而出现散射光子的频率减小、波长变长的现象,这就是康普顿效应的定性解释.

下面我们来定量分析散射光波长的变化.由光电效应可知,电子在原子中受到的束缚能只相当于紫外线光子的能量,比 X 射线光子的能量小得多,因此我们可以把这些电子近似视为自由电子,又因为这些电子的速度远小于光子的速度,所以又可以近似认为它们在碰撞前是静止的.这样 X 射线散射就可以简

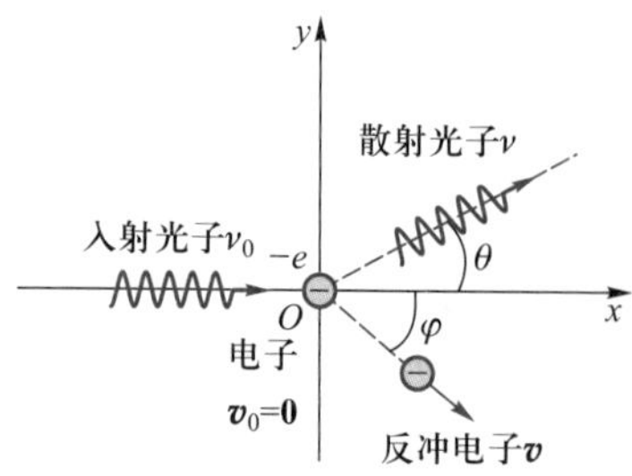

图 14.12 光子与自由电子的碰撞示意图

化为**单个光子与单个静止的自由电子发生的弹性碰撞**,碰撞示意图如图 14.12 所示.

反冲电子

设光子与电子碰撞前,光子的能量为 $h\nu_0$,动量为$\frac{h\nu_0}{c}\boldsymbol{e}_0$($\boldsymbol{e}_0$ 为入射光子运动方向上的单位矢量),电子的静能为 m_0c^2,动量为零.碰撞后,光子的能量为 $h\nu$,动量为$\frac{h}{\lambda}\boldsymbol{e}$($\boldsymbol{e}$ 为散射方向上的单位矢量),**反冲电子**的能量为 mc^2,动量为 $m\boldsymbol{v}$. 根据能量守恒定律可得

$$h\nu_0+m_0c^2=h\nu+mc^2 \tag{14.17}$$

根据动量守恒定律,沿 x 轴方向和 y 轴方向分别可得

$$\frac{h\nu_0}{c}=\frac{h\nu}{c}\cos\theta+mv\cos\varphi \tag{14.18}$$

$$0=\frac{h\nu}{c}\sin\theta+mv\sin\varphi \tag{14.19}$$

因为电子是与光子发生相互作用,所以电子的质量应满足相对论质速关系

$$m=\frac{m_0}{\sqrt{1-v^2/c^2}} \tag{14.20}$$

联立以上四式,整理可得

$$\frac{c}{\nu}-\frac{c}{\nu_0}=\frac{h}{m_0c}(1-\cos\theta)$$

即波长的改变量为

$$\Delta\lambda=\lambda-\lambda_0=\frac{h}{m_0c}(1-\cos\theta)=\frac{2h}{m_0c}\sin^2\frac{\theta}{2} \tag{14.21}$$

上式表明,波长改变量 $\Delta\lambda$ 与散射物质无关,仅取决于散射角. 当散射角 θ 增大时,$\Delta\lambda$ 也将随之增加,并且 $\Delta\lambda$ 的理论值与实验结果符合得很好.式(14.21)称为**康普顿散射公式**.

康普顿散射公式

康普顿波长

式(14.21)中$\frac{h}{m_0c}$称为**康普顿波长**(Compton wavelength),是一个常量,用 λ_C 表示,其值为

$$\lambda_C=\frac{h}{m_0c}=\frac{6.63\times10^{-34}}{9.11\times10^{-31}\times3\times10^8}\ \text{m}=2.43\times10^{-12}\ \text{m}=2.43\times10^{-3}\ \text{nm} \tag{14.22}$$

上面讨论的是光子与受原子束缚较弱的外层电子发生碰撞时的情况,它只能说明散射光中含有波长比入射光波长更长的成分.那么,当光子与原子中束缚很强的内层电子发生碰撞时会出现怎样的结果呢? 由于内层电子受原子核的束缚较强,光子与之

碰撞可以视为与整个原子碰撞,由于两者的质量相差悬殊,光子将只改变方向而不会显著失去能量,因而,散射光的频率几乎不变,这就是散射光中存在与入射光波长 λ_0 相同成分的原因.如果散射物质原子序数增加,价电子被束缚得越来越紧,这样 λ_0 成分的光强会随着散射物质原子序数的增大而增强.

康普顿效应只有在入射光的波长与电子的康普顿波长可以相比拟时才显著,这就是选用 X 射线观察康普顿效应的原因.而在光电效应中,入射光是可见光或紫外线,所以康普顿效应不明显.

康普顿效应不仅有力地证实了光量子理论的正确性,而且证实了微观粒子在相互作用的过程中,也严格地遵守能量守恒定律和动量守恒定律.

例 14.4

波长 $\lambda_0=0.03$ nm 的 X 射线与静止的自由电子碰撞,在与入射角方向成 60°角的方向上观察时,求散射光子的波长及散射后电子的动能.

解 由康普顿散射公式 $\Delta\lambda=\lambda-\lambda_0=\dfrac{h}{m_0c}(1-\cos\theta)$ 得散射光子的波长为

$$\lambda=\lambda_0+\Delta\lambda=\lambda_0+\frac{h}{m_0c}(1-\cos\theta)$$
$$=[0.03+0.002\ 43(1-\cos 60°)]\text{nm}$$
$$=0.312\text{ nm}$$

因为光子与电子组成的系统能量守恒,所以有 $h\nu_0+m_0c^2=h\nu+mc^2$,所以散射后电子的动能为

$$E_k=mc^2-m_0c^2=h\nu_0-h\nu=\frac{hc}{\lambda_0}-\frac{hc}{\lambda}$$
$$=6.63\times10^{-34}\times3\times10^8\times\left(\frac{1}{0.03\times10^{-9}}-\frac{1}{3.12\times10^{-11}}\right)\text{ J}=1.59\text{ keV}$$

14.4 氢原子光谱 玻尔理论

对氢原子光谱和原子结构的研究,促进了量子论的深入发展.玻尔(N. Bohr,1885—1962)在卢瑟福(E. Rutherford,1871—1937)原子模型的基础上用量子论解释了氢原子光谱,进一步证实了量子化概念的正确性,从而奠定了量子力学的思想基础.

14.4.1 氢原子光谱

19 世纪末,科学家们在进行光谱学研究时已积累了大量原子光谱的数据资料,于是人们开始利用光谱学研究原子的内部结构,这是因为不同原子辐射的光谱具有不同的特征,也就是说,原子光谱可以给我们提供原子内部的重要信息,所以寻找原子光谱中的规律,是探索原子结构的重要途径.然而,一般元素的原子光谱都十分复杂,我们很难找到它们的规律,因此,首先被研究的是具有最简单结构的氢原子光谱.氢原子光谱在可见光范围内由四条明亮的谱线构成,如图 14.13 所示.

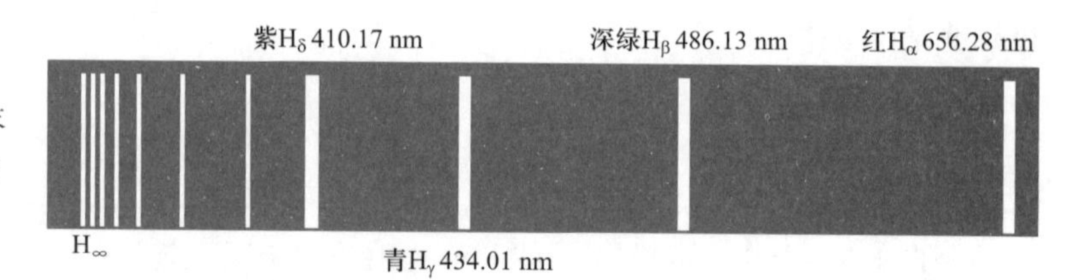

图 14.13 氢原子光谱中的巴耳末系,其中四条明线在可见光范围内

1884 年,瑞士的一位中学教师巴耳末(J. J. Balmer, 1825—1898)把氢原子光谱的波长归纳为一个简单的经验公式,即

$$\lambda = B\frac{n^2}{n^2-4} \quad (n=3,4,5,\cdots) \tag{14.23}$$

式中的 $B=364.56$ nm,人们将这个公式称为巴耳末公式.

波数

光谱学中常用波长的倒数(称为波数)即 $\sigma=\frac{1}{\lambda}$来表征谱线,它的物理意义是单位长度内所包含的完整波的数目,这样巴耳末公式可写为

$$\sigma=\frac{1}{\lambda}=R_\infty\left(\frac{1}{2^2}-\frac{1}{n^2}\right) \quad (n=3,4,5,\cdots) \tag{14.24}$$

式中 R_∞ 称为里德伯常量(Rydberg constant),近代实验测定值为 $R_\infty=1.096\ 775\ 8\times10^7\ \mathrm{m}^{-1}$.

之后,里德伯又给出了氢原子光谱更普遍的表达式,即

$$\sigma=\frac{1}{\lambda}=R_\infty\left(\frac{1}{k^2}-\frac{1}{n^2}\right) \tag{14.25}$$

里德伯公式

上式称为里德伯公式,式中 $k=1,2,3,\cdots$;$n=k+1,k+2,k+3,\cdots$.当 k 取一定值时,n 取大于 k 的各整数,n 和 k 所对应的各条谱线构成一谱线系.根据里德伯公式,这些线系可表示为

莱曼系　$\sigma=R_{\infty}\left(\frac{1}{1^{2}}-\frac{1}{n^{2}}\right)$　$(n=2,3,\cdots)$　紫外区

巴耳末系　$\sigma=R_{\infty}\left(\frac{1}{2^{2}}-\frac{1}{n^{2}}\right)$　$(n=3,4,\cdots)$　可见光

帕邢系　$\sigma=R_{\infty}\left(\frac{1}{3^{2}}-\frac{1}{n^{2}}\right)$　$(n=4,5,\cdots)$　红外区

布拉开系　$\sigma=R_{\infty}\left(\frac{1}{4^{2}}-\frac{1}{n^{2}}\right)$　$(n=5,6,\cdots)$　红外区

普丰德系　$\sigma=R_{\infty}\left(\frac{1}{5^{2}}-\frac{1}{n^{2}}\right)$　$(n=6,7,\cdots)$　红外区

里德伯公式给出了氢原子光谱的谱线规律,它表明氢原子内部结构存在着固有的规律性,氢原子光谱与氢原子的内部结构有着本质上的联系.下面我们将对氢原子的内部结构作进一步的研究和探讨.

14.4.2 氢原子的玻尔理论

1. 玻尔假设

20 世纪初期,原子结构开始成为物理学研究的前沿,对于原子模型人们曾提出各种猜测,目前被接受的是 1911 年卢瑟福在 α 粒子散射实验的基础上提出的**原子核式结构模型**,即原子中的全部正电荷和几乎全部的质量都集中在原子中央一个很小的体积内,称为**原子核**(nucleus),原子中的电子在核的周围绕核作圆周运动.

原子的核式模型成功地解释了 α 粒子散射实验的结果,并逐渐被人们所接受,但是它也遇到了一些困难.按照经典电磁学理论,电子绕原子核转动时具有加速度,就会向外辐射电磁波,电磁波的频率等于电子绕核转动的频率.由于电子辐射电磁波,电子能量逐渐减少,转动半径越来越小,这样电子最终会落到原子核上,即原子应该是不稳定的,终将“坍塌”,但实际原子并没有“坍塌”,也就是说经典理论无法解释原子的稳定性.电子转动半径的连续减小必引起运动频率的变化,这样原子光谱就应该是连续的,但实际上观察到的氢原子光谱却是线状分立光谱,这也是经典理论所无法解释的.

玻尔(N.Bohr,1885—1962)

玻尔,丹麦物理学家,哥本哈根学派的创始人,量子物理学的奠基者之一,1916 年任哥本哈根大学物理学教授;1917 年当选为丹麦皇家科学院院士;1922 年荣获诺贝尔物理学奖;1939 年任丹麦皇家科学院院长.1944 年玻尔在美国参加了和原子弹有关的理论研究.1947 年丹麦政府为了表彰玻尔的功绩,封他为“骑象勋爵”.1937 年,他曾来中国作学术访问,表达了对中国人民的友好情意.

原子核式结构模型

原子核

为了解决经典理论所遇到的困难，玻尔在卢瑟福的核式结构模型的基础上，把普朗克的能量子概念和爱因斯坦的光子概念运用到原子系统，建立了玻尔的氢原子理论.

物理学家简介：玻尔

玻尔的氢原子理论主要以下述三条基本假设为基础：

（1）**定态假设.**

定态

原子中的电子只能在一些特定的圆轨道上运动而不辐射电磁波，这时原子处于稳定状态，称为**定态**（stationary state）.处于定态中的原子具有一定的能量.

（2）**频率条件.**

阅读材料：玻尔原子结构理论的提出

处于定态中的原子，从一个能量状态 E_n 跃迁到另一个能量状态 E_k 时，要发射或吸收一个频率为 ν 的光子，其频率满足下式：

$$\nu=\frac{|E_n-E_k|}{h} \tag{14.26}$$

式中 $E_n>E_k$ 时发射光子；$E_n<E_k$ 时吸收光子.

物理学家简介：卢瑟福

（3）**角动量量子化条件.**

原子中的电子以速率 v 在半径为 r 的圆周轨道上绕核运动时，其轨道稳定的条件是电子的角动量 L 等于 $h/2\pi$ 的整数倍，即

$$L=mrv=n\frac{h}{2\pi}\quad (n=1,2,3,\cdots) \tag{14.27}$$

主量子数

式中 n 称为**主量子数**（principal quantum number）.

2. 氢原子轨道半径和能量的计算

动画：玻尔的氢原子模型

从玻尔的基本假设出发，人们可以导出氢原子的轨道半径和能级公式，并解释氢原子光谱的规律.

设氢原子中的电子质量为 m，所带电荷量的绝对值为 e，以速率 v_n 绕原子核作半径为 r_n 的圆周运动.根据库仑定律和牛顿第二定律，有

$$\frac{e^2}{4\pi\varepsilon_0 r_n^2}=m\frac{v_n^2}{r_n} \tag{14.28}$$

应用角动量量子化条件式（14.27）得

$$v_n=\frac{nh}{2\pi m r_n}\quad (n=1,2,3,\cdots) \tag{14.29}$$

将上式代入式（14.28）可得电子的轨道半径

$$r_n=n^2\left(\frac{\varepsilon_0 h^2}{\pi m e^2}\right)=n^2 r_1\quad (n=1,2,3,\cdots) \tag{14.30}$$

其中 $n=1$ 时，$r_1=\dfrac{\varepsilon_0 h^2}{\pi m e^2}=5.29\times10^{-11}\,\mathrm{m}$，这是氢原子核外最小的轨道半径，也称**玻尔半径**（Bohr radius）.其他可能的轨道半径为 $4r_1, 9r_1, 16r_1, \cdots$，可见电子绕核运动的轨道是分立的、量子化的.

玻尔半径

电子在第 n 个轨道上的总能量等于动能和电势能之和，即

$$E_n=\frac{1}{2}mv_n^2-\frac{e^2}{4\pi\varepsilon_0 r_n}$$

将式（14.29）和式（14.30）代入上式可得氢原子的能量为

$$E_n=-\frac{me^4}{8\varepsilon_0^2 h^2 n^2}=\frac{E_1}{n^2}\quad (n=1,2,3,\cdots)\tag{14.31}$$

上式表明能量也是量子化的.这些分立的能量值 $E_1, E_2, \cdots, E_n$ 称为**能级**（energy level）.当 $n=1$ 时，$E_1=-\dfrac{me^4}{8\varepsilon_0^2 h^2}=-13.6\ \mathrm{eV}$，这是氢原子的最低能级，它所对应的状态称为**基态**（ground state）.这个能量值与用实验方法测得的氢原子电离能符合得很好.$n\geqslant 2$ 的各稳定状态，其能量大于基态能量，随量子数的增加而增大，能量间隔会减小，这种状态称为**激发态**（excited state）.当 $n\to\infty$ 时，$r_n\to\infty$，$E_n\to 0$，能级趋于连续.$E>0$ 时，原子处于电离状态，能量可连续变化.图 14.14 所示为氢原子的能级图.

能级

基态

激发态

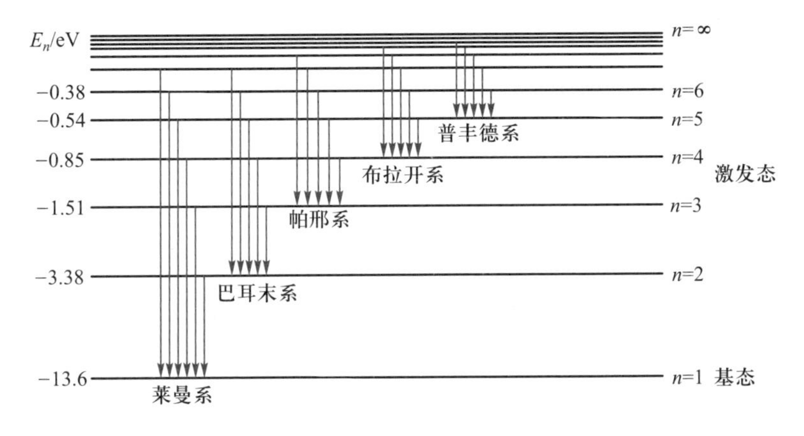

图 14.14　氢原子光谱中不同线系的产生

下面我们用玻尔理论来研究氢原子光谱的规律.根据玻尔假设，当原子从较高能级 E_n 向较低能级 E_k 跃迁时，发射一个光子，其频率和波数分别为

$$\nu=\frac{E_n-E_k}{h}$$

$$\sigma=\frac{1}{\lambda}=\frac{\nu}{c}=\frac{E_n-E_k}{hc}=\frac{me^4}{8\varepsilon_0^2h^3c}\left(\frac{1}{k^2}-\frac{1}{n^2}\right)\quad (n>k)\quad (14.32)$$

上式与里德伯经验公式(14.24)是一致的,比较两式可得里德伯常量的理论值为

$$R_\infty=\frac{me^4}{8\varepsilon_0^2h^3c}=1.097\ 373\ 156\ 816\ 0(21)\times10^7\ \mathrm{m}^{-1}$$

理论值与实验值符合得很好.图 14.14 表示出了氢原子能态跃迁所产生的各谱线系.

玻尔理论不仅能较成功地解释氢原子光谱,对类氢离子(只有一个电子绕核转动的离子)的光谱也能给予较好的说明,玻尔的创造性工作对进一步建立量子力学有着深远的影响.

玻尔理论很好地解释了氢和类氢原子的光谱,并预言了氢和氦的一些新谱线的存在,不久这个预言就被弗兰克与赫兹的实验证实.另外玻尔提出的分立定态和原子能级的概念,即使在现代原子结构和分子结构的理论中仍然是正确的.由于玻尔对原子结构和原子辐射研究的贡献,他于 1922 年获得诺贝尔物理学奖.

然而玻尔理论并不完善,还存在着严重不足.造成理论缺陷的原因主要是:它是一个经典理论和量子条件的混合产物,还没有完全摆脱经典理论的束缚.它一方面把微观粒子(原子、电子等)视为经典力学的质点,用了坐标和轨道的概念,并且还应用牛顿运动定律来计算电子轨道等;另一方面又加上量子条件来限定稳定状态的轨道.这一切都反映了早期量子论的局限性.实际上,微观粒子具有比宏观粒子复杂得多的波粒二象性.正是在这一基础上,1926 年薛定谔、海森伯等人建立了新的量子力学. 由于量子力学能够反映微观粒子的波粒二象性,所以它成为一个完整的描述微观粒子运动规律的力学体系.这部分内容我们在后面还要简单介绍.

例 14.5

将一个氢原子从基态激发到 $n=4$ 的激发态需要多少能量? 处于 $n=4$ 的激发态的氢原子可发出多少条谱线? 其中有多少条可见光谱线? 这些谱线的波长各是多少?

解 将氢原子从基态激发到 $n=4$ 的激发态所需的能量为

$$\Delta E=E_4-E_1=\frac{E_1}{4^2}-E_1=\left[\frac{-13.6}{4^2}-(-13.6)\right]\ \mathrm{eV}$$

$$=12.75\ \mathrm{eV}\approx2\times10^{-18}\ \mathrm{J}$$

氢原子可以发出的跃迁谱线如图 14.15 所示,共有 6 条谱线.可见光谱线为巴耳末系,即从 $n=4$ 和 $n=3$ 跃迁到 $n=2$ 的两条谱线.

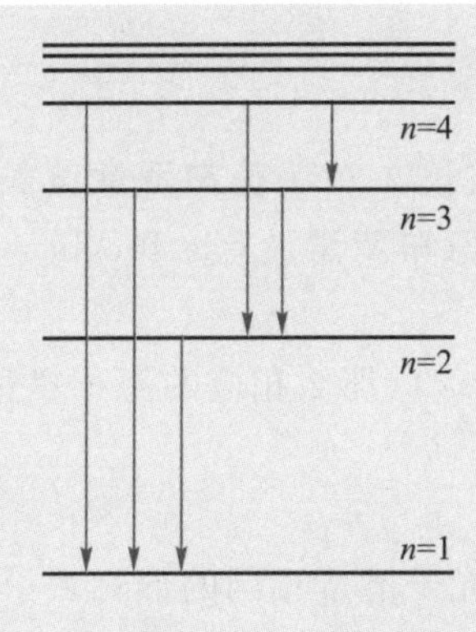

图 14.15　例 14.5 图

从 $n=4$ 跃迁到 $n=2$ 的可见光谱线的波数和波长分别为

$$\sigma_{42}=R_{\infty}\left(\frac{1}{2^2}-\frac{1}{4^2}\right)=1.097\times10^7\times\left(\frac{1}{4}-\frac{1}{16}\right)\ \mathrm{m^{-1}}$$

$$=2.06\times10^6\ \mathrm{m^{-1}}$$

$$\lambda_{42}=\frac{1}{\sigma_{42}}=\frac{1}{2.06\times10^6}\ \mathrm{m}=4.854\times10^{-7}\ \mathrm{m}$$

$$=485.4\ \mathrm{nm}$$

从 $n=3$ 跃迁到 $n=2$ 对应的波数和波长分别为

$$\sigma_{32}=R_{\infty}\left(\frac{1}{2^2}-\frac{1}{3^2}\right)=1.097\times10^7\times\left(\frac{1}{4}-\frac{1}{9}\right)\ \mathrm{m^{-1}}$$

$$=1.52\times10^6\ \mathrm{m^{-1}}$$

$$\lambda_{32}=\frac{1}{\sigma_{32}}=\frac{1}{1.52\times10^6}\ \mathrm{m}=6.579\times10^{-7}\ \mathrm{m}$$

$$=657.9\ \mathrm{nm}$$

14.5　粒子的波动性

14.5.1 德布罗意假设

前面讨论的光的波粒二象性极富启发性，既然在过去被视为波动的光同时具有粒子性，那么以前一直被视为粒子的实物（如电子），会不会反过来也具有波动性呢？也就是说，它们之间会不会存在着某种深刻的对称性，即两者的构成者都具有波粒二象性呢？1924 年，年轻的博士研究生德布罗意在光具有波粒二象性的启发下，根据对光的性质的认识，在没有实验例证支持的情况下，在其博士论文中提出了与光的波粒二象性完全对称的设想，即实物粒子也具有波粒二象性.他认为，具有能量 E 和动量 p 的实物粒子具有波动性，与频率为 ν、波长为 λ 的光满足同样的关系式.依据德布罗意的假设，以动量 p 运动的实物粒子所对应的波长应为

$$\lambda=\frac{h}{p}=\frac{h}{mv}\tag{14.33}$$

德布罗意（L. de Broglie，1892—1987）

德布罗意，法国物理学家，他原来学的是历史，对科学也很有兴趣.他平时爱读科学著作，特别是庞加莱、洛伦兹和朗之万的著作，后来对普朗克、爱因斯坦和玻尔的工作产生了兴趣，转而研究物理学.他善于用历史的观点、对比的方法分析问题.1923 年 9 月至 10 月期间，德布罗意连续在《法国科学院通报》上发表了三篇有关波和量子的论文.他试图把粒子性和波动性统一起来.德布罗意波是他在 1924 年博士论文《关于量子理论的研究》中提出的；5 年后，他因这篇论文而获得诺贝尔物理学奖.

物理学家简介:德布罗意

德布罗意波长

德布罗意波

物质波

式中 m 为粒子的运动质量,满足式子 $m=\dfrac{m_0}{\sqrt{1-v^2/c^2}}$. 式(14.33)称为德布罗意公式,其中的波长 λ 称为**德布罗意波长**.人们常把这种与物质相联系的波称为**德布罗意波**(de Broglie wave),也称为**物质波**(matter wave).

如果粒子作低速运动($v \ll c$),那么相应的德布罗意波长为

$$\lambda=\frac{h}{p}=\frac{h}{m_0 v} \tag{14.34}$$

实物粒子的能量也可以用与光子能量相同的形式表示为

$$E=h\nu$$

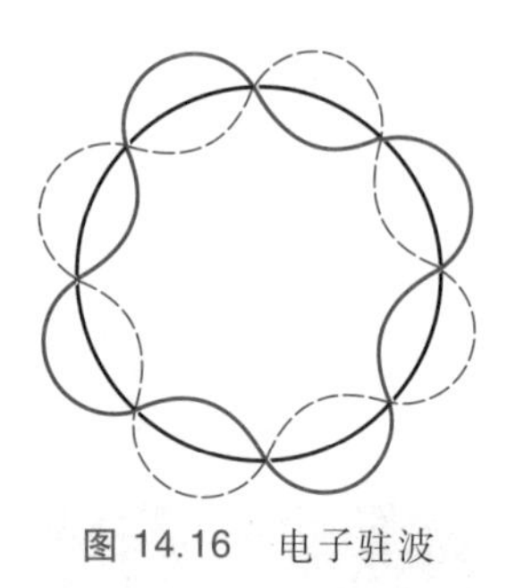

图 14.16 电子驻波

依据德布罗意波的概念,我们可以成功地解释玻尔氢原子假设中令人困惑的轨道角动量量子化条件. 德布罗意认为,电子在某一半径为 r 的圆轨道上绕原子核运动的过程中,只有满足驻波条件时才是稳定的,这是因为驻波不存在能量的传递;又考虑到在圆周上的驻波应光滑、自然地衔接,因此圆周长必须是波长的整数倍,如图 14.16 所示,即

$$2\pi r=n\lambda$$

把德布罗意公式(14.33)代入上式,可得电子角动量为

$$mvr=n\frac{h}{2\pi}$$

这正是玻尔假设中有关电子轨道角动量量子化的条件.

例 14.6

一电子在加速电压为 100 V 的电场中加速,求此电子的德布罗意波长.

解 电子在电场中加速,电子的速度由以下关系式确定:

$$\frac{1}{2}m_0 v^2=eU \quad 或 \quad v=\sqrt{\frac{2eU}{m_0}}$$

则电子的德布罗意波长为

$$\begin{aligned}\lambda&=\frac{h}{m_0 v}=\frac{h}{\sqrt{2m_0 eU}}\\&=\frac{6.63\times10^{-34}}{\sqrt{2\times9.11\times10^{-31}\times1.6\times10^{-19}\times100}}\ \text{m}\\&=0.123\ \text{nm}\end{aligned}$$

上述波长和 X 射线波长的数量级相同.当德布罗意在其博士论文中提出德布罗意波这一概念时,由于没有直接的证据,所以当时并没引起人们的足够重视.但是,爱因斯坦慧眼识珠,当他得知德布罗意提出的假设后就评论道:“我相信这一假设的意义远远超出了单纯的类比.”事实上,德布罗意假设不久就被实验证实了.

14.5.2 德布罗意波的实验证明

X 射线具有波动性的证据是它在晶体上产生的衍射图样.为了检验电子是否像猜测的那样具有波动性,德布罗意建议用电子束照射晶体,观测是否会产生衍射. 1927 年戴维森(C. Davisson,1881—1958)和革末(Lester Germer,1896—1971)通过对镍单晶表面慢电子散射的实验,观察到了和 X 射线在晶体表面衍射相类似的电子衍射现象,从而证实了电子具有波动性.同年,汤姆孙(G. Thomson,1892—1975)做了电子束穿过多晶薄膜铝箔的衍射实验,结果在铝箔后的屏上直接观察到了和 X 射线通过多晶薄膜后产生的衍射图样极为相似的衍射条纹,如图 14.17 所示,这是电子具有波动性的又一实验证明. 由于戴维森和汤姆孙在电子衍射方面所做的贡献,他们分享了 1937 年的诺贝尔物理学奖.

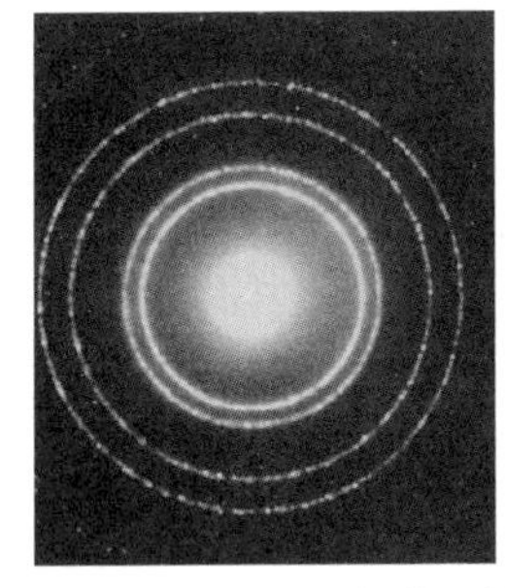

图 14.17　电子的衍射图样

类似的电子衍射实验还有许多物理学家做过.图 14.18 显示的多缝衍射图样照片,是 1961 年科学家通过做多缝衍射实验得出的,它们可与熟悉的可见光多缝衍射图样相媲美.这些近代实验都准确地证明了电子具有与光波相同的波动性.在其他一些实验中人们也观察到了中性粒子,发现原子、分子和中子等微观粒子也具有波动性. 这些实验都说明,一切微观粒子都具有波粒二象性,德布罗意公式就是描述微观粒子波粒二象性的基本公式.

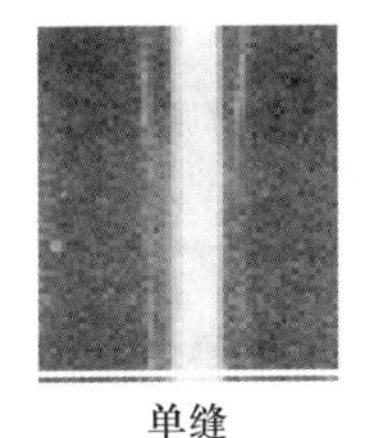

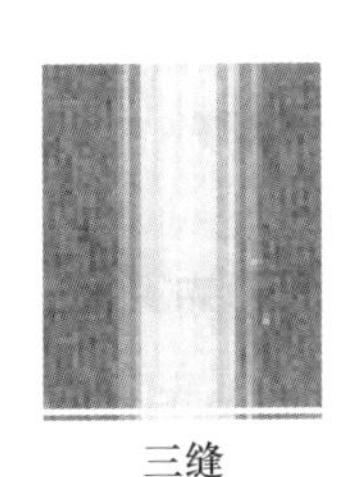

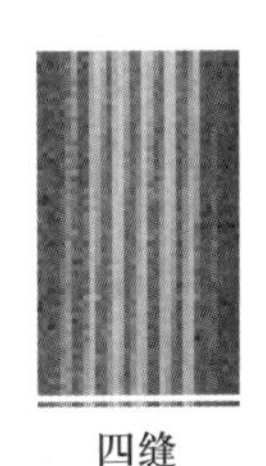

图 14.18　电子的多缝衍射图样

目前,电子的波动性质已被广泛地应用,如电子显微镜,其波长 $\lambda=10^{-3}\sim10^{-2}$ nm,分辨率高达 0.1 nm,能够用来研究晶体结构、病毒和细胞的组织等.

14.5.3 德布罗意波的统计解释

既然电子、中子、原子等微观粒子具有波动性,那么,如何理解这种波动性呢?

为了理解实物粒子的波动性，我们不妨重新分析一下光的衍射图样.根据波的观点，光是一种电磁波，在衍射图样中，亮处表示波的强度大，暗处表示波的强度小.平面波的强度与波振幅的平方成正比，所以，图样亮处的波振幅大，图样暗处的波振幅小.而根据光子的观点，某处光的强度大表示单位时间内到达该处的光子数多，某处光的强度小则表示单位时间内到达该处的光子数少.从统计的观点来看，这就相当于此光子到达亮处的概率要远大于光子到达暗处的概率.因此可以说粒子在某处附近出现的概率是与该处波的强度成正比的.而波的强度和波振幅的平方成正比，所以也可说，粒子在某处附近出现的概率与该处波振幅的平方成正比.

现在我们应用上述观点来分析汤姆孙做的实验中的电子衍射图样(图 14.17).从粒子的观点来看，衍射图样的出现，是由电子不均匀地射向照相底片各处所形成的，有些地方电子很密集，有些地方电子则很稀疏.这表示电子射到各处的概率是不同的，电子密集的地方电子射到此处的概率很大，电子稀疏的地方电子射到此处的概率则很小.而从波动的观点来看，电子密集的地方波的强度大，电子稀疏的地方波的强度小.所以某处附近电子出现的概率就反映了在该处德布罗意波的强度.对于电子是如此，对于其他微观粒子也是如此.

1926 年，德国物理学家玻恩(M.Born，1882—1970)给出了德布罗意波的统计解释.他认为，物质波是一种概率波，个别微观粒子在何处出现有一定的偶然性，但是大量粒子在空间何处出现的空间分布却服从一定的统计规律.普遍地说，**在某处德布罗意波的强度是与粒子在该处附近出现的概率成正比的**.这就是德布罗意波的统计解释.

应该指出，德布罗意波与经典物理中研究的波是截然不同的.例如机械波是机械振动在空间中的传播，而德布罗意波则是对微观粒子运动的统计描述，它的振幅平方表示粒子出现的概率.我们绝不能把微观粒子的波动性，机械地理解为经典物理中的波.

玻恩的统计观点很快被大多数人所接受.玻恩因他的基础研究，尤其是他关于德布罗意波的统计解释而获得了 1954 年诺贝尔物理学奖.

14.6　不确定关系

在经典力学中，质点的运动都沿一定的轨道，在轨道上任意时刻质点都有确定的位置和动量，与此不同的是，由于微观粒子具有明显的波动性，微观粒子在某位置上仅以一定的概率出现，即粒子在任意时刻的位置是不确定的.与此相联系，粒子在各时刻也不具有确定的动量.这也就是说，由于微观粒子的波粒二象性，在任意时刻粒子的位置和动量都有一个不确定范围.如在 x 方向上，粒子位置的不确定范围 Δx 和在该方向上的动量的不确定范围 Δp，有一个简单的关系，这一关系称为**不确定关系**（uncertainty relation），它是 1927 年德国物理学家海森伯（W. Heisenberg，1901—1976）首先提出的.下面我们借助电子单缝衍射实验来推导这一关系.

不确定关系

如图 14.19 所示，一束动量为 $\boldsymbol{p}$ 的电子通过宽度为 a 的单缝后发生衍射，在屏上形成衍射条纹.我们考虑一个电子通过单缝时位置和动量的情况.对一个电子来说，它通过单缝的哪一点是不确定的，只能说它一定是从狭缝内通过的.因此电子在 x 方向上的位置的不确定范围为 $\Delta x=a$，电子通过缝后将产生衍射，这可视为电子的运动方向发生了变化，即动量发生了变化，这时在 x 方向上有一个动量的变化量 Δp_x，由于衍射的缘故，电子可以落在底片上任何一个位置，所以 Δp_x 是一个不确定范围.如果我们只考虑电子出现在衍射的中央明条纹区域内的情况，则有

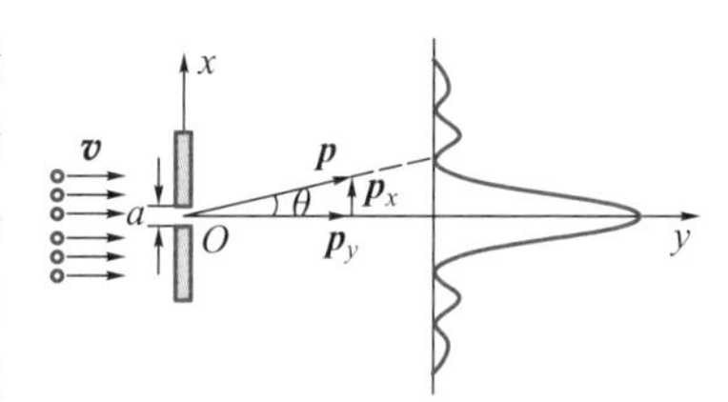

图 14.19　由电子的单缝衍射说明不确定关系

$$\Delta p_x=p_x=p\cdot\sin\theta=\frac{h}{\lambda}\cdot\frac{\lambda}{a}=\frac{h}{\Delta x}$$

于是得

$$\Delta x\Delta p_x=h$$

如果考虑其他高级次衍射条纹的出现，则 Δp_x 还要大一些，即 $\Delta p_x\geqslant p\sin\theta$.因而一般地

$$\Delta x\Delta p_x\geqslant h \qquad (14.35a)$$

上式称为**不确定关系**.不确定关系表明，**微观粒子的动量和坐标不可能同时被准确测定**，这是由于粒子在某方向上坐标的不确定范围 Δx 与该方向的动量不确定范围 Δp_x 的乘积不能小于普朗克常量 h，所以粒子的坐标测量得越确定（即 Δx 越小，如单缝越窄），则动量分量的不确定量就越不确定（即 Δp_x 越大，如衍射图样分布越宽），反之亦然.微观粒子的这个特性，是由于它同时具有粒子性和波动性的缘故，是微观粒子波粒二象性的必然体现.

不确定关系

以上我们只是借助一个特例作粗略的估算.海森伯根据量子力学进行了严密的推导,得出不确定关系的最终形式为

$$\Delta x\Delta p_x \geqslant \frac{\hbar}{2},\quad \Delta y\Delta p_y \geqslant \frac{\hbar}{2},\quad \Delta z\Delta p_z \geqslant \frac{\hbar}{2} \tag{14.35b}$$

式中 $\hbar=\dfrac{h}{2\pi}=1.05\times10^{-34}\ \mathrm{J\cdot s}$,$\hbar$ 称为约化普朗克常量.

除了坐标和动量之间存在不确定关系外,能量和时间之间也存在不确定关系. 如果微观粒子处于某一状态的时间为 Δt,则其能量必有一个不确定范围 ΔE,由量子力学可推出两者之间的关系为

$$\Delta E\Delta t \geqslant \frac{\hbar}{2} \tag{14.36}$$

能量和时间的不确定关系

上式称为**能量和时间的不确定关系**.利用此关系式我们可以解释原子各激发态的能级宽度 ΔE 和它在该激发态的平均寿命 Δt 之间的关系.设某原子激发态的平均寿命为 Δt,则此能级的宽度 $\Delta E \geqslant \dfrac{\hbar}{2\Delta t}$;这样,原子的谱线将有一个不定量的宽度,而实验证明也确实如此.

应当指出,普朗克常量出现在不确定关系的定量表述之中,作为坐标与动量或时间与能量不能同时确定的限度,它是量子物理最基本的常量.由于普朗克常量 h 的数量级仅为10^{-34},所以不确定关系只在微观现象中才明显表现出来.在可以略去不确定关系误差的宏观现象中,位置和动量是可以同时确定的.

例 14.7

设粒子在沿 x 轴运动时,速率的不确定范围 $\Delta v=1\ \mathrm{cm\cdot s^{-1}}$,试分别估算电子和质量为 10^{-4} kg 的弹丸坐标的不确定范围.

解 根据不确定关系 $\Delta x\Delta p=\Delta x m\Delta v=\dfrac{\hbar}{2}$得

$$\Delta x=\frac{\hbar}{2m\Delta v}$$

电子的质量 $m_e=9.11\times10^{-31}$ kg,所以电子坐标的不确定范围为

$$\Delta x=\frac{1.05\times10^{-34}}{2\times9.11\times10^{-31}\times10^{-2}}\ \mathrm{m}=5.76\times10^{-3}\ \mathrm{m}$$

弹丸的质量 $m=10^{-4}$ kg 时,其坐标的不确定范围为

$$\Delta x=\frac{1.05\times10^{-34}}{2\times10^{-4}\times10^{-2}}\ \mathrm{m}=5.25\times10^{-29}\ \mathrm{m}$$

可见,弹丸的坐标不确定范围是可忽略不计的,所以说,弹丸的位置和动量都可以精确地确定.换言之,不确定关系对宏观物体来说,实际上是不起作用的.而对于电子来说,原子大小的数量

级为 10^{-10} m，电子则更小，而电子位置的不确定范围的数量级是原子大小的数量级的 10^7 倍，可见电子的坐标和动量不可能同时精确地确定.

这里我们认识到一个非常重要的道理：某些测量之所以不可能精确到一定程度，绝不是由于目前技术上的限制，也不是把仪器搞得灵敏些就可克服的困难.如果上例中对电子的位置和动量能同时确定的话，那么物质的波动性和粒子性的共存关系便不复存在，海森伯不确定关系更深层次的原因在于它是原子客体波粒二象性的必然结果.因此，我们在今后用量子理论处理微观客体时，必须摒弃将电子（或其他微观粒子）视为经典粒子的习惯和粒子在任一时刻的位置可由粒子较早时刻的运动速度确定的经典因果关系.

14.7　波函数　薛定谔方程

薛定谔（E.Schrödinger，1887—1961）

薛定谔，奥地利理论物理学家.其最杰出的贡献是在1925年底至1926年初提出了用波动力学方程来处理电子运动问题的方法，得到了与实验数据相符的结果，这一方程后被称为薛定谔方程.他还证明了波动力学和矩阵力学在数学上是等价的，是量子力学的两种形式.为此，薛定谔荣获1933年的诺贝尔物理学奖.此后，他致力于研究波动力学的应用和统计解释、广义相对论以及统一场论的相关问题.

对宏观物体来说我们可用坐标和动量来描述物体的运动状态，要确定一个运动状态，可以同时指出它在某时刻的位置和动量.牛顿运动方程就是描述宏观物体运动的普遍方程.而微观粒子具有波粒二象性，所以它和宏观物体有质的差别，不能用坐标和动量来描述状态，因为对于它来说其坐标和动量不能同时测定.那么，微观粒子的运动状态用什么来描述呢？遵守的运动方程又是什么呢？为解决这些问题，物理学家们必须建立新的理论.在一系列实验的基础上，经过德布罗意、薛定谔、海森伯、玻恩、狄拉克等人的工作，反映微观粒子属性和规律的量子力学得以建立起来.

14.7.1　波函数及其统计解释

通过前面的学习我们知道，一个具有能量 E 和动量 p 的自由运动的微观粒子，一定会同时表现出波动性和粒子性.因此，我们不能像经典物理学中那样，确定这个自由粒子在某一时刻的位置，而需要用**波函数**（wave function）描述它的状态，**波函数就是量子力学中用于描述粒子运动状态的态函数**，用符号 Ψ 表示.不同条件和状态下的波函数形式有所不同，有的很复杂.所以我们先

波函数

自由粒子波函数

物理学家简介:薛定谔

以最简单的波函数形式——**自由粒子波函数**为例来进行讨论,这样会有利于我们理解量子力学的基本概念和方法.那么,什么样的粒子可称为自由粒子呢?这里自由粒子是指不受外力场作用的粒子,其动量和能量也将是不变的.德布罗意提出的单色平面波就是动量有确定值的自由粒子,这是一种理想情况,实际自由粒子的动量都具有一定的不确定度.由德布罗意公式推知,自由粒子的波长 λ 和频率 ν 也不变,其波函数可以认为是一个平面单色简谐波,可表示为

$$\Psi(x,t)=\Psi_0\cos 2\pi\left(\nu t-\frac{x}{\lambda}\right) \tag{14.37}$$

在研究微观粒子的波函数时,只有复指数形式的波函数才能满足波粒二象性的理论要求;因此,根据欧拉公式,可以把上式改用复指数形式来表示,即

$$\Psi(x,t)=\Psi_0 e^{-i2\pi\left(\nu t-\frac{x}{\lambda}\right)} \tag{14.38}$$

式(14.37)是式(14.38)的实部.将式(14.38)中的频率 ν 和波长 λ 分别用能量 E 和动量 p 来取代,可得

$$\Psi(x,t)=\Psi_0 e^{-i\frac{2\pi}{h}(Et-px)}=\Psi_0 e^{-\frac{i}{\hbar}(Et-px)} \tag{14.39}$$

上式即为描述能量为 E、动量为 p 的自由粒子运动状态的波函数.

通过前面的学习我们知道,对电子及其他微观粒子来说,在粒子性与波动性方面,我们可得出与光相似的结论.既然光的强度正比于光振动振幅的平方,与此相似,物质波的强度也应与波函数的平方成正比,再依据德布罗意波的统计解释,对电子等微观粒子来说,粒子分布多的地方,粒子的德布罗意波的强度大,而粒子在空间分布数目的多少,是和粒子在该处出现的概率成正比的.因此,**某一时刻粒子在某点附近体积元 dV 中出现的概率,与 $\Psi^2 dV$ 成正比**.

一般情况下,物质波的波函数是复数,而概率却必须是正实数,所以,在某时刻空间某一地点粒子出现的概率正比于波函数与其共轭复数的乘积,所以 $\Psi^2 dV$ 应由下式所替代:

$$|\Psi|^2 dV=\Psi\Psi^* dV \tag{14.40}$$

式中 $|\Psi|^2$ 为粒子出现在某点附近单位体积元中的概率,称为**概率密度**(probability density).

概率密度

一定时刻在空间某点附近体积元 dV 中出现粒子的概率应该是一个确定的量值,不可能既是这个值又是那个值,所以波函数

Ψ 必须是单值且有限的.又由于粒子要么出现在空间的这个区域中,要么出现在另一个区域中,而某一时刻在整个空间中找到它的概率应该等于 1,因此有

$$\int |\Psi|^2 \mathrm{d}V = 1 \tag{14.41}$$

上式称为波函数的**归一化条件**.另外由于概率不会在某处发生突变,因此波函数应处处连续.

归一化条件

综上所述,在量子力学中,根据对波函数的统计解释,波函数应是单值、连续、有限且归一化的函数,这就是波函数应符合的标准条件.

14.7.2 薛定谔方程

牛顿运动方程是经典力学中的基本方程,如果我们知道质点的受力情况以及质点在初始时刻的坐标和速度,那么由它们就可以求出质点在任何时刻的运动状态.在量子力学中,我们知道粒子的运动状态是由波函数来描述的,如果我们知道它所遵循的运动方程,那么由其起始状态和能量,就可以求解粒子的状态.薛定谔在德布罗意假设的基础上,建立了势场中微观粒子的微分方程,从而可以正确处理低速情况下各种微观粒子运动的问题,这个方程称为**薛定谔方程**(Schrödinger equation).他所提出的这套理论体系,当时被称为波动力学.下面我们先建立自由粒子的薛定谔方程.需要注意的是,这里只是介绍建立薛定谔方程的思路,并不是理论推导.

薛定谔方程

设有一个质量为 m、动量为 p、能量为 E 的自由粒子,沿 x 轴运动,其运动可用平面波函数式(14.39)描述.先将该式对 x 取两阶偏导数,再两边乘以$\dfrac{\hbar^2}{2m}$得

$$\frac{\hbar^2}{2m}\frac{\partial^2 \Psi}{\partial x^2} = -\frac{p^2}{2m}\Psi \tag{14.42}$$

将式(14.39)对 t 取一阶偏导数,然后两边同乘 $\mathrm{i}\hbar$ 得

$$\mathrm{i}\hbar\frac{\partial \Psi}{\partial t} = E\Psi \tag{14.43}$$

考虑到低速运动时,对自由粒子来说,其动量和能量的非相对论关系为 $E=\dfrac{p^2}{2m}$,综合式(14.42)、式(14.43)得

$$-\frac{\hbar^2}{2m}\frac{\partial^2\Psi}{\partial x^2}=\mathrm{i}\hbar\frac{\partial\Psi}{\partial t} \tag{14.44}$$

这就是一维运动自由粒子的波函数所遵循的规律，称为**一维运动自由粒子含时的薛定谔方程**.

若粒子不是自由粒子，而是受到外力的作用，我们通常主要研究粒子在保守力场中的情形，则粒子除了有动能之外还有势能 V.则粒子的总能量为

$$E=\frac{p^2}{2m}+V$$

若将式(14.42)和式(14.43)代入上式，就可得到推广式

$$-\frac{\hbar^2}{2m}\frac{\partial^2\Psi}{\partial x^2}+V\Psi=\mathrm{i}\hbar\frac{\partial\Psi}{\partial t} \tag{14.45}$$

这是在**势场中一维运动粒子的含时薛定谔方程**.如果粒子作三维运动，方程还可推广为

$$-\frac{\hbar^2}{2m}\left(\frac{\partial^2\Psi}{\partial x^2}+\frac{\partial^2\Psi}{\partial y^2}+\frac{\partial^2\Psi}{\partial z^2}\right)+V\Psi=\mathrm{i}\hbar\frac{\partial\Psi}{\partial t} \tag{14.46}$$

引入哈密顿算符 $\hat{H}=-\frac{\hbar^2}{2m}\nabla^2+V$，其中拉普拉斯算符 $\nabla^2\equiv\frac{\partial^2}{\partial x^2}+\frac{\partial^2}{\partial y^2}+\frac{\partial^2}{\partial z^2}$，则上式可简化为

$$\hat{H}V=\mathrm{i}\hbar\frac{\partial\Psi}{\partial t} \tag{14.47}$$

一般的薛定谔方程

上式是**一般的薛定谔方程**.只要知道粒子质量和它在势场中的势能函数 V，即可得到薛定谔方程，它是一个二阶偏微分方程.再根据给定的初始条件和边界条件，就可以得出描述粒子运动状态的波函数.我们知道为了使波函数 Ψ 是合理的，必须要求 Ψ 是单值、连续、有限且归一化的函数.因为这些条件的限制，只有当薛定谔方程中总能量 E 具有某些特定的值时才有解，这些 E 值称为能量的**本征值**，一般指我们所谈的能级，而相应的波函数则称为**本征解**或**本征函数**.这就是量子力学中处理微观粒子运动的一般方法.

本征值

本征解 本征函数

若外力场不随时间变化，则此时粒子的势能 V 仅与位置有关，数学上我们可以将波函数 $\Psi(x,y,z,t)$ 分离变量，写为

$$\Psi(x,y,z,t)=\psi(x,y,z)f(t)$$

将上式代入薛定谔方程,采用分离变量法得

$$\frac{1}{\psi(x,y,z)}\left[\frac{-\hbar^2}{2m}\nabla^2\psi(x,y,z)+V(x,y,z)\psi(x,y,z)\right]=\mathrm{i}\hbar\frac{1}{f(t)}\frac{\partial f(t)}{\partial t}$$

上式左边仅有空间变量,右边仅有时间变量,这只有在它们等于共同的常量时才可能,设这个常量为 E,则有

$$\mathrm{i}\hbar\frac{\partial f(t)}{\partial t}=Ef(t) \tag{14.48}$$

$$\frac{-\hbar^2}{2m}\nabla^2\psi(x,y,z)+V(x,y,z)\psi(x,y,z)=E\psi(x,y,z) \tag{14.49}$$

求解式(14.48)可得

$$f(t)=k\mathrm{e}^{-\mathrm{i}\frac{E}{\hbar}t} \tag{14.50}$$

由于指数只能是量纲为 1 的纯数,可见 E 一定有能量的量纲.而式(14.49)称为**定态薛定谔方程**,由于波函数 Ψ 含有 t 的因子是 $\mathrm{e}^{-\mathrm{i}\frac{E}{\hbar}t}$,所以概率密度为

定态薛定谔方程

$$|\Psi|^2=\Psi\Psi^*=|\psi|^2\mathrm{e}^{-\mathrm{i}\frac{E}{\hbar}t}\cdot\mathrm{e}^{\mathrm{i}\frac{E}{\hbar}t}=|\psi|^2$$

上式与时间无关.由于这个性质,这样的态称为定态(stationary state).

14.8 一维定态薛定谔方程的应用

用量子力学处理一维定态问题时所涉及的物理过程比较简单,而且容易得出较严格的结果,且便于讨论和分析.如果粒子在一维定态势场 $V(x)$ 中运动,将 $V(x)$ 代入式(14.49)可得

$$\left[-\frac{\hbar^2}{2m}\frac{\mathrm{d}^2}{\mathrm{d}x^2}+V(x)\right]\psi(x)=E\psi(x) \tag{14.51}$$

上式称为一维定态薛定谔方程,$\psi(x)$ 则称为一维定态波函数.下面我们就以一维定态为例,求解一维无限深势阱、隧道效应、一维谐振子等问题,从而分析它们的量子效应.

14.8.1 一维无限深势阱

势阱

所谓势阱,实际上是一个势函数 $V(x)$,若质量为 m 的粒子在保守力场的作用下被限制在一定的范围内运动,其势函数称为**势阱**(potential well),它因对应的势能曲线形状如同陷阱而得名.势阱是研究微观粒子运动规律时常用的一个物理模型.例如,金属中的电子由于金属表面势能(势垒)的束缚被限制在一个有限的空间范围内运动.如果金属表面势垒很高(即金属中的电子无论获得多大的能量都不能脱离金属表面对它的束缚),就可以将金属表面视为一刚性盒子.如果只考虑一维运动,就是一维刚性盒子,势能函数为

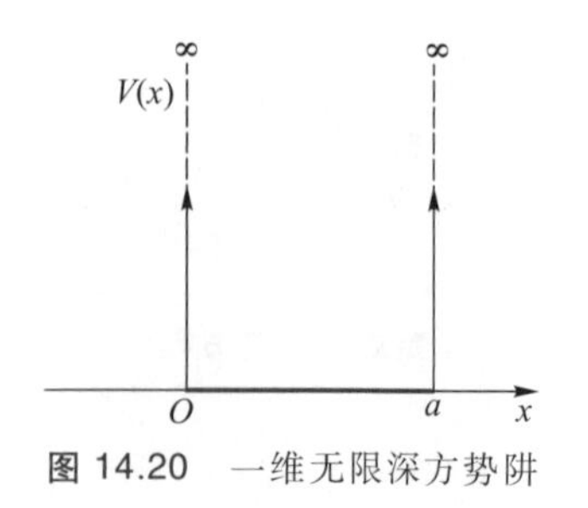

图 14.20 一维无限深方势阱

$$V(x)=\begin{cases}0 & (0<x<a)\\ \infty & (x\leqslant 0 \text{ 或 } x\geqslant a)\end{cases} \tag{14.52}$$

一维无限深势阱

如图 14.20 所示,这就是说,粒子只能在宽度为 a 的两个无限高阱壁之间自由运动.粒子在势阱内受力为零,势能为零.在阱外粒子势能为无穷大,在阱壁上受到极大的斥力.该势阱称为**一维无限深势阱**.

因为 $V(x)$ 与时间无关,所以此类问题属于一维定态问题,可由一维定态薛定谔方程式(14.51)求解.

在势阱内($0<x<a$),体系满足的定态薛定谔方程为

$$\frac{\mathrm{d}^2\psi}{\mathrm{d}x^2}=-\frac{2m}{\hbar^2}E\psi \tag{14.53}$$

此式类似于力学中简谐振子的方程,令 $k^2=\dfrac{2mE}{\hbar^2}$,其通解为

$$\psi(x)=A\sin kx+B\cos kx \tag{14.54}$$

式中 A、B、k 可用边界条件、归一化条件确定.因为阱壁无限高,从物理上考虑,粒子不能穿透阱壁,即 $\psi(x)=0(x\leqslant 0, x\geqslant a)$.所以根据边界条件,有

$$\psi(0)=A\sin 0+B\cos 0=0$$

$$\psi(a)=A\sin ka+B\cos ka=0$$

联立以上两式可得

$$B=0,\quad ka=n\pi\quad (n=1,2,3,\cdots)$$

由 $k^2=\dfrac{2mE}{\hbar^2}$便可得到能量 E 可能的取值,为

$$E_n=\frac{k^2\hbar^2}{2m}=n^2\frac{\pi^2\hbar^2}{2ma^2}\quad(n=1,2,3,\cdots)\tag{14.55}$$

结果说明粒子被束缚在势阱中,能量只能取一系列分立值,即它的能量是量子化的.这里 n 相当于玻尔理论中的量子数,但在这里却不是人为地加上去的,而是根据波函数的标准条件得出的.注意:这里 n 不能取零或负整数.因为若 n 取零,则 k 会取零,那么波函数 $\psi(x)=0$,这样的波函数就不能满足归一化条件而变得无意义;若取负整数则不能给出新的波函数.这里 n 的最小值为 1,粒子所具有的最低能量为基态能量 $E_1=\pi^2\hbar^2/2ma^2$,其他激发态能级的能量分别为 $4E_1,9E_1,\cdots$.由此可见,能量量子化是量子力学的必然结果,不同于早期量子论中带有人为假设的成分.

通过前面的求解,式(14.54)的波函数可以写为

$$\psi_n(x)=A\sin kx=A\sin\frac{n\pi}{a}x\quad(n=1,2,3,\cdots)\tag{14.56}$$

下面我们再来确定常量 A.由于粒子在势阱中($0<x<a$)出现的概率为 1,根据归一化条件有

$$\int_{-\infty}^{\infty}|\psi(x)|^2\mathrm{d}x=\int_0^a A^2\sin^2\left(\frac{n\pi}{a}\right)\mathrm{d}x=1$$

解得 $A=\sqrt{2/a}$,这样式(14.56)的波函数可写为

$$\psi_n(x)=\sqrt{\frac{2}{a}}\sin\frac{n\pi}{a}x\quad(0<x<a)\tag{14.57}$$

势阱中粒子处于各能级的概率密度为

$$|\psi_n(x)|^2=\frac{2}{a}\sin^2\frac{n\pi}{a}x\tag{14.58}$$

以上我们从定态薛定谔方程出发,解出了在一维无限深方势阱中粒子的一系列能量值(可能的测量值),见式(14.54),同时确定了相应的本征态函数,见式(14.56).

从图 14.21 可以看出:粒子在势阱中不同位置出现的概率不同,比如在基态 E_1,粒子出现在势阱中央 $a/2$ 处的概率最大,而在第一激发态 E_2,粒子在势阱中央出现的概率却为零,这显然有悖于经典理论.按照经典理论,粒子在势阱中任何位置出现的概率应该都相同.从图中还可以看出,随着量子数 n 的增加,概率峰的个数也增加,同时相邻两峰的间距变小.可以想象,当 n 很大时,峰与峰挤压在一起,这才是经典理论中各处概率相同的情况.

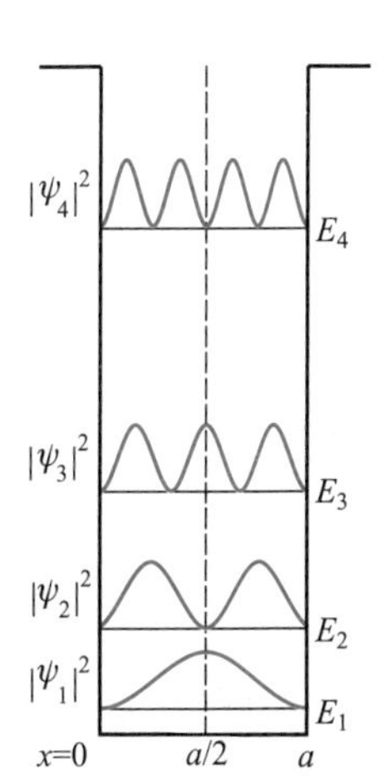

图 14.21　粒子在一维无限深方势阱中处于各能级的概率密度

此外，由式(14.55)可知 $E_n \propto n^2$，当 n 较大时，相邻能级间距 $\Delta E_n \approx \dfrac{\pi^2\hbar^2 n}{ma^2}$；当 $n\to\infty$ 时，$\Delta E_n/E_n \approx 2/n \to 0$，即在 n 很大时能量可视为连续的，这就是经典物理学中的图像.

从以上分析可知，经典物理学可视为量子力学在量子数 n 趋于无穷大时的极限情况.从方法论的角度而言，这又是对应原理的一个典型例子.

14.8.2 一维方势垒　隧道效应

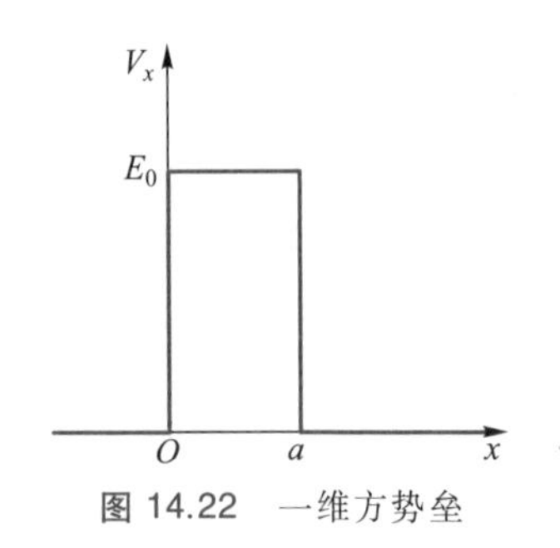

图 14.22　一维方势垒

一维方势垒　势垒

如图 14.22 所示的势能分布为

$$V(x)=\begin{cases}E_0 & (0\leqslant x\leqslant a)\\ 0 & (x<0 \text{ 和 } x>a)\end{cases} \tag{14.59}$$

上述的势能分布称为**一维方势垒**.**势垒**(potential barrier)的势能曲线形状与势阱正好相反，中间隆起.开始时若粒子处于 $x<0$ 的区域内，且能量 E 小于势垒高度 E_0，按经典理论，粒子不可能进入 $x>0$ 的区域.然而，按照量子力学的观点却会出现神奇的结果.因为 $V(x)$ 与时间无关，所以这个问题也是一个定态问题，由薛定谔方程我们可以解出一维方势垒的波函数，为形象直观，这里我们直接给出各区域内的波函数，如图 14.23 所示.从图中我们可以得到这样的结论：即使在粒子能量 E 小于势垒高度 E_0 的情况下，粒子在垒区($0\leqslant x\leqslant a$)的波函数，甚至在垒后($x>a$)区域的波函数，也都不为零.这就是说，**对于有限高和有限宽势垒，即使粒子能量低于势垒高度，粒子也有一定的概率透过势垒并进入邻区**，在势垒中就好像有一个隧道一样，所以人们就形象地把这种现象称为**隧道效应**(tunnel effect)或**势垒穿透**.这在经典理论中被认为是不可能的，但在实验中已被观察到了.

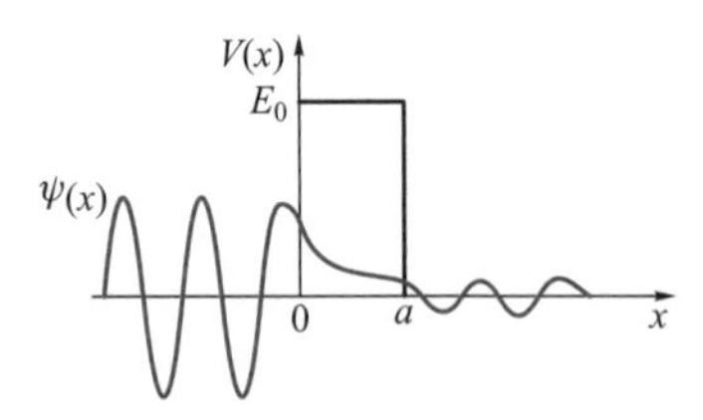

图 14.23　从左方射入的粒子在各区域内的波函数

隧道效应　势垒穿透

这一效应目前已有广泛的应用.如利用扫描隧穿显微镜(scanning tunneling microscopy，STM)，我们可以观察到单个原子在物质表面的排列及行为.图 14.24 是荣获 1986 年诺贝尔物理学奖的扫描隧穿显微镜的原理示意图.其工作原理是：把极小的针尖和被研究的物质表面作为两个电极，当样品表面与针尖的距离非常小(<1 nm)时，在外电场作用下电子即会穿过两极间的绝缘层流向另一极，产生隧道电流，并通过反馈电路传递到计算机上并表现出来.

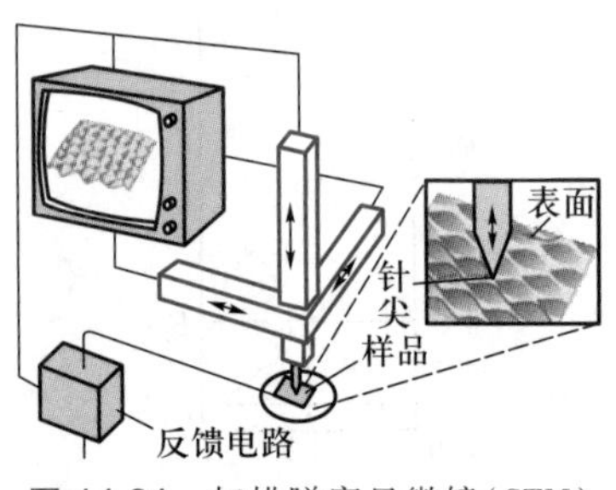

图 14.24　扫描隧穿显微镜(STM)的原理示意图

利用 STM 人们可以分辨表面上原子的台阶、平台和原子阵列，可以直接绘出表面的三维图像，它使人类第一次能够实时地观测到单个原子在物质表面上的排列状态以及与表面电子行为有关的性质.这在表面科学、材料科学和生命科学等领域中有着重大的意义和广阔的应用前景.图 14.25 是用扫描隧穿显微镜搬动 48 个 Fe 原子到 Cu 表面上构成的“量子围栏”照片.

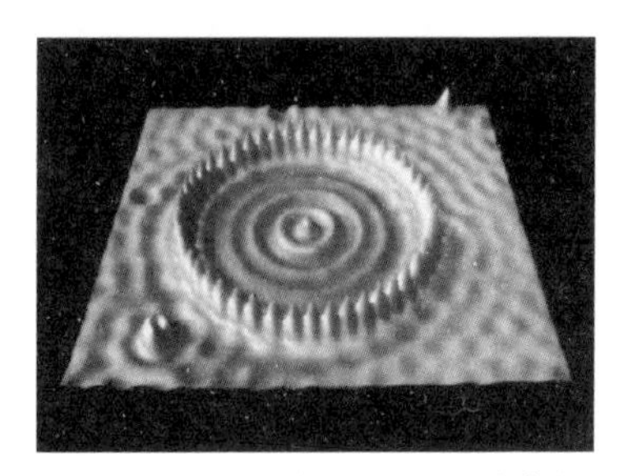

图 14.25　48 个 Fe 原子形成的“量子围栏”,围栏中的电子形成驻波

*14.8.3 一维谐振子

一维谐振子可以描述自然界中的简谐振动,如弹簧的振动、晶格的振动、原子表面的振动等,这些都是在平衡位置附近作的微小振动,许多复杂的振动都可以分解为许多简谐振动来讨论,故谐振子的研究不论在理论上还是应用上都具有重要意义.

一维谐振子的势能函数为

$$V(x)=\frac{1}{2}kx^2=\frac{1}{2}m\omega^2x^2 \tag{14.60}$$

其中 k 是振子的等效弹性系数,是一个常量,m 是振子的质量,$\omega=\sqrt{k/m}$ 是振子的固有角频率.将此式代入一维定态薛定谔方程式(14.51)可得一维谐振子的薛定谔方程:

$$\left(-\frac{\hbar^2}{2m}\frac{\mathrm{d}^2}{\mathrm{d}x^2}+\frac{1}{2}m\omega^2x^2\right)\psi(x)=E\psi(x) \tag{14.61}$$

这是一个系数可变的常微分方程,求解较为复杂,这里不作详细推算.只是着重指出,为了使波函数 $\psi(x)$ 满足单值、连续和有限的标准条件,简谐振子的能量只能满足

$$E_n=\left(n+\frac{1}{2}\right)\hbar\omega=\left(n+\frac{1}{2}\right)h\nu \quad (n=0,1,2,\cdots) \tag{14.62}$$

上式表明谐振子的能量只能取一系列分立的值,即能量是量子化的,n 是相应的量子数,当 $n=0$ 时,$E_0=\frac{1}{2}h\nu$ 为基态能量;当 $n=1$ 时,$E_1=\frac{3}{2}h\nu$ 为第一激发态的能量……经典力学中,简谐振动系统的能量应该是连续的,且最小能量为零,这是振子静止于平衡位置时的能量.但量子力学给出的结果则为能量是分立的,且最小能量不等于零.这表示微观粒子不可能静止,这是波粒二象性的体现,与不确定关系相一致.振子的最小能量称为**零点能量**(zero-point energy).零点能量是量子力学中所特有的,有关光被晶体散射的实验证明了零点能量的存在.一维谐振子的能级图如图 14.26 所示,从式(14.62)中及图 14.26 中我们都可以得出,谐振子

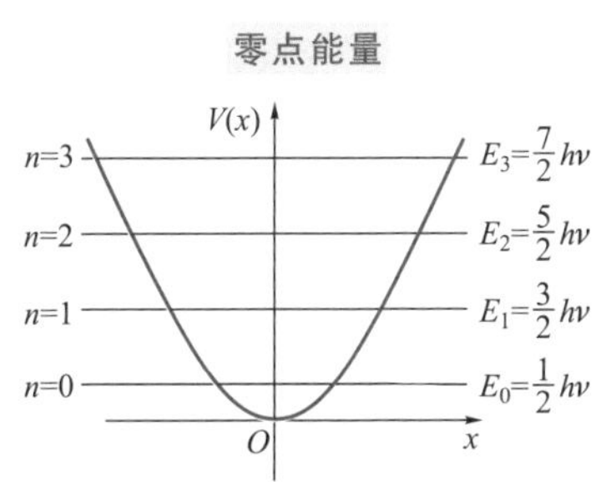

图 14.26　一维谐振子的能级图

的相邻能级是等间距的，且 $\Delta E = h\nu$，这和普朗克能量子假设一致.

14.9 氢原子的量子理论简介

玻尔的氢原子理论是半经典半量子的理论，它只能解释具有一个电子的氢原子或一价碱金属原子的光谱.薛定谔方程的最初和最成功的应用就是它能精确地解得氢原子的能级和其电子定态函数.本节的主要线索是怎样利用定态薛定谔方程处理实际问题——氢原子问题，从而给出描述氢原子量子状态的四个量子数 n、l、m_l、m_s，然后介绍了有关氢原子的电子云问题.

14.9.1 氢原子的定态薛定谔方程

对于氢原子，电子在原子核所形成的平均场中运动，我们可近似认为原子核不动，氢原子的状态完全由在原子核势场中的电子的运动状态来决定，而此势场是不随时间而变的，故我们只需求解电子的定态薛定谔方程，因相互作用的势能分布为

$$V(r) = -\frac{e^2}{4\pi\varepsilon_0 r}$$

则相应的定态薛定谔方程为

$$\nabla^2\psi + \frac{2m}{\hbar^2}\left(E + \frac{e^2}{4\pi\varepsilon_0 r}\right)\psi = 0 \tag{14.63}$$

因为势场具有球对称性，因而式(14.63)在球坐标中求解比较方便，球坐标中的拉普拉斯算符为

$$\nabla^2 = \frac{1}{r^2}\frac{\partial}{\partial r}\left(r^2\frac{\partial\psi}{\partial r}\right) + \frac{1}{r^2\sin\theta}\frac{\partial}{\partial\theta}\left(\sin\theta\frac{\partial\psi}{\partial\theta}\right) + \frac{1}{r^2\sin^2\theta}\frac{\partial^2\psi}{\partial\varphi^2}$$

则式(14.63)变为

$$\frac{1}{r^2}\frac{\partial}{\partial r}\left(r^2\frac{\partial\psi}{\partial r}\right) + \frac{1}{r^2\sin\theta}\frac{\partial}{\partial\theta}\left(\sin\theta\frac{\partial\psi}{\partial\theta}\right) + \frac{1}{r^2\sin^2\theta}\frac{\partial^2\psi}{\partial\varphi^2} + \frac{2m}{\hbar^2}\left(E + \frac{e^2}{4\pi\varepsilon_0 r^2}\right)\psi = 0 \tag{14.64}$$

设波函数为

$$\psi(r,\theta,\varphi) = R(r)\Theta(\theta)\Phi(\varphi)$$

将其代入式(14.64)，采用分离变量法得到三个常微分方程，以便于分别求解.因为解这三个方程的过程比较复杂，这里我们不介

绍具体的求解过程，只重点对解方程过程中所得到的一些重要结果进行讨论.

14.9.2 量子化条件和量子数

在求解上节定态方程式(14.64)的过程中，为使解出的波函数 $\psi(r,\theta,\varphi)$ 满足有限、单值、连续的标准条件，电子的能量 E、角动量的大小 L 和角动量沿 z 轴的分量 L_z 都必须满足下列量子化条件公式：

量子化条件

$$E_n=-\frac{me^4}{32\pi^2\varepsilon_0^2\hbar^2}\frac{1}{n^2}=-\frac{me^4}{8\varepsilon_0^2h^2}\frac{1}{n^2}=-13.6\frac{1}{n^2}\quad(n=1,2,3,\cdots)\tag{14.65}$$

$$L=\sqrt{l(l+1)}\ \hbar\quad[l=0,1,2,3,\cdots,(n-1)]\tag{14.66}$$

$$L_Z=m_l\hbar\quad(m_l=0,\pm1,\pm2,\cdots,\pm l)\tag{14.67}$$

以上公式说明，对于氢原子的定态，电子的能量、角动量大小和角动量沿 z 轴的分量的量子化可由量子数 n、l、m_l 来确定.下面我们简单介绍这三个量子数的性质.

(1) n 称为**主量子数**，它对应原子的能量(即电子的能量)，n 可取 1,2,3 等正整数. 由量子力学求得的氢原子能级公式同玻尔理论中所列出的完全一致.在玻尔理论中是人为的加上量子化的假设，而量子力学中 n 是在求解氢原子薛定谔方程中，要求波函数满足标准条件得出能量量子化而引入的.

主量子数

(2) l 称为**角量子数或副量子数**，它对应电子轨道角动量的值，l 可取 $0,1,2,3,\cdots,(n-1)$ 共 n 个值.即处于能级 E_n 的原子，其角动量共有 n 种可能值，常用 s,p,d,f,… 表示 $l=0,1,2,3,\cdots$ 的各种转动态.它是由电子轨道的量子性产生的，也是在求解氢原子薛定谔方程的过程中，为使波函数满足标准条件而引入的.氢原子内电子的状态见表 14.2.

角量子数　副量子数

表 14.2　氢原子内电子的状态

	$l=0$ (s)	$l=1$ (p)	$l=2$ (d)	$l=3$ (f)	$l=4$ (g)	$l=5$ (h)
$n=1$	1s					
$n=2$	2s	2p				
$n=3$	3s	3p	3d			
$n=4$	4s	4p	4d	4f		
$n=5$	5s	5p	5d	5f	5g	
$n=6$	6s	6p	6d	6f	6g	6h

轨道磁量子数

空间量子化

(3) m_l称为**轨道磁量子数**,它对应电子轨道角动量在空间任意方向上分量的量子化,即"**空间量子化**".m_l可取 $0,\pm1,\pm2,\pm3,\cdots,\pm l$,共$(2l+1)$个值.例如,当 $l=2$ 时,m_l可以是 $2、1、0、-1、-2$,也就是说,轨道角动量 $L=\sqrt{2(2+1)}\,\hbar=2.45\hbar$ 有五个可能的取向,它们在 z 轴上的分量 L_z分别为 $2\hbar、\hbar、0、-\hbar、-2\hbar$.

量子数 $n、l、m_l$的一组值就对应氢原子的一个定态,即氢原子定态薛定谔方程的一个解.

14.9.3 氢原子中电子的概率分布

根据玻尔的氢原子模型,电子绕原子核作轨道运动;但是在量子力学中,运动电子不可能存在确定的轨道.对于氢原子,我们可以通过求解薛定谔方程得到描述原子运动状态的波函数 $\psi(r,\theta,\varphi)$以及概率密度 $\psi\psi^*$,从而了解电子在氢原子核周围空间的概率分布.

根据解出的氢原子电子定态波函数

$$\psi_{n,l,m_l}(r,\theta,\varphi)=R_{n,l}(r)\,\Theta_{l,m_l}(\theta)\,\Phi_{m_l}(\varphi)$$

可求出电子出现在原子核周围的概率密度

$$|\psi_{n,l,m_l}(r,\theta,\varphi)|^2$$

而

$$|\psi_{n,l,m_l}(r,\theta,\varphi)|^2\mathrm{d}V$$

则代表电子出现在与核距离为 r,方位角为 $\theta、\varphi$ 的体积元 $\mathrm{d}V$ 中的概率.根据波函数的统计解释,用量子力学我们不能断言电子一定在核外某处出现,只能给出电子在空间中(r,θ,φ)各点出现的概率密度.

电子云图

为了形象地描绘电子出现在核周围概率的三维分布,我们通常将概率密度大的区域用浓影表示,将概率密度小的区域用淡影表示,绘成**电子云图**.图 14.27 就是氢原子几个定态下的电子云图.必须说明,所谓电子云,并不是说电子真的像一团云雾一样罩在原子核周围,而只是电子概率分布的一种形象化的表述.

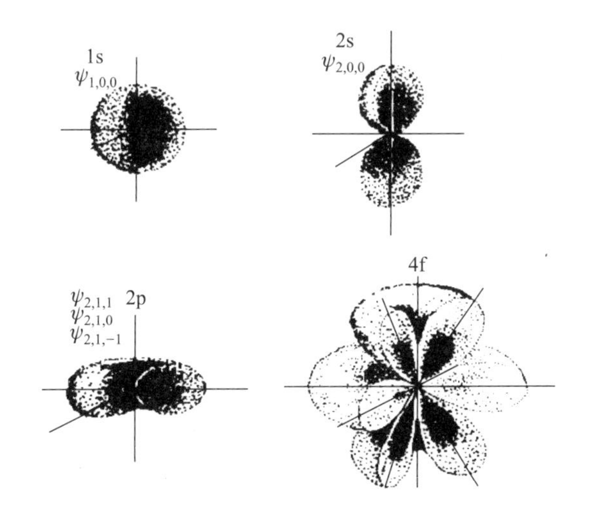

图 14.27　氢原子的电子云图

*14.10　原子的壳层结构

14.10.1 电子自旋

为了说明碱金属原子能级的精细结构及其他实验结果(如施特恩-格拉赫实验结果及反常塞曼效应等),1925 年两位年轻的物理学家乌伦贝克和古兹密特提出了大胆的假设,认为电子除了绕核作轨道运动外,自身还具有一种内在的运动,这种固有运动称为**电子自旋**,它表现为一个自旋角动量 $\boldsymbol{S}$ 和一个相应的自旋磁矩 $\boldsymbol{\mu}_s$,下标 s 是自旋的标志,也表示**自旋量子数**.根据空间量子化的一般理论,量子数为 s 的角动量在空间应有 $(2s+1)$ 个取向.众多实验都证实自旋角动量 $\boldsymbol{S}$ 在空间只有两个不同取向,因而 $2s+1=2$.故 $s=\dfrac{1}{2}$,即自旋量子数是一个确定的数.

电子自旋

自旋量子数

与轨道角动量的表达方式相同,电子自旋角动量可表示为

$$S=\sqrt{s(s+1)}\,\hbar=\frac{\sqrt{3}}{2}\hbar \tag{14.68}$$

自旋角动量在 z 轴方向(外磁场沿 z 轴方向)上的投影为

$$S_z=m_s\hbar \tag{14.69}$$

自旋磁量子数

式中 m_s 称为自旋磁量子数，它的取值只能是 $m_s=\pm 1/2$. 自旋磁量子数的两个取值反映了自旋的空间量子化.

自旋磁矩用 $\boldsymbol{\mu}_s$ 表示，由实验可得它与自旋角动量 $\boldsymbol{S}$ 的方向相反，两者的大小关系为

$$\mu_s=\frac{e}{m}S \tag{14.70}$$

因为 $S_z=m_s\hbar=\pm\hbar/2$，所以自旋磁矩的 z 分量为

$$\mu_{s,z}=\pm\frac{e\hbar}{2m} \tag{14.71}$$

自旋电子在空间只有两种可能的取向.

应当指出的是，不仅电子具有自旋，质子、中子、光子等其他粒子也具有自旋. 自旋量子数也并非都是 1/2，例如光子的自旋量子数为 1，依据粒子的自旋状态，我们可以把它们分为两大类：$s=1/2,3/2$ 等半整数的粒子称为费米子(fermion)，电子、质子和中子都是费米子；$s=0,1,2$ 等整数的粒子称为玻色子(boson)，光子是一种玻色子.

费米子

玻色子

14.10.2 原子的壳层结构

根据量子力学，氢原子和多电子原子的电子状态可用四个量子数 n、l、m_l、m_s 来描述. 电子在原子中的分布是分层次的，这种层次称为电子壳层，壳层按主量子数 $n=1,2,3,4,\cdots$ 来区分，分别称为 K,L,M,N,…壳层. 在每一壳层上，对应于 $l=0,1,2,3,\cdots$ 又分为 s,p,d,f,…分壳层，每一个壳层上只能容纳一定数目的电子，电子在原子中的排列、分布服从泡利不相容原理和能量最小原理.

电子壳层

1. 泡利不相容原理

在一个原子中，不可能有两个或两个以上的电子具有完全相同的量子态，即任何两个电子，不可能有完全相同的量子数. 此原理称为泡利不相容原理.

泡利不相容原理

例如，若两个电子的 n、l、m_l 均相同时，m_s 则不能相同，只能分别取 $\pm\frac{1}{2}$.

根据 n、l、m_l、m_s 的取值范围 [$l=0,1,2,\cdots,(n-1)$；$m_l=-l,(-l+1),\cdots,0,\cdots,+l$；$m_s=\pm\frac{1}{2}$] 可知，能级 n 的量子态数为

$$z_n=\sum_{l=0}^{n-1}2(2l+1)=2n^2 \tag{14.72}$$

也就是说，能级 n 上能容纳的电子数最多为 $2n^2$.

2. 能量最小原理

在原子系统内，每个电子趋于占有最低的能级，只有低能级填满后，电子才填充其他能级，整个原子的能量最低，就会使整个原子处于稳定状态，这个假设称为能量最小原理.

由于能级主要取决于主量子数 n，故一般来讲，最靠近原子核的壳层容易被占据，原子最外层的电子称为价电子，图 14.28 给出了钠原子的结构示意图.

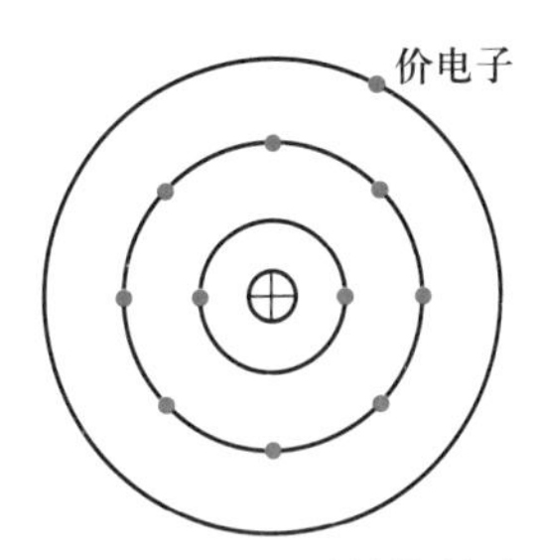

图 14.28　$_{11}$Na 原子结构的示意图

能量最小原理

价电子

1s 态有两个电子：$\left(1,0,0,\frac{1}{2}\right)$、$\left(1,0,0,-\frac{1}{2}\right)$

2s 态有两个电子：$\left(2,0,0,\frac{1}{2}\right)$、$\left(2,0,0,-\frac{1}{2}\right)$

2p 态有六个电子：$\left(2,1,-1,-\frac{1}{2}\right)$、$\left(2,1,-1,\frac{1}{2}\right)$、$\left(2,1,0,-\frac{1}{2}\right)$、$\left(2,1,0,\frac{1}{2}\right)$、$\left(2,1,1,-\frac{1}{2}\right)$、$\left(2,1,1,\frac{1}{2}\right)$

3s 态有一个电子：$\left(3,0,0,-\frac{1}{2}\right)$

原子能级的高低并不完全取决于 n，其次序如下：1s，2s，2p，3s，3p，4s，3d，4p，5s，4d，5p，6s，…，一般用如图 14.29 来记忆.图中沿箭头升高的方向是能级增加的次序.

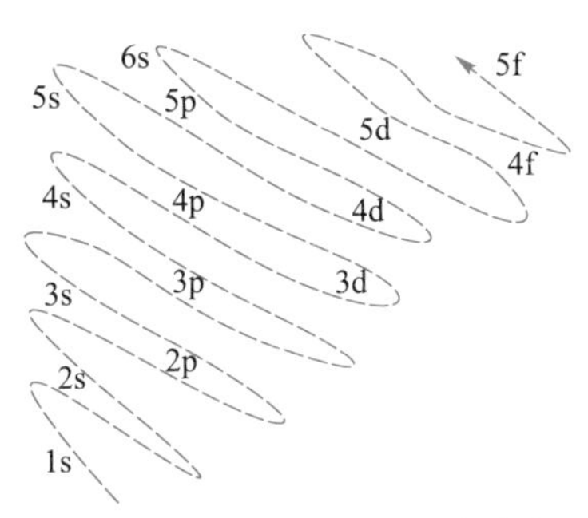

图 14.29　原子量子态的次序记忆图

本章提要

1. 黑体辐射

普朗克黑体辐射公式

$$M_{0\lambda}(T)=\frac{2\pi hc^2}{\lambda^5}\frac{1}{e^{\frac{hc}{\lambda kT}}-1}$$

普朗克能量子假设：空腔（黑体）中电子的振动可视为一维谐振子，对于频率为 ν 的谐振子，其辐射能量是不连续的，只能取某一最小能量 $h\nu$ 的整数倍，即

$$E_n=nh\nu=n\varepsilon$$

其中，能量 $\varepsilon=h\nu$ 称为能量子；$h=6.63\times10^{-34}$ J · s，称为普朗克常量.

2. 光电效应

光电效应：光照射到金属表面，使电子从金属表面中逸出的现象.

爱因斯坦光量子理论:在真空中,频率为 ν(波长为 λ)的一束光是以速度 c 传播的粒子流,这种粒子称为光量子(简称光子),光量子具有整体性.光子具有能量 $\varepsilon=h\nu$ 和动量 $p=mc=\dfrac{h}{\lambda}$.

爱因斯坦光电效应方程

$$h\nu=\frac{1}{2}mv_{\mathrm{m}}^{2}+W$$

光电效应的截止频率 ν_0

$$\nu_0=\frac{W}{h}$$

光电效应的遏止电势差 U_{a}

$$\frac{1}{2}mv_{\mathrm{m}}^{2}=eU_{\mathrm{a}}$$

遏止电势差 U_{a} 和入射光频率 ν 的关系

$$U_{\mathrm{a}}=\frac{h}{e}\nu-\frac{W}{e}$$

光电效应是电子一次性吸收光子的过程,作用过程遵守能量守恒定律.

3. 康普顿效应

康普顿效应:X 射线等被物质散射、波长变长的现象,是由光子与散射物中的自由电子或束缚较弱的外层电子发生弹性碰撞产生的,作用过程中遵守能量守恒定律和动量守恒定律.

波长改变量 $\Delta\lambda$ 与散射角 θ 的关系

$$\Delta\lambda=\lambda-\lambda_0=\frac{h}{m_0c}(1-\cos\theta)=\frac{2h}{m_0c}\sin^2\frac{\theta}{2}$$

式中$\dfrac{h}{m_0c}$称为康普顿波长,是一个常量,用 λ_{C} 表示.其值为 2.43×10^{-3} nm.

4. 氢原子光谱

里德伯公式(或称为广义巴耳末公式)

$$\sigma=\frac{1}{\lambda}=R_{\infty}\left(\frac{1}{k^2}-\frac{1}{n^2}\right)$$

其中,$\sigma=\dfrac{1}{\lambda}$用于表征谱线,称为波数;$R_{\infty}=1.097\ 373\ 156\ 816\ 0(21)\times10^{7}\ \mathrm{m}^{-1}$,称为里德伯常量.式中 $k=1,2,3,\cdots$;$n=k+1,k+2,k+3,\cdots$.当 k 取一定值时,n 取大于 k 的各整数所对应的各条谱线

构成一谱线系.

氢原子从高能级分别跃迁到 $k=1,2,3,4,5$ 的低能级时,发出的光谱线所在的谱线系分别称为莱曼系、巴耳末系、帕邢系、布拉开系和普丰德系.

玻尔频率条件:处于定态中的原子,从一个能量状态 E_n 跃迁到另一个能量状态 E_k 时,要发射或吸收一个频率为 ν 的光子,其频率满足下式:

$$\nu=\frac{|E_n-E_k|}{h}$$

式中,$E_n>E_k$ 时发射光子;$E_n<E_k$ 时吸收光子.

氢原子的能量

$$E_n=-\frac{me^4}{8\varepsilon_0^2h^2n^2}=\frac{E_1}{n^2}\quad(n=1,2,3,\cdots)$$

式中,当 $n=1$ 时,$E_1=-\frac{me^4}{8\varepsilon_0^2h^2}=-13.6\ \mathrm{eV}$,这是氢原子的最低能级,它所对应的状态称为基态.$n\geqslant 2$ 所对应的各稳定状态,其能量大于基态能量,随量子数的增加而增大,能量间隔会减小,这种状态称为激发态.

5. 粒子的波动性

德布罗意假设:实物粒子也具有波动性.与实物粒子相联系的波称为德布罗意波或物质波.与质量为 m、速度为 v 的实物粒子相联系的德布罗意波的频率 ν 和波长 λ 分别为

$$\nu=\frac{E}{h}=\frac{mc^2}{h}$$

$$\lambda=\frac{h}{p}=\frac{h}{mv}$$

6. 不确定关系

位置和动量的不确定关系

$$\Delta x\Delta p_x\geqslant\frac{\hbar}{2},\quad \Delta y\Delta p_y\geqslant\frac{\hbar}{2},\quad \Delta z\Delta p_z\geqslant\frac{\hbar}{2}$$

式中 $\hbar=\frac{h}{2\pi}=1.05\times10^{-34}\ \mathrm{J\cdot s}$,$\hbar$ 称为约化普朗克常量.

能量和时间的不确定关系

$$\Delta E\Delta t\geqslant\frac{\hbar}{2}$$

思考题

14.1 从房外远处看刚粉刷完的房间，即使在白天，它的开着的窗户也是黑的，为什么？

14.2 “光的强度越大，光子的能量就越大.”这种说法对吗？为什么？

14.3 为什么把光电效应实验中存在截止频率这一事实，作为光的量子性的有力佐证？

14.4 用可见光能产生康普顿效应吗？若有康普顿效应产生，能观察到现象吗？

14.5 在康普顿效应中，什么条件下才可以把散射物质中的电子近似视为静止的自由电子？

14.6 光子与自由电子发生相互作用，可能会产生的结果是以下的哪种？

(1) 光电效应和康普顿效应均不可能发生；

(2) 电子可以完全吸收光子的能量成为光电子然后逸出，因而未违反能量守恒定律；

(3) 电子不可能完全吸收光子的能量，而是与光子弹性碰撞，引起康普顿散射；

(4) 根据两者碰撞夹角来决定电子是否完全吸收光子能量，光电效应和康普顿效应均可能发生.

14.7 一个白炽灯泡与一个调光开关相连，当灯泡满功率工作时，呈现白色，但是当把它调暗时，它看起来越来越红，为什么？

14.8 在你所学的知识范围内，确定普朗克常量可用哪几种方法？试述之.

14.9 日常生活中，实物粒子的波动性和电磁辐射的粒子性都很难被观测到，这是为什么？

习题

14.1 如果入射光的波长从 400 nm 变为 300 nm，则从金属表面发射的光电子的遏止电压将增大________ V.

14.2 以波长为 $\lambda=0.207\ \mu m$ 的紫外线照射金属钯表面时会产生光电效应，已知钯的截止频率 $\nu_0=1.21\times10^{15}$ Hz，则其遏止电压 $|U_a|=$______ V.（普朗克常量 $h=6.63\times10^{-34}$ J·s，元电荷 $e=-1.6\times10^{-19}$ C.）

14.3 康普顿散射中，当出射光子与入射光子方向成夹角 $\theta=$______时，光子的频率减少得最多；当 $\theta=$______时，光子的频率保持不变.

14.4 如图所示，一频率为 ν 的入射光子与起始静止的自由电子发生碰撞和散射.如果散射光子的频率为 ν'，反冲电子的动量为 p，则在与入射光子平行的方向上的动量守恒定律的分量形式为________.

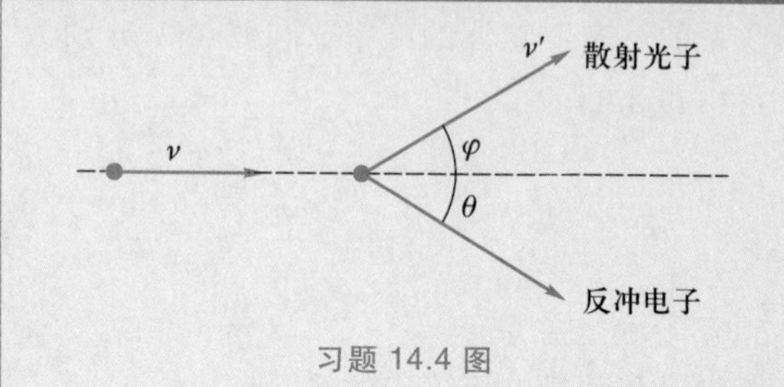

习题 14.4 图

14.5 欲使氢原子能发射巴耳末系中波长为 656.28 nm 的谱线，最少要给基态氢原子提供________ eV 的能量.（里德伯常量 $R_\infty=1.097\times10^7\ m^{-1}$.）

14.6 静止质量为 m_e 的电子，经电势差为 U_{12} 的静电场加速后，若不考虑相对论效应，电子的德布罗意波长 $\lambda=$________.

14.7　关于普朗克量子假说,下列表述正确的是(　　).

(A) 空腔振子的能量是非量子化的

(B) 振子发射或吸收的能量是量子化的

(C) 辐射的能量等于振子的能量

(D) 各振子具有相同的能量

14.8　当一束光照射某金属时,未出现光电效应.欲使该金属产生光电效应,则应(　　).

(A) 尽可能增大入射光强度

(B) 尽可能延长照射时间

(C) 选用波长更短的入射光

(D) 选用频率更小的入射光

14.9　用相同的两束紫光分别照射两种不同的金属表面时,可产生光电效应,则(　　).

(A) 这两束光子的能量不相同

(B) 逸出电子的初动能不相同

(C) 在单位时间内逸出的电子数相同

(D) 遏止电压相同

14.10　为了观察康普顿效应,入射光可用(　　).

(A) 可见光　　(B) 红外线

(C) X 射线　　(D) 宇宙射线

14.11　根据光子理论 $E=h\nu, p=\dfrac{h}{\lambda}$. 则光的速度为(　　).

(A) $\dfrac{p}{E}$　　(B) $\dfrac{E}{p}$

(C) Ep　　(D) $\dfrac{E^2}{p^2}$

14.12　康普顿散射实验中,在与入射方向成 120°角的方向上散射光子的波长与入射光波长之差为(　　)$\left(\text{其中 } \lambda_C=\dfrac{h}{m_e c}\right)$.

(A) $1.5\lambda_C$　　(B) $0.5\lambda_C$

(C) $-1.5\lambda_C$　　(D) $2.0\lambda_C$

14.13　玻尔的"定态"指的是(　　).

(A) 相互之间不能发生跃迁的状态

(B) 具有唯一能量值的状态

(C) 在任何情况下都随时间变化的状态

(D) 一系列不连续的、具有确定能量值的稳定状态

14.14　假设太阳表面温度为 5 800 K,太阳半径为 6.69×10^8 m,如果认为太阳的辐射是稳定的,求太阳在一年内由辐射造成的质量的减小量.

14.15　光电管的阴极用逸出功为 $W=2.2$ eV 的金属制成,今用一单色光照射此光电管,阴极发射出光电子,测得遏止电势差为 $|U_a|=5.0$ V,试求:

(1) 光电管阴极金属的光电效应红限波长(截止频率对应的波长);

(2) 入射光波长.

14.16　计算以下问题.

(1) 已知铂的逸出功为 8 eV,现用 300 nm 的紫外线照射,能否产生光电效应?

(2) 若用波长为 400 nm 的紫光照射金属表面,产生的光电子的最大速度为 $5\times10^5\ \mathrm{m\cdot s^{-1}}$,求光电效应的截止频率.

14.17　如图所示,某金属 M 的红限波长为 $\lambda_0=260$ nm.今用单色紫外线照射该金属,发现有光电子逸出,其中速度最大的光电子可以匀速地沿直线穿过相互垂直的均匀电场(电场强度 $E=5\times10^3\ \mathrm{V\cdot m^{-1}}$)和均匀磁场(磁感应强度为 $B=0.005$ T)区域,求:

(1) 光电子的最大速度 v;

(2) 单色紫外线的波长 λ.

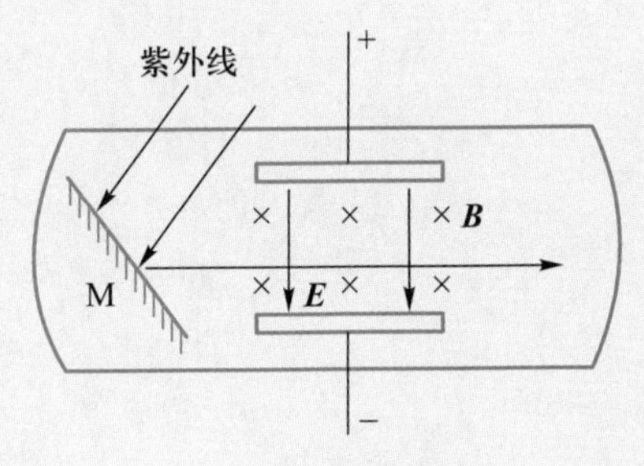

习题 14.17 图

14.18 已知 X 射线光子的能量为 0.60 MeV，在康普顿散射之后波长变化了 20%，求反冲电子的能量.

14.19 如果一个光子的能量等于一个电子的静能，问该光子的频率、波长和动量各是多少？在电磁波谱中属于何种射线？

14.20 波长为 0.10 nm 的辐射照射在碳上，从而产生康普顿效应.从实验中测量到散射辐射的方向与入射辐射的方向相垂直.求：

(1) 散射辐射的波长；

(2) 反冲电子的动能和运动方向.

14.21 处于基态的氢原子被外来单色光激发后只发出巴耳末线系中的两条谱线，试求这两条谱线的波长及外来光的频率.

14.22 求氢原子光谱莱曼系的最小波长和最大波长.

14.23 在用加热方式使基态原子被激发的过程中，设一次碰撞中原子可交出其动能的一半.如果要使基态氢原子被大量激发到第二激发态，试估算氢原子气体的最低温度.

14.24 一个被冷却到几乎静止的氢原子，从 $n=5$ 的状态跃迁到基态.求这个过程中发出光子的波长和氢原子的反冲速率.

14.25 一光子的波长与一电子的德布罗意波长皆为 0.5 nm，此光子的动量 p_0 与电子的动量 p_e 之比为多少？光子的动能 E_0 与电子的动能 E_k 之比为多少？

14.26 一束带电粒子经 206 V 电压加速后，其德布罗意波长为 2.0×10^{-3} nm，又知该粒子所带的电荷量与电子所带的电荷量相等，求该粒子的质量.

14.27 当一质量为 30 g 的子弹以 $1.0\times10^{3}\ \mathrm{m\cdot s^{-1}}$ 的速率飞行时，

(1) 试求其德布罗意波的波长；

(2) 若测量子弹位置的不确定范围为 0.10 mm，求其速率的不确定范围.

本章习题答案

参 考 文 献